Astronomía
para ser entendida

Buenos Aires 2016

Oscar Eduardo Costa

Astronomía
para ser entendida

De los Cuatro Vientos

Costa, Oscar Eduardo
Astronomía para ser entendida / Oscar Eduardo Costa. - 4a ed.-
Ciudad Autónoma de Buenos Aires : Gárgola, 2017.
288 p. ; 22,5 x 15,5 cm.

ISBN 978-987-613-145-2

1. Astronomía. I. Título.
CDD 520

Diseño de tapa e interior: Departamento de diseño Modelo para Armar

Queda hecho el depósito que marca la ley 11.723
ISBN: 978-987-613-145-2
Impreso en Argentina

Gárgola Ediciones
Venezuela 726
(1095) - San Telmo - Buenos Aires
Tel/fax: (054-11)-4331-4204
ventas@gargolaediciones.com.ar
www.gargolaediciones.com.ar

Este libro se terminó de imprimir en Modelo para Armar
en el mes de mayo de 2017
Luis Sáenz Peña 647 - C.A.B.A. Buenos Aires - Argentina

Si no levantas los ojos, creerás que eres el punto más alto.

Sí, son millones de estrellas. Y millones de estrellas son dos ojos que las miran.

Y si en todo lo que está no hay nada más que lo que no está, todo es lo que no está

Antonio Porchia

AGRADECIMIENTOS:

Agradezco a Dios, que me dio todo lo que soy y tengo, agradezco a Dios el haberme permitido llegar a escribir este libro y así poder llevar, a quien quiera leerlo, el conocimiento de lo profundo, espectacular y espiritual que es el Universo, del cual seríamos solamente una pequeñísima y transitoria burbuja, si nos despojásemos del Alma...

Al profesor Roberto Mestorino, quien me dio el apoyo espiritual que necesitaba para concluirlo y quien aprobó y/o corrigió, con gran profundidad de conocimiento, parte de los puntos teóricos que figuran en él.

A los familiares y amigos, que me han ayudado en su edición.

DEDICATORIAS:
A Marcelo y Virginia, mis queridos padres,
que están siempre en mi recuerdo.
A mis tres extraordinarios hijos:
Sergio, Fabián y Griselda.
A quien ha hecho posible que mis hijos
sean extraordinarios, mi esposa Lidia Norma,
insuperable compañera de toda mi vida.
A mis seis nietos: Tomás, María Clara, Juan
Cruz, Victoria, Morena y Augusto
que son mi orgullo.

PRÓLOGO

"La mayoría de las ideas fundamentales de la ciencia son esencialmente sencillas y por regla general pueden ser expresadas en un lenguaje comprensible para todos."

ALBERT EINSTEIN

A) El porqué de este título

Se ha dicho que el título de un libro debe dejar traslucir la idea primaria del escritor, y al mismo tiempo debe permitir que en su interior el lector pueda encontrar la posibilidad de cubrir sus deseos de conocimientos, con sus propios niveles de capacidad de interpretación.

Mi intención es que el gran público, no iniciado en la interesantísima ciencia de la Astronomía, pueda recibir información que le permita conocer, en lenguaje sencillo, un gran número de datos de los complejos, innumerables y hermosos "misterios o no" del Universo.

Para ello trataré de lograr un resumen de los conocimientos actuales de la Astronomía histórica y moderna, con definiciones correctas y completas pero con palabras y ejemplos, dentro de lo posible, de fácil interpretación.

El estudio de la Astronomía, y ahora más modernamente de la Cosmología, requiere de un tiempo mínimo universitario de cinco años, master, cursos complementarios, práctica profesional y mucha experiencia; el manejo de los conocimientos físicos/matemáticos debe ser de un elevadísimo nivel, acompañado todo de una gran vocación.

Con este libro solamente se pretende llevar al lector a tener las armas más elementales que le permitan conocer y comprender los principales tópicos de esta importante disciplina.

En el Capítulo I, se desarrolla la evolución del Universo, con los conocimientos desde la Edad de Piedra se llegará al siglo XX, para culminar con las consecuencias más inmediatas del impenetrable Big Bang. En capítulos sucesivos se explicitará sobre: (II) Galaxias; (III) Estrellas;

(IV) El Sol; (V) Sistema solar. Planetas Rocosos; (VI) Sistema Solar. La Tierra y su Luna; (VII) Sistema Solar. Planetas Gaseosos; (VIII) Asteroides y Cometas; (IX) Los muchos mundos del universo; (X) Acontecimientos y comentarios; (XI) Telescopios; (XII) Glosario de principales términos vinculados.

B) Qué me motivó a escribirlo

Hace años, estando de visita con un amigo, ingeniero también, en una estancia cerca de Pipinas (Pcia. de Bs. As.), nos ocurrió un hecho interesante, que despertó nuestra inquietud:

Era una noche de luna, serena pero fría, la peonada había formado un fogón frente a los galpones y nosotros, junto al patrón y el capataz de la estancia, compartíamos la infaltable guitarreada, después de un buen asado.

Más tarde, ya con el mate comenzó la charla... la luz mala... el grillo de la noche... las sombras en la luna... los rayos y centellas... los ovni... se iban deslizando entre supersticiones y verdades, hasta que, de pronto, comenzamos a ver en el horizonte grandes discos luminosos, que salían y se ocultaban por el NE siguiendo una trayectoria curva, en sucesivas series, siempre curvas, pero de cambiante radio. Por momentos eran discos totalmente blancos y brillantes, pasaban del amarillo al rojo, en otros se intercalaban los colores, muchos de ellos desaparecían y otros recorrían el arco completo...

En ese momento, la charla cambió y cada cual trataba de hacer conocer su opinión... eran platos voladores... ovni... hasta se habló de marcianos... y de los hombrecillos de verde... Pero en el fondo a mi amigo y a mí nos parecía que había una "cháchara".

Claro, nosotros los porteños, pueblerinos más "léidos", no podíamos aceptar, callados la boca, que se reconociera con certeza y liviandad la existencia de vida extraterrestre llegando a la Tierra.

Como conocíamos algo sobre los ensayos de tiro nocturno con blancos luminosos y móviles que se practicaban en la Base Naval de Punta Indio (cercana a Pipinas), desarrollamos esa teoría, con tal suerte que debieron reconocer que no habían logrado burlarse de nosotros.

Este hecho despertó en mí la idea de escribir un libro sobre el

Universo, lo más completo posible, pero para el alcance del conocimiento de la mayor parte de las personas y no solo de los iniciados en Astronomía.

C) Oportunidad

Pasaba el tiempo y no se daba la oportunidad, así se fueron los años, pero ahora, al ver la velocidad con que se desarrollan los nuevos hechos tecnológicos, así como la sucesión de descubrimientos, junto con la expansión del "límite del universo visible", tomé la decisión de hacerlo, pues es evidente que cada vez será más necesario conocer los principales vocablos y "misterios" del Universo, para poder estar en condiciones de acompañar y entender todo el nuevo y vertiginoso torrente de información que recibimos y recibiremos. En ese camino se está, espero tener la capacidad necesaria para lograrlo...

En este libro se informará sobre muchos de los puntos principales que se definen en Astronomía, su desarrollo abarcará desde la prehistoria hasta el presente, trataré de reflejar, de manera amena y sencilla, los principales descubrimientos y acontecimientos producidos en el conocimiento del Universo, desde el remoto hombre primitivo, hasta los agujeros negros y cuásares de nuestros días. Tal vez el hecho de pretender resumir lo complejo de tantos conocimientos importantes en tan poco como es un solo libro, parecerá tarea imposible, pero estoy seguro de que lo mío junto **con la creatividad del lector lo logrará.**

D) Generalidades

Antes de entrar de lleno en materia, considero necesario enumerar algunos detalles y/o métodos que se aplicaron en la redacción de este libro:

1) Dado las muy grandes diferencias de magnitudes que existen entre las cifras que nosotros estamos acostumbrados a manejar y las cifras que la realidad astronómica nos exige, como serán las que se usarán para indicar distancias, temperaturas, presiones etc, las cuales pueden llegar a ser de 30 o 40

cifras y en algunos casos más, en este libro usaré la expresión matemática: **A x 10^n** o sea **el número entero (A) seguido de tantos ceros como el valor de n indique** o en otros casos se usarán **unidades astronómicas**, previa explicación de ellas. Por igual motivo que el anterior y para facilitar su memorización, la mayoría de las cifras serán **redondeadas a la mayor o menor más cercana**, como ser: Velocidad de la Luz = 299.793 kilómetros por segundo, en este libro usaremos 300.000 kilómetros por segundo.

2) En cuanto a la actualización de los datos trataré de llegar lo más cerca posible hasta nuestros días, con la salvedad de que en aquellos casos vale lo compuesto que los nuevos resultados aún se encuentren en estudio y/o análisis o no hubiesen tomado estado público no los consideraré o en caso de hacerlo indicaré la referencia.

3) Para mayor facilidad de entendimiento he colocado los puntos más teóricos en recuadros aparte y/o con letra más chica.

4) Por no pretender que este sea un libro de texto, estará dividido en 12 grandes capítulos y dentro de cada uno en general no habrá subtítulos sino una separación de doble espacio donde se podría suponer debiera existir uno.

5) Por razones editoriales he ubicado las fotos en colores en dos bloques, y con referencia de contenido al pie.

6) No todas las fotos en colores son representativas del color real, ya que han sido tomadas con distintos lentes que permiten a veces filtrar algún color o el uso del infrarrojo, además pueden haber pequeños montajes como en la foto de la Tierra y la Luna en la cual se nota que no hay una escala adecuada.

Justamente por lo ya dicho, sobre el vertiginoso desarrollo de la investigación astronómica desde mediados del siglo XX, es que creo necesaria la lectura de este libro, que es el elemento que dará, a los interesados no iniciados, los conocimientos mínimos necesarios para poder estar en condiciones de entrar rápidamente en la carrera de descubrimientos e informaciones cosmológicas que están comenzando a ser popularmente conocidas.

Ing. Oscar Eduardo Costa
Banfield 2013

PRÓLOGO A LA SEGUNDA EDICIÓN

Debo reconocer que, cuando se me requirió el texto para el prólogo de la segunda edición del libro, pensé que serían varias carillas e importantes modificaciones del primero.

Pero cuando releí ese primer prólogo me di cuenta de que lo principal estaba dicho y por eso sólo creo necesario destacar algunos de sus párrafos:

> *"Mi intención es que el gran público, aún no iniciado en la interesantísima ciencia de la Astronomía, pueda recibir información que le permita conocer, con lenguaje sencillo, un gran número de datos de los complejos, inmensurables y hermosos misterios, o no, del Universo."*

> *"Con este libro solamente se pretende llevar al lector a tener las armas más elementales que le permitan conocer y comprender los principales tópicos de esta importante disciplina."*

> *"...ahora, al ver la velocidad con que se desarrollan los nuevos hechos tecnológicos, así como la sucesión de descubrimientos, junto con la expansión del 'límite del universo visible' tomé la decisión de escribirlo, pues es evidente que cada vez será más necesario conocer los principales vocablos y 'misterios' del Universo, para poder estar en condiciones de acompañar y entender todo el nuevo y vertiginoso torrente de información que recibimos y recibiremos."*

> *"Tal vez el hecho de pretender reunir lo complejo de tantos conocimientos importantes, en tan poco espacio como es un solo libro, parecerá tarea imposible, pero estoy seguro de que lo mío junto con* ***la creatividad del lector****, lo logrará."*

> *"...la lectura de este libro, [...] dará a los interesados, no iniciados, los conocimientos mínimos para poder estar en con-*

diciones de entrar rápidamente en la carrera de los descubrimientos e informaciones cosmológicas que están comenzando a ser popularmente conocidas."

El éxito de la primera edición, que parecía confirmar la comprensión del lector del mensaje que encierran los párrafos anteriores, y el entusiasmo del Editor han sido los principales motivos de esta segunda.

Gracias
Ing. Oscar E. Costa
Banfield 2013

ASTRONOMÍA
para ser
ENTENDIDA

"No hubo tiempo alguno en que no hubiese habido tiempo. ¿Qué es, entonces, el tiempo? Si nadie me lo pregunta, lo sé. Si quiero explicarlo a quien me lo pregunte, no lo sé."

San Agustín, siglo IV

INTRODUCCIÓN

La Astronomía nace con la primera mirada del hombre al cielo, cuando al levantar la vista observó el oscuro techo nocturno cubierto por brillantes puntos luminosos entre el recorrido del gran disco lunar, o cuando se extasió ante la rojiza salida del sol, el radiante mediodía o el esplendoroso atardecer... la caída de las gotas de lluvia deslizándose sobre las hojas de hermosa vegetación... o... Fue entonces que creyó vislumbrar las formas y figuras de un Universo místico.

Fue el hombre primitivo quien guardó los primeros conocimientos astronómicos transmitiéndolos a sus hijos.

Las coloridas pinturas rupestres, miles de años antes de Cristo, representaban sus conocimientos del cielo, del Sol, de los planetas, transmitiendo no solo lo observado, sino también sus sentimientos religiosos.

El calendario, importantísima herramienta para el trabajo y para el desarrollo cultural, aparece en Egipto 4.000 años antes de Cristo, y tiene su basamento en la "Astronomía", surge del giro de las constelaciones, que dan el criterio de año y las fases lunares, que lo subdivide, manteniendo siempre un halo de adoración a los dioses.

La visualización del "Cosmos", de aquel cosmos, era rudimentaria y curiosa, se suponía la Tierra plana, sostenida por tortugas gigantes, las estrellas eran lámparas fijadas a una bóveda giratoria y el Sol moría todas las noches para renacer cada madrugada. Hubo varias otras interpretaciones, todas hoy inaceptables.

Para el movimiento de los cuerpos celestes se desarrollaba en principio una mecánica donde la Tierra ocupaba el centro del Universo. Luego ese centro fue ocupado por el Sol y hoy por hoy se tiene que reconocer que el **Universo carece de centro.**

A principios del siglo XV, Kepler enuncia las **leyes que gobiernan el movimiento de los planetas alrededor del Sol.** Estas leyes son meramente empíricas y basadas en los datos recogidos por su maestro Tycho Brahe, y reconocen que el Sol ocupa el centro de nuestro sistema y los planetas se mueven en órbita a su alrededor con parámetros órbitales perfectamente calculables. Estas mismas leyes pudieron aplicarse a los satélites de los planetas como nuestra luna.

Newton.

En la segunda mitad de ese siglo, Newton enuncia las **leyes de la mecánica**, aún hoy vigentes.

Estas leyes tratan sobre la inercia, que es la resistencia que presentan los cuerpos a cambiar su estado de movimiento, sobre la fuerza aplicada a un cuerpo y la aceleración, así como la interacción entre cuerpos. Newton agregó otra ley a las ya enunciadas: la ley **de Gravitación** que trata de la fuerza de atracción entre los cuerpos. Además, la observación mostró que donde hubiese un sistema en rotación alrededor de otro se cumplían las leyes de Kepler. Esto llevó a la conclusión de que las leyes de Newton, incluida la gravitación, se deben cumplir en todo el Universo.

A partir de ahí se la llamó ley de gravitación universal. **La gravedad resultó ser una fuerza inherente a la materia (naturaleza).**

A principios del siglo XX había algunos fenómenos para los cuales las leyes de Newton discrepaban con los resultados experimentales, ocurriendo otro tanto con la termodinámica y la electrodinámica. A raíz de buscar soluciones a esas discrepancias es que nacieron dos nuevas ramas de la física: la mecánica relativista y la mecánica cuántica.

Así se podría seguir recordando... han pasado ¡cientos de años!... se ha estado con Copérnico... Galileo... Kepler... Newton... Halley... Messier... Herschel.

...Mientras Herschel exploraba pacientemente el Universo y mientras Messier catalogaba sus nebulosas, surgía una generación de científicos de enorme valía, cuyas observaciones acumulaban un número ingente de datos astronómicos.

En 1796, Laplace publica su *Traité de mécanique céleste*: síntesis de varias generaciones de físicos/matemáticos y astrónomos.

Y Piazzi descubre el primer asteroide.

En 1801 es publicado el catálogo de Lalande con datos sobre 50.000 estrellas observadas.

Con la invención de la espectrografía, diez años después, Fraunhofer obtiene una importantísima herramienta con la cual se logra penetrar en la naturaleza de los astros.

Es en el año 1840 cuando Le Verrier, basándose en cálculos matemáticos, con una correcta aplicación de la gravedad sobre las observaciones existentes, determina las características de un nuevo planeta, **aún no visto** telescópicamente: Neptuno.

Planeta que en 1845 **es visto por primera vez** por Galle, a sólo un grado de diferencia de lo calculado por Le Verrier.

A mediados del siglo XIX, las nebulosas espirales, son descubiertas por Lord Rosse.

Es Kirchhoff, quien, en 1850, da un gran impulso al análisis espectrográfico.

Años más tarde, se produce un gran revuelo entre los científicos por dos descubrimientos de gran trascendencia que vinieron a sumarse a los anteriores: en 1868 se daban a conocer las observaciones de Willian Huggins sobre el hecho de que la estrella Sirio se alejaba de la Tierra a una velocidad de 50 kilómetros por segundo y en Italia, en 1877, Giovanni Schiaparelli creyó observar en la superficie de Marte la existencia de numerosos canales, idea que se mantuvo hasta la mitad del siglo XX. Esa idea fue defendida apasionadamente por el norteamericano Lowell, quien llegó a sostener que esos canales eran obras de seres vivientes con una tecnología superior a la existente, en aquella época, en la Tierra.

La velocidad del avance de los conocimientos astronómicos, desde el comienzo del siglo XX, ha sido portentosa, complicadísimos cálculos matemáticos han llevado hasta el máximo las consecuencias de los enunciados newtonianos, logrando el desarrollo matemático de los mismos. Se mejora en mucho los conocimientos sobre "la paralaje" solar, que permite lograr gran exactitud en la medición de distancias siderales. Se obtiene mayor exactitud en los datos acerca de los grandes planetas.

En 1910 se inició la observación física de las estrellas, ya han dejado de ser puntos luminosos y geométricos en el espacio, se comienza ha entender que **son fuentes de energía**.

Para ese entonces, el danés Hertzsprung establece la distinción por tamaños de las estrellas, y el americano Russell, en forma independiente, las clasifica en función de la energía que emiten. Fue el nacimiento del diagrama Hertzsprung/Russell, gráfico que es, en la Astronomía, tan útil e imprescindible como pueden ser las tablas de multiplicar en aritmética o el teorema de Pitágoras en geometría.

La acumulación de gran cantidad de datos, nuevos descubrimientos, ha sido tan importante que nos permite decir que a partir de ellos se pudo comenzar a pensar en definir la naturaleza del cosmos y ensanchar incesantemente los límites del **Universo Observable.**

Halley.

Herschel.

Russell.

Mientras tanto, también la Física avanzó con gran rapidez en el estudio de la energía. Desde la primera llegada al interior del núcleo atómico, por Becquerel en 1896, en su descubrimiento de la radiactividad, (núcleo considerado hasta esos momentos indivisibles), hasta la teoría de Max Planck sobre los "quanta", que explicaba el modo cómo se transmite la energía, se produce un apretadísimo desarrollo de descubrimientos, incluyendo las famosas teorías de Einstein.

Dado su grandísima importancia pero también su difícil desarrollo e interpretación, sólo daré una somera información sobre la teoría cuántica de Max Planck y la de la relatividad de Albert Einstein.

Teoría Cuántica

Es la teoría que describe el reino de las partículas subatómicas. Explica la interacción entre la radiación y la materia, con un formulismo que surgió a partir de los estudios del físico alemán Max Planck y que llevaron a la comprensión de que la energía se transmite, no en forma continua, sino en pequeñas unidades discretas o cuánticas.

Werner Heisenberg, transcurrida la cuarta parte del siglo XX, enuncia el principio más importante de la mecánica cuántica: **el principio de indeterminación o incertidumbre.** De acuerdo con este principio una partícula no puede tener una ubicación y una velocidad definidas. Se puede optar por una u otra, o algo de ambas partes, pero ningún dispositivo podrá nunca dar ambas con exactitud ya que esto es una propiedad intrínseca de las partículas. Después de ciertos razonamientos se puede deducir, no pretendiendo ser comprendido por el sentido común, que hay cierta energía que surge de la naturaleza y se denomina energía "prestada" y que puede hacer aparecer partículas de la nada y desaparecer un instante después. Se las conoce como **partículas virtuales** y su lugar de "residencia" es el llamado **vacío cuántico.**

Así, el vacío cuántico, que coexiste con nuestro espacio, provee un hervidero de partículas virtuales que aparecen y desaparecen continuamente.

Debido a esto el vacío contiene energía. ¿Cuánta? Todavía no lo sabemos, pero algunos piensan que podría ser la energía del futuro.

El concepto importante es que la materia y la energía pueden aparecer de la nada (nada que no será tan nada).

Teoría de la relatividad

Fue Albert Einstein, quien en 1905 da a conocer la fórmula de la "equivalencia entre masa y energía" conjuntamente con el enunciado de su "teoría de la relatividad restringida", que al "generalizarla" en 1916, produjo gran alboroto entre la familia astronómica.

En 1905 Einstein dio a conocer la **relatividad restringida** que se refiere a sistemas inerciales, esto es, cómo vería un observa-

A. Einstein.

dor ubicado en un sistema lo que ocurriría en otro que se desplazase a velocidad constante respecto del primero.

Para tomar la determinación de hacer que el espacio y el tiempo absoluto dejaran de tener vigencia, realmente necesitó Einstein mucho coraje, pues tuvo que ir contra conceptos incorporados por la humanidad desde el comienzo de la ciencia.

¡En 1905 esos conceptos tradicionales se derrumbaron!

En 1916, Einstein publica la segunda parte que, con el título **de relatividad general,** se ocupa de los sistemas acelerados.

Queda asentado el **principio de equivalencia** donde la aceleración de la gravedad se equipara con la aceleración producida en un medio cualquiera.

Trabaja en **cuatro dimensiones**, pues para ubicar un suceso debemos saber el dónde y el cuándo.

En este Universo tridimensional, en que nos tocó vivir, el lugar debe ser ubicado mediante tres coordenadas (espaciales) y el tiempo mediante una coordenada (temporal).

De la conjunción de ellas nace un sistema de cuatro dimensiones, donde en el eje de los tiempos ubicamos el tiempo multiplicado por la velocidad de la luz (constante) simplemente para uniformar unidades (en los cuatro ejes: longitudes). Podemos imaginar el **Espacio-Tiempo** como un tramado de pequeños cubos de cuatro dimensiones siempre que estén vacíos. Si ahora colocamos cuerpos (masas) en su interior, éstas producen un efecto notable sobre la "cuadrícula", la distorsionan. La distorsión en un lugar es tanto mayor cuanto mayor es la masa en ese lugar. Los cuerpos y la radiación deben moverse en el Espacio-Tiempo según la curvatura de la "cuadrícula" de ese Espacio-Tiempo distorsionado.

Como dijo alguien una vez:

"*la presencia de masa determina la curvatura del Espacio-Tiempo y ésta, la curvatura, le indica a la masa lo que tiene que hacer.*"

Es interesante destacar que en la relatividad generalizada se abandona el concepto de fuerza. Los cuerpos no son solicitados por fuerzas que determinan sus movimientos sino por la geometría del Espacio-Tiempo, definida por la presencia de otros cuerpos.

La relatividad se constituyó así en el instrumento idóneo para poder estudiar la gravedad y así poder dar una imagen más acabada de la mecánica del Universo.

También Einstein abre el camino para entender las reacciones termonucleares con su ya conocida expresión:

$$E = m \times c^2$$

Que se lee: energía es igual a la masa (m) multiplicada por la velocidad de la luz (c) elevada al cuadrado.

Al ser la velocidad de la luz (c) una constante, la expresión anterior expresa directamente la relación entre la energía (E) y la masa (m), o sea la materia.

Traducido es así: **la materia puede transformarse totalmente en energía dejando de existir como materia.** El proceso opuesto también se da: **la energía se transforma en materia.**

Ambos procesos han sido producidos en laboratorios, aplicados en los reactores nucleares, en aceleradores de partículas, bombas atómicas y ocurre en el seno de las estrellas y justifican la tremenda emisión de energía por parte de las mismas.

Por último, la relatividad está integrada a la mecánica clásica y es netamente determinista: **para que haya un efecto debe de existir una causa que lo preceda.**

Después de estos principios revolucionarios del siglo XX, por los invalorables aportes de Albert Einstein y Max Planck, creando nuevos recursos físicos/matemáticos, como herramientas fundamentales para continuar con los estudios cosmológicos, los descubrimientos astronómicos continúan sucediéndose con gran rapidez.

Así, en 1914, fue la célebre astrónoma Henrietta Leavitt quien descubre el "método de las Cefeidas", que permite medir la distancia que separa a la Tierra de una estrella, en forma directa.

En 1917, es el estadounidense Slipher quien anuncia que las galaxias se alejan unas de otras.

En 1919, catorce años después de ser enunciada por Einstein su teoría de la relatividad restringida, fue un eclipse de Sol (tal como él lo previera), el hecho que permitió ratificar en la práctica la teoría.

Es Edwin Hubble quien, en 1924, identifica estrellas Cefeidas en las galaxias cercanas, fuera de nuestra Vía Láctea, y además clasifica por sus características las galaxias en tres tipos. En la misma época enuncia su famosa Ley que se resume en que las Galaxias se alejan entre sí a una velocidad proporcional a las distancias entre ellas.

Un joven de 20 años y principiante astrónomo, llamado Clyde Tombaugh, logró captar en tres placas fotográficas sucesivas la leve huella de un nuevo planeta que con el tiempo se llamaría Plutón, y cuyas coordenadas fueran calculadas y adelantadas por Lowell; esto sucedía el 23 de enero de 1930, lamentablemente dos años después de la muerte de Lowell.

En el Monte Palomar es montado, en el año 1948, el telescopio Hale, el más grande para ese entonces con un espejo de 5,08 metros de diámetro y se inicia así un nuevo período de posibilidades.

Es el astrónomo Minkowski, quien, en 1950, asegura que en un futuro, con la radioastronomía se podrá alcanzar "los límites del Universo", si los tuviera.

Son los científicos rusos, en 1959 los primeros en lograr, con una sonda espacial, fotografiar la cara oculta de la luna, hazaña que es repetida, con mucha mayor precisión de detalles en el año 1965.

Fue también en 1965, cuando los norteamericanos, con la sonda Mariner IV, lograron fotografiar parte del planeta Marte y se puede adoptar ese año como el año en que nuestra generación vive la integración de la Astronomía y la astronáutica en lo que se podría llamar la **Ciencia del Espacio.**

ALDRIN, EDWIN EUGENE
En caminata lunar, fue el piloto del módulo lunar EAGLE que se desacopló de la nave APOLO II para anulizar en nuestro satélite el 20 de julio de 1969, en el lugar previsto: el Mar de la Tranquilidad.

Es así, en esta interminable sucesión de grandes descubrimientos y acontecimientos que el 20 de julio del año 1969, a las 15,56., hora de Washington, el astronauta norteamericano Neil Armstrong apoya su pie en la luna y dice su ya famosa frase:

"Es un pequeño paso para el hombre
y un salto gigante para la Humanidad."

En los años siguientes, hasta la actualidad, el desarrollo de los conocimientos ha sido tan espectacular que nos permite asegurar, que desde ahora en más, si no tratamos, a nivel individual, de obtener conocimientos relativamente amplios sobre Astronomía, resultará imposible entender y asimilar las nuevas y casi cotidianas informaciones que se recibirán por todos los medios y en forma permanente, ante la avalancha de nuevos descubrimientos, que ya no solo serán interesantes como información cultural, sino que comenzaran a interferir con más fuerza en nuestro sistema de vida y generarán mayor necesidad de protección del, por hoy, nuestro único hábitat, la Tierra.

Ignorar los actuales conocimientos de la Astronomía será para el futuro lo mismo que pretender introducirse en el mundo de la cibernética sin saber leer ni escribir.

Ésta es la principal intención de este libro, por medio del cual pretendo brindar a los interesados en esta importante ciencia que es la Astronomía, los conocimientos necesarios para poder entender y asimilar la información que se irá recibiendo cada vez con más intensidad.

Los invito a lograrlo, acompáñemos en esta aventura que recién se inicia.

El autor

El tiempo, un antiguo misterio:

El tiempo ha sido y es objeto de reflexión filosófica desde siempre.

Hay dos preguntas metafísicas por excelencia, a las cuales el tiempo no escapa. La primera es: ¿existe el tiempo, es decir, es real? Y la segunda ¿qué es el tiempo? Pocos filósofos han respondido negativamente a la primera... Pasemos a la segunda, si el tiempo está ligado al cambio, ¿cuál es la naturaleza de esta relación? Para los antecesores de Aristóteles el tiempo es el cambio, para él el tiempo es la medida del movimiento. Para Leibniz el tiempo se construye a partir de las relaciones entre acontecimientos, es nada más que un conjunto de relaciones.

Si por el contrario aceptamos que el tiempo es una entidad que tiene partes –presente, pasado y futuro– llegamos al siguiente problema: de estas partes dos no existen y sólo queda el presente, que parece ser no más que un punto que divide dos entidades inexistentes. Otra opción es concebir al tiempo como un pasaje, un flujo, un movimiento del futuro hacia el pasado:

el "ahora" tiene un privilegio respecto de los demás momentos.

Otra posición alternativa que se opone a ésta es que todos los hechos pasados, presentes y futuros forman una serie equivalente ontológicamente hablando, un mundo de cuatro dimensiones como el que postula la física; sólo que algunos de ellos están relacionados con nuestra conciencia y es por ella que tenemos la idea subjetiva de devenir, para algunos filósofos, el tiempo es sólo un hecho subjetivo."

Diana Pérez
Profesora UBA e invest. Conicet.
Diario CLARÍN-20/03/06

CAPÍTULO I

EL UNIVERSO

"Creo que nuestro futuro depende del grado de comprensión que tengamos del Cosmos, en el cual flotamos como una mota de polvo en el cielo de la mañana."

CARL SAGAN

El Universo es el todo.

El Universo es el conjunto de toda la materia, la energía, el tiempo y el espacio.

Los orígenes, naturaleza, límites y cualidades intrínsecas del Universo han sido y se puede decir que aún lo son, causa de constantes discusiones entre pensadores, filósofos y astrónomos.

Las observaciones y estudios actuales, principalmente los basados en conclusiones de la teoría de la relatividad de Albert Einstein, han aportado nuevos conceptos, como la velocidad finita de la luz, la transformación recíproca entre materia y energía, o como la expansión del Universo, y también las teorías de su inicio, entre las cuales se destaca hasta ahora, como la más aceptada, la llamada "teoría del Big Bang", todo lo cual ha acelerado el desarrollo de los conocimientos vinculados con la Astronomía.

Es un Universo cuyo principio no está del todo escrito y cuyo incierto **final pertenece al futuro.**

Hasta hace poco más de un siglo se entendía que el Universo estaba solamente integrado por nuestra galaxia, la Vía Láctea, incluido el Sistema Solar y por ende la Tierra. Algunos astrofísicos incluían Andrómeda como nebulosa (no como galaxia que ahora se sabe que es), y sólo poco más.

El aumento de los conocimientos tecnológicos, los nuevos telescopios, las nuevas teorías y modelos matemáticos, la computación, las sondas y naves espaciales que se han ido desarrollando en forma potencial desde principios del siglo XX y más velozmente desde mediados de dicho siglo hasta nuestros días, han hecho dar un violento desarrollo al conocimiento del Universo.

Ya en la década del 20 del siglo pasado, el astrónomo norteamericano Edwin Hubble pudo demostrar y asegurar que no sólo era nuestra galaxia, (formada por más de 200.000 millones de estrellas) quien aportaba energía y materia al Universo, sino que la existencia de galaxias era millonaria, que éstas formaban cúmulos, que los cúmulos se reunían en supercúmulos, que junto con éstos coexistían las nebulosas, las estrellas aisladas o a pares, los cuasares, los agujeros negros, la materia intergaláctica. En fin, el Universo se integró con cuerpos celestes, materia y energía y aún más, y se supo que se expandía y su horizonte observable se encontraba cercano a los 10.000 millones de años luz, o tal vez a 15.000 millones, y que podría tender al infinito. (Figura color Nº I)

Distribuidas en el Universo los miles de millones de estrellas se agrupan en **galaxias** que son grandes conjuntos de millones de estrellas unidas por sus propias gravitaciones; a su vez las galaxias, también por la atracción de sus gravedades, se reúnen en cúmulos galácticos y éstos en supercúmulos que son las objetos más grandes, detectados hasta hoy, integrantes del Universo.

Entre ellos el resto es material intergaláctico sumamente tenue. Pese a la existencia de más de 1.200.000 galaxias detectadas y miles de millones más aún no estudiadas, sumadas a todo el material intergaláctico que existe entre ellas **el Universo es prácticamente espacio casi vacío, oscuro y frío.**

Para mejor entendimiento, antes de continuar con el tema, daremos una somera explicación de las cuatro fuerzas propias de la naturaleza que existen sin la intervención del hombre ni de ningún cuerpo que no sea propio de la creación.

Los integrantes básicos de la materia actúan, en sí y entre sí, por el accionar de cuatro tipos **de fuerzas propias de la naturaleza** que son:

A) **La Gravitatoria**, que es la fuerza que atrae los cuerpos en función de sus masas.

B) **La Fuerte**, fuerza interna del núcleo atómico, que lo mantiene unido.

C) **La Electromagnética**, que es la que permite que se manifiesten las fuerzas de atracción o repulsión eléctricas y magnéticas.

D) **La Débil** que actúa entre las partículas del núcleo del átomo y produce cambios en ellas.

Algunas teorías, a partir del año 1970, hablan ya de tres fuerzas, porque consideran las fuerzas electromagnéticas y las fuerzas débiles como integrantes ambas de una misma fuerza que han llamado: **electro débil**; y además se está en una apasionante búsqueda de unificación total, unión de las cuatro fuerzas porque el gran objetivo de la física es obtener "una" sola fuerza, que, como se supone, debió haber sido al comienzo del Universo, de manera de poder llegar a un grupo de ecuaciones que manejen toda la física y lograr trabajar con una única teoría madre **o teoría del todo.**

Los átomos y las partículas elementales, cuyas distintas variantes forman la totalidad de la materia del Universo, están expuestos a grandísimas alteraciones de su temperatura y presión, según el lugar que estén ocupando, tanto en el cuerpo que forman, como el lugar de éste en el Universo. Como ser el Sol, tiene una temperatura superficial de 5.700 °K, pero en su interior, que es donde se genera la energía, por las reacciones nucleares que ahí se producen, es de casi 20 millones de grados °K.

> Hemos utilizado el símbolo de temperatura (°K.) en grados Kelvin, por ser la unidad más usada en astronomía, tan sólo difiere de la comúnmente usada (°C), grados Centígrados en –273, que para las temperaturas estelares es totalmente despreciable, sin embargo cuando se trabaja con temperaturas menores de 1.000 °K o °C se hace importante la diferencia: esta diferencia es en todos los casos de 273 grados, **o sea 273 grados Kelvin es igual a 0 °C.**

Estas altísimas temperaturas y presiones producen la fusión de átomos más livianos en más pesados, transformando la materia y desprendiendo energía.

Acá entra en juego la teoría de la transformación de la energía en materia de Albert Einstein, cuyo enunciado matemático es:

$E = m \times C^2$, (Energía = Masa x Velocidad de la Luz al cuadrado), esto equivale a decir que **la energía de un cuerpo es proporcional a su masa,** ya que si la velocidad de la luz es una constante, su cuadrado también lo es. Debe entenderse que es la energía que puede obtenerse si esa masa se aniquila (desaparece como tal) y se transforma en energía o bien si la energía es transformada en masa. Ambos procesos ya han sido comprobados en el laboratorio y en la práctica. Como decía alguien que quiso simplificar las cosas: "**La energía es masa muy diluida y la masa es energía muy concentrada. Al final ambas son distintos aspectos de la misma cosa.**"

Toda esta entrega e intercambio de energía y materia en el Universo ha ido y va modificando las galaxias, creando nuevas estrellas y destruyendo otras, durante miles de millones de años y entre miles de millones de estrellas.

En 1929, nuevamente **Hubble** efectúa un importantísimo aporte al conocimiento del Universo, al demostrar en forma sistemática que todas las galaxias tenían un movimiento de alejamiento entre sí y con respecto a nuestra Vía Láctea también y que cuanto más lejos están de nosotros, mayor es su velocidad de alejamiento. O sea, el Universo se **expande**, al expandirse aumenta el espacio y **disminuye** la densidad (igual cantidad de materia existente en mayor espacio), por consiguiente disminuye la temperatura. El Universo tiende a ir disminuyendo su temperatura, con un permanente enfriamiento de los gases, partículas y polvo cósmico. O sea que mientras las estrellas aumentan su temperatura en un punto del espacio, en el resto del espacio la temperatura disminuye.

Actualmente el Universo está en expansión, las distancias intergalácticas se siguen ampliando, mientras su horizonte visible (hasta donde hoy podemos detectar energía) se va corriendo.

La recesión (alejamiento) de las galaxias se debe a que éstas son arrastradas por el mismo espacio dinámico que las contiene y que realmente es quien se expande.

Se podría semejar a colocar dos hormigas sobre una banda elástica, de manera que si la banda se estira las hormigas se ven arrastradas, pese a estar apoyadas siempre en el mismo lugar de la banda y ven que la distancia entre sí aumenta. **La expansión del Universo es una realidad indiscutible hoy día.**

Existen otras opiniones que expresan que ese movimiento de expansión puede llegar a ser compensado en miles de millones de años por las fuerzas gravitatorias, detenerse y comenzar a contraerse. En realidad, para poder decir con certeza que el Universo seguirá en expansión por siempre (**Universo abierto**), se debería conocer la cantidad total de materia existente en el Universo, pues la totalidad de la masa del Universo produce una atracción sobre todos y cada uno de sus componentes, y por consiguiente si el total de materia universal es lo suficientemente grande como para producir una fuerza gravitatoria capaz de superar el impulso inicial de expansión, cuando esto se produzca, toda la materia se verá detenida en su escape y posteriormente podría comenzar el retroceso (**Universo cerrado**).

Un ejemplo fácil de comprender lo tenemos actualmente en los cohetes al espacio. El cohete despega y viaja hacia el espacio, impulsado por la fuerza que le aplican sus motores que lo acompañan hasta cierta altura, donde se desprenden los motores principales, que han agotado su combustible, y continúa su ruta con el motor secundario. Hasta que también se agote el combustible de éste, a partir de ese instante continúa solamente con el impulso remanente pero también continúa afectado por la atracción de la fuerza de la gravedad de la Tierra que se va debilitando con el aumento cuadrático de la distancia del cohete a ella. Ahora es una competencia entre la fuerza gravitatoria que va consumiendo el impulso inicial y éste. Hay un valor mínimo del impulso que permite que el cuerpo se aleje permanentemente. Con menos de ese impulso ganará la gravedad y el cohete será arrastrado nuevamente hacia la Tierra. La velocidad que genera ese impulso mínimo es llamada **velocidad de escape**, que para nuestro planeta es de **11,2 km por segundo**, aproximadamente **40.000 km por hora.**

Por ahora, el Universo se está expandiendo, como indica el hecho de que casi todas las galaxias presentan velocidades que las alejan del observador y según las observaciones de los últimos diez años se puede asegurar que lo seguirán haciendo en el futuro. De existir, como lo sostienen varios pensadores, la materia oscura, que no emite, no se ve, ni se ha encontrado aún, podría suceder que la suma de ésta (la oscura) con la materia conocida sean capaces de generar una fuerza gravitacional total lo suficientemente elevada que sea capaz de vencer la expansión y detenerla y aun hacerla retroceder.

Se ha llegado, en forma bastante sencilla, a tener un conocimiento conceptual del Universo. Es un inmenso “vacío” ocupado por miles de millones de galaxias, que vistas en gran escala están en permanente movimiento de expansión homogéneas y ordenadas. Las dimensiones de esos cuerpos, las distancias entre ellos, las temperaturas en que se encuentran, las presiones que soportan, en fin todo, todo lo vinculado con y entre ellos son magnitudes enormemente grandes, que se hacen muy difícil de entender y aceptar; pese a ello, es irrefutable que en todo el Universo, siempre en gran escala, se mantiene la homogeneidad y el orden.

Acá cabe la expresión de **Albert Einstein:**

"El azar no existe, Dios no juega a los dados."

En el Universo existe una "Ley de Hierro":

Nada se pierde, todo se recicla.

A fin de mantener cierta coherencia narrativa tenemos que hablar sobre las unidades y magnitudes, por lo menos de velocidades y distancias, que se usan en Astronomía, para lo cual y manteniendo la base de este trabajo trataremos sean lo más sencillo posible, pero logrando lo necesario, que es entender.

Muy ajustada a esta ocasión de entender se cuenta una anécdota de A. Einstein muy risueña que paso a narrar:

Einstein se encontraba ante un concurrido grupo de alumnos, dando una complicada explicación matemática y al terminar su exposición, con el pizarrón completo de fórmulas y gráficos, les preguntó a sus alumnos:

"¿Habéis comprendido?" Y la respuesta fue "¡No!".

El Maestro repitió la explicación cuatro veces, haciéndola cada vez más simplificada y la respuesta fue siempre igual:

"¡No!"

Cuando, en la quinta explicación le respondieron que "¡Sí!", que habían entendido, Einstein les contestó:

"¡Decid que habéis entendido!, yo ahora les digo que no pueden saber nada."

La simplicidad no siempre ayuda a aclarar las cosas.

Las enormes distancias que deberemos manejar cuando estudiemos el Sistema Solar, se pueden representar con millones o miles de millones de kilómetros, o sea que se estarán manejando cifras de 9 a 12 ceros, lo cual será relativamente comprensible y tolerable para nuestra mente que nos permitiría tener conciencia comparativa con magnitudes conocidas o razonadas; pero al salir de nuestra galaxia, al internarnos en el inconmensurable interior del Universo, al medir distancias a las estrellas, a otras galaxias, a los cúmulos... a los cuasares, llegando al límite actual del Universo visible, deberíamos trabajar con billones de millones de km, cifras totalmente incomparables, cifras de tantos ceros que resultarían totalmente imprácticas e inentendibles.

Los hombres de ciencia, buscando soluciones a este problema, pensaron que al ser la velocidad con que **se propaga la luz** una magnitud muy elevada, **pero constante, o sea no infinita**, podría ser ella la que sirviera como instrumento o unidad de medición, la mayor posibilidad de comparación entre magnitudes que su uso facilitaba, así lo hacía presumir.

Primeramente fue necesario verificar que la velocidad de la luz era una constante y después ver cuál era su magnitud. Fue la imaginación de Galileo (1600) quien trató en primer lugar de determinar ambos datos efectuando un ensayo; así fue que pensó en la idea de emitir un rayo luminoso desde la cima de una colina que fuera recepcionado en otra colina a una distancia conocida y medir el tiempo que tardara esa señal en llegar de una a otra colina, distancia que dividida por el tiempo que hubiera tardado la señal daría la velocidad de la luz, pero la falta de instrumentos de precisión, de esa época y la "corta" distancia entre las dos colinas, le hicieron fracasar y posteriormente desistir de su intento. Pese a no lograr su objetivo, creó el camino para que el ensayo pudiese ser realizado más adelante y fue un astrónomo danés, Olaus Roemer (1644/1710) quien lo logró, casi por casualidad, ya que estaba efectuando estudios observando los satélites de Júpiter por ciertos fenómenos de eclipses, cuando encontró un método para hacer el ensayo equivalente al pensado por Galileo, solamente que las "cimas de las colinas" que usó Roemer eran, nada menos, que Júpiter y la Tierra. **Logró el éxito**.

Métodos más modernos han permitido dar por sentado que la velocidad de la luz es una constante universal y es de 299.793 kilómetros por segundo, o sea, para ser totalmente claro: **la luz recorre 299.793 kilómetros en un segundo horario terrestre**, sólo por ejercicio de comparación pensemos que a esa velocidad la luz tardará un octavo de segundo (0,8 de segundo) en dar una vuelta a la Tierra.

Como conclusión se puede afirmar: **la velocidad de la Luz, aceptada por todos los científicos, físicos, etc. del mundo, como una constante universal, resulta muy práctica para medir distancias en nuestro inmenso Cosmos y es de 299.793 km/seg.**

Daré un ejemplo sencillo:

Si desde un punto del espacio situado a 299.793 Kilómetros de un observador en la Tierra, se emite una señal luminosa, la misma será observada desde la Tierra, un segundo después de haber sido emitida.

Sabemos que en un año hay casi **31.557.600 segundos**, que surgen de multiplicar 60 segundos/minuto x 60 minutos/hora x 24 horas/día x 365,25 días/año.

Multiplicando 31.577.600 segundos (que es la cantidad de segundos que hay en un año) por 299.793 kilómetros/segundo (que es la velocidad de la luz) se obtiene la distancia que recorre la Luz en un año, que es igual a: 9.467.000.000.000 km, **prácticamente 10 billones de kilómetros**, repitiendo el ejemplo anterior se puede decir que: si desde un punto del espacio situado a 9.467.000.000.000 km de un observador en la Tierra, se emite una señal luminosa, la misma será recibida por este, un año terrestre (31.557.600 segundos) después de haber sido emitida, ya que antes de poder ser vista debió recorrer esos 9.467.000.000.000 km.

El número 9.467.000.000.000 también puede ser leído como: $9{,}467 \times 10^{12}$.

De acá surge la decisión de adoptar como unidad de medida de una distancia, centímetros, metros, kilómetros, una unidad de medición de tiempo: año; o sea a UNA DISTANCIA DE 9.467.000.000.000 km que es la distancia que recorre la Luz en un año se ha llamado **AÑO LUZ (al).**

Algunos ejemplos facilitarán tener cierto grado de comparación entre algunas distancias conocidas y otras expresadas en años luz:

La Estrella más cercana a la Tierra, Alfa del Centauro, se encuentra a 4,4 años luz de nuestro planeta, que podemos comparar con el radio de la órbita terrestre alrededor del Sol, que es cruzada por la luz en sólo 8,3 minutos luz. Comparemos: 8,3 minutos luz para la distancia de la Tierra al Sol (llamada Unidad Astronómica), con los 4,4 años luz para Alfa del Centauro.

Otros ejemplos: Estrella Sirio 8,6 años luz, El Cisne a 11,2 años luz, Vega a 27 años luz, etc.

Aun hay medidas de longitud más sofisticadas, que permiten también leer distancias grandes con números pequeños, como ejemplo nombraremos el **pársec** que está referido a segundos de paralaje y es igual **a 3,26 veces** el año luz o sea poco más **de 30 billones de kilómetros**. Alfa Centauro está a 1,35 pársec de la Tierra, Sirio a 2,65 pársec, El Cisne a 3,44 pársec y Vega a 8,3 pársec de la Tierra, etc., también se usa la medición del ángulo que se forma entre el ojo del observador y los bordes del cuerpo en estudio, que es llamada "**segundo de arco**".

Habiendo entendido y aceptado usar, para hablar de distancias, el año luz (al), tratando de que se interprete mejor se darán algunos ejemplos, expresados en esa unidad, sobre distancias existentes desde distintos cuerpos celestes hasta el planeta Tierra y las compararemos con kilómetros y/o expresiones exponenciales.

*Distancia Estrella Alfa Centauro/ Tierra = 4,4 al = 44.000.000.000.000 km = 44 billones de km. = $44x\ 10^{12}$.

Es interesante pensar, si la estrella más cercana a la Tierra (después del Sol) se encuentra a 4,4 (al) resultará inimaginable cuán lejos estarán las estrellas de galaxias más alejadas.

*Meteorito Eros/ Tierra = 2.500.000.000 km =$2.500x\ 10^{6}$ = 0,25 al.

*Planeta Venus/ Tierra = 10.000.000.000 km = diez mil millones km. =$10\ x\ 10^{9}$ =3,65 al.

*Ancho órbita Tierra alrededor del Sol = 16 minutos luz = 0.00003 al.

*Planeta Júpiter/ Sol = 16 minutos luz.

Galaxia Andrómeda/ Tierra = 2.000.000 (al) =$2\ x\ 10^{19}$ de Km.

*Nebulosa del Cangrejo, situada dentro de nuestra galaxia, su distancia a la Tierra es de 6.300 (al).

*El diámetro de la Vía Láctea es de $10\ x\ 10^{4}$ (al).

*Se han detectado Cúmulos a una distancia de 14.000.000.000 (al), o sea a casi la edad del Universo. Si analizamos esa distancia se verá que es = $1,4x10^{10}$ (al) = $1,4X\ 10^{23}$ km que de ser escrita en forma corriente, sería de 1,4 seguido de 23 ceros de km ¡magnitud imposible de imaginar!

*Fundamentalmente dentro del Sistema Solar es usada la: **UA** (**unidad astronómica**) que es igual a 150.000.000 de km que es la distancia del Sol a la Tierra.

Distancia Plutón / Sol = 6.000.000.000 km. = 40 UA = 40 veces de la Tierra al Sol.

Es interesante y a su vez más aclaratorio reiterar que los telescopios no sólo nos permiten ver muy lejos en cuanto a distancia, miles de millones de (al), sino que también nos permiten **ver el pasado*** y esto que, a priori, parecería imposible y fantasmal, es una realidad pues la imagen que llega a nuestros ojos, representa el estado en que estaba el objeto en el momento en que salió la luz de él y que tardó en ser vista en la Tierra tantos años como la distancia entre el objeto observado y nosotros, expresada en años luz.

Comienzo del Universo. Desde el principio de la historia de las grandes civilizaciones, por lo rudimentario de los conocimientos bases, por la falta total, en un principio, de elementos técnicos, etc. el avance del estudio del "cielo" no pasaba del estudio de la Tierra, el Sol, la Luna y poco a poco los planetas y así para continuar muy lentamente casi hasta nuestros días.

De cualquier manera, la inquietud por conocer los misterios del espacio exterior a nuestro mundo fue una constante en la curiosidad de la humanidad.

Desde hace años, la ciencia y la tecnología intentan develar cómo fue en realidad el principio del Universo –a través del presente como testigo– lo que no es tarea fácil. La búsqueda continúa.

La división del tiempo, el día y la noche, las fases lunares, las fechas de las inundaciones, las cosechas, fueron parámetros que marcaban diferentes hitos en las civilizaciones antiguas. Los Calendarios eran muy necesarios para prever ciclos de lluvias, inundaciones, etc., si bien primitivos, eran diferentes según el lugar o el momento, pero la mayoría se basaban en los ciclos de la Luna y/o en las constelaciones.

Estudios efectuados sobre el **período Megalítico** han permitido encontrar, en tallas en piedra, representaciones de grupos de estrellas, como los conjuntos estelares de la Osa Mayor y de la Osa Menor.

Del **período Neolítico** podemos recordar los Menhires y otros tipos de conjuntos de grandes piedras alineadas de manera tal que sus direcciones coincidían con coordenadas geográficas de aquella época, que seguían las direcciones del saliente y poniente del Sol en fechas determinadas, así como de la Luna u otras fechas del cielo conocidas.

---

* Se cumple con cualquier tipo de instrumento, incluso a simple vista, sólo que para inmensas distancias es más destacable.

En Europa se han encontrado conjuntos de grandes piedras paradas, entre las que se pueden mencionar y destacar las de Stonehenge en Inglaterra, que datan de una época ubicada entre los años 2200 y 1700 a.C.

Durante la Civilización Egipcia, también sus habitantes se apoyaban en los tiempos medidos por las fases lunares y la ubicación de las estrellas, para que fechas importantes y direcciones o rumbos fundamentales pudieran ser inmortalizadas en monumentos o construcciones religiosas, como fueron las pirámides. Entre sus luces y sombras, en la dirección de sus túneles interiores, la inclinación de los tubos de ventilación, la iluminación cenital y oblicua, han hecho de esos monumentos funerarios verdaderos tratados de una incipiente "Astronomía". Se guiaban por los astros que no eran otra cosa que sus dioses. El Calendario Gregoriano, que nosotros actualmente utilizamos, deriva del calendario Egipcio modificado.

Durante **la Civilización Babilónica** (hacia 2000-539 a.C.), se logró medir con gran precisión los tiempos de las revoluciones planetarias, estudiar las fases de la Luna y la velocidad en su órbita.

Por el contrario a lo que pudiéramos suponer, fue durante la Civilización Romana y fundamentalmente en la **Edad Media**, que estos avances del conocimiento se detuvieron o fueron casi nulos.

Tal fue, en esa época, el desprecio y aún más, el rechazo a los conocimientos científicos, que se cree que fueron los romanos los destructores de la magnífica Biblioteca de Alejandría, que en esa época era el centro de la ciencia y el conocimiento.

Ante esta intolerancia, los sabios de Roma y Alejandría huyeron hacia Bizancio y es así como la ciencia posteriormente encuentra refugio **en el Islam.**

Llega a Europa **el Renacimiento**, se vuelve a los clásicos, sobre todo a los Griegos. Surgen las ideas de Copérnico, de Galileo, se logra el primer telescopio de refracción.

De todas maneras, con las distintas alternativas que dan los sucesivos avances científicos y la incipiente tecnología usada, aun estando en 1600 d.C., los conocimientos casi no pasaban del estudio del Sol, algunos planetas, la Luna, lógicamente la Tierra, o sea el borde del Universo, el Universo mediático. Se seguía avanzando con estudios sobre nuestra Galaxia (la Vía Láctea) y con su estrella conocida el Sol, que dio origen al sistema planetario.

A comienzos del 1600 Kepler enuncia sus leyes, en base a muy precisas observaciones anteriores. Dada la gran importancia de las mismas y la fácil interpretación, daré, en recuadro aparte, sus enunciados.

A principios del siglo XVII, el astrónomo alemán Johannes KEPLER propuso sus tres leyes fundamentales del Universo.

Primera Ley: "Los Planetas giran alrededor del Sol en órbitas elípticas, en las que el Sol ocupa uno de los focos de la elipse."

Segunda Ley: "Las áreas barridas por el segmento de recta que une el Sol con el Planeta (radio vector) son proporcionales a los tiempos empleados para describirlas. Como consecuencia, cuanto más cerca está el Planeta del Sol con más rapidez se mueve."

Tercera Ley: "Los cuadrados de los períodos siderales de revolución de los Planetas alrededor del Sol son proporcionales a los cubos de los semiejes mayores de sus órbitas elípticas. Esto permite deducir que los Planetas más lejanos al Sol orbitan a menor velocidad que los cercanos. O sea, el período de revolución depende de la distancia al Sol".

Todo resultaba del esfuerzo individual y casi aislado de los científicos e investigadores, no se contaba con una comunidad científica comunicada que pudiera centralizar y unificar descubrimientos y experiencias. Hasta que en 1645, impulsada por Galileo comienza la reunión de estudios en la **Royal Society de Londres.**

Siguieron Kepler, Galileo, Brahe, Newton, el primero con sus importantes leyes sobre el movimiento de los planetas y fundamentalmente Newton por la Ley de Gravitación Universal, se continuó con estudios muy importantes pero aún eran casi solamente dirigidos al Sol, al sistema planetario y a nuestra galaxia, solamente a ella se reducía el pensamiento sobre el Universo en aquella época.

En el siglo XVII, gracias al desarrollo del telescopio, sobre todo los telescopios reflectores Newtonianos, se lograron observaciones más claras de imágenes muy débiles.

Esto dio gran empuje a la Astronomía y se comenzó a detectar, estudiar y catalogar miles de objetos desconocidos hasta entonces.

En 1616 se detecto la Nebulosa de Andrómeda, en 1630 se logró estudiar las manchas solares. Como ya se dijo, en ese siglo, Roemer determinó el valor de la velocidad de la Luz.

Lentamente y mediante observaciones se avanzaba hacia la penetración en ese profundo Universo que se vislumbraba, pero que recién en esos momentos se comenzaba a descubrir.

En el **siglo XVIII**, se logran nuevas mediciones de distancias a estrellas y se va completando el conocimiento sobre el movimiento de los planetas, se crea un catálogo con varios elementos celestes, recientemente descubiertos. Casi al fin del siglo, en 1799, Laplace publica su *Tratado de Mecánica Celeste* y determina que en las órbitas planetarias su eje mayor es una constante. Se continúa navegando en los suburbios de nuestro Sistema Solar y el Universo profundo se sigue manteniendo como una imaginaria incógnita.

En el **siglo XIX**, con algo más de tecnología, con telescopios de mayor potencia y luminosidad, el manejo más fluido en la lectura del paralaje (método que permite determinar distancias estelares), se avanza en la investigación de elementos más lejanos del Sistema Solar, introduciéndose lentamente en la Vía Láctea y pensando en penetrar la oscuridad del Cosmos.

Se descubren numerosos planetoides y asteroides, se determina la distancia a una estrella de la Constelación del Cisne que resultó de 11 años luz, o la Alfa Centauro de 4,4 años luz.

Se descubre, en 1846, un nuevo planeta en el Sistema Solar, Neptuno.

Así se llega al **siglo XX**, haciendo pequeños pasos en los albores de ese oscuro y frío Universo, que se resiste a entregar sus secretos.

En el primer cuarto del **siglo XX** los conocimientos y la tecnología han crecido enormemente en comparación con las primitivas civilizaciones, pero aún no se ha podido penetrar profundamente en el estudio del Universo total, sólo algunas inquietudes sobre un conjunto de nebulosas interrumpían la idea predominante de la existencia de una sola galaxia, la Vía Láctea, con numerosas estrellas, una de ellas el Sol, que integraba el sistema planetario y los cuerpos opacos dispersos en una inmensidad desconocida, un vacío sin límite. Los nuevos telescopios permitieron ir resolviendo el aspecto de la Vía Láctea y es en 1924, cuando el astrónomo E. Hubble detectó una estrella variable Cefeida en la nebulosa de Andrómeda, fue así que se pudo medir la distancia entre la Cefeida y la Tierra, lo cual permitió descalificar a Andrómeda como una nebulosa perteneciente a la Vía Láctea, pasando a ser lo que siempre debió ser: **la Galaxia de Andrómeda.** A partir de ese momento otras nebulosas se resolvieron, como realmente debían ser, en galaxias y el Universo adquirió mayor dimensión.

Es Albert Einstein (1879-1955) quien a principios del siglo XX desarrolla la **Teoría de la Relatividad Especial (1905) y la Teoría General de la Relatividad (1916)**, las cuales tuvieron su demostración en 1919, cuando se pudo constatar, durante un eclipse solar, que la luz emitida por la estrella estudiada era desviada por el campo gravitatorio del Sol, como ya había sido previsto aplicando las teorías de Einstein.

Estas teorías permitieron describir la naturaleza del Universo, que está dominado por la gravitación (acción de la fuerza de la gravedad, que fue concebida como una curvatura del espacio tiempo, curvatura que era determinada por la cantidad de materia existente en el Universo).

Trabajando en el año 1924, en el Observatorio de Monte Wilson-California, Hubble confirmó que la Vía Láctea no era la única Galaxia existente en el Universo, todo lo contrario, ésta era solamente nuestra galaxia, pero en realidad existían muchísimas otras. Se habia abierto una pequeña puerta para comenzar a entrar en el Universo Profundo.

Siguiendo con sus observaciones, en el año 1929 y gracias a haber usado en sus trabajos la espectrografía como herramienta, Hubble determina que las Galaxias se alejan a una velocidad proporcional a la distancia respecto a un puesto de observación en la Tierra.

De estas observaciones, Hubble incorpora una constante entre la velocidad de alejamiento y la distancia, (Va = H x D), donde "H" es la hoy llamada "Constante de Hubble" y "D" la distancia.

Hubble, aunque no muy convencido, acababa de demostrar que el Universo se expandía.

En 1922, un físico ruso, Alexander Friedmann, desarrolló una serie de ecuaciones matemáticas, que permitieron resolver los problemas planteados por la teoría de la relatividad, conocidos como los Modelos de Friedmann, que serían la base para el posterior desarrollo de la interpretación del Universo en expansión.

Trataremos de explicar en forma simple cómo se ha llegado a aceptar la existencia del punto más importante, más desconocido y más original del **Inicio del Universo, el BIG BANG.** Hemos dicho que, si bien con resistencia durante años, los astrónomos han terminado por aceptar la Ley de Hubble, quien puso en evidencia que el Universo era una realidad dinámica y en permanente expansión uniforme. Un **orden súper galáctico en expansión.**

Aceptado este modelo de expansión, podemos regresar al inicio del mismo **imaginando su recorrido inverso.**

Al conocerse la velocidad de expansión del Universo, con los nuevos desarrollos matemáticos y las diferentes teorías de que se disponía, los astrónomos de mediados del siglo XX, aceptaron por fin la propuesta de Hubble e imaginaron el recorrido inverso de la gran expansión inicial, revirtiendo el proceso hasta el mismo momento en que toda la materia se concentra y comprime en un solo punto matemático.

Para ser más claro, si a los datos actuales del Universo los imaginamos en un retroceso acorde con lo conocido de la evolución estelar, usando las referencias astronómicas históricas y un complejo desarrollo matemático, se estará en condiciones de retroceder matemáticamente en el tiempo y llegar al instante cero del comienzo de la expansión (fehacientemente demostrada) del Universo.

Se pudo entonces reconstruir matemáticamente la edad del Universo llegando a calcularla entre 15.000.000.000 de años (quince mil millones) y 12.000.000.000 de años (doce mil millones), que sería el tiempo transcurrido entre la gran explosión, el Big Bang, y la actualidad.

En realidad, hasta ahora ha sido totalmente imposible llegar con fórmulas o cálculos matemáticos hasta el instante inicial de tiempo cero. Solamente se ha podido aceptar que la existencia de ese punto matemático inicial como **"un punto singular"** en donde el tiempo tiende a cero, con una densidad tendiendo a infinito, un punto matemático que concentraba la totalidad de la energía y la masa que hoy componen el Universo, con una temperatura equivalente a un billón de soles; en el instante cuando se produce una gran explosión que daría origen al Big Bang se tuvo que haber producido 10^{-36} de segundo después del instante de tiempo igual a cero. Desde ese momento sobre todo hasta los 2 x 10^9 años, época en que la materia comienza a condensarse formando estrellas y galaxias, se producen acontecimientos que si bien son muy importantes, presentan dificultades para su fácil entendimiento por lo que solo resumiré sus conceptos como sigue:

Partiendo de un tiempo igual a cero y transcurrido un 10^{-36} de segundos (un segundo dividido por uno seguido de 36 ceros), se produce el Big Bang, instante teórico en el cual la densidad y la temperatura, si bien eran todavía muy altas, inmensas, habían dejado de ser infinitas para pasar a ser mensurables, permitiendo, de esta manera, a los físicos teóricos, poder comenzar a aplicar los desarrollos matemáticos determinantes de los distintos estados de la materia, la energía y la formación de los cuerpos durante la expansión del Universo hasta nuestros días. Cuando el Universo tenía un segundo de edad, cada gránulo de materia comienza a alejarse de los otros; esa materia estaba constituida por partículas elementales, tales como electrones, protones, mesones, neutrinos, fotones, etc. y sus antipartículas. Los protones ya eran núcleos de átomos de hidrógeno, posteriormente se fusionaron para dar átomos de helio de modo que en un principio el Universo estuvo constituido por un 75% de hidrógeno y un 25% de helio. Esta primera síntesis del hidrógeno se produce entre los tres primeros minutos y la media hora de la creación. Luego el descenso de la temperatura detuvo estas reacciones. En el año 300.000 de la gran explosión se produce la separación de la energía y la materia (**desacople**) y a los 2×10^{9} (2.000.000.000) de años la materia comienza a condensarse formando estrellas y galaxias.

Antes del Big Bang, existieron esos 10^{-36} de segundo, en los cuales se ha podido teorizar y determinar dos períodos: desde = 0 a 10^{-43} de segundo, llamada por los físicos **Era de Planck**, se idealiza la existencia de una espuma **espacio temporal**. Posteriormente, entre los 10^{-43} y los 10^{-36} de segundo, llamada **Era Inflacionaria de Güth**, período que se inicia con la creación de toda la energía no gravitatoria, luego habría un falso vacío con presión negativa (imposible matemático) hasta la 10^{-38} y de éste a 10^{-36}, durante el cual el vacío mantendrá su simetría y aprovechará su energía no gravitatoria para una rapidísima expansión.

Después del Big Bang, fue la gravedad la principal fuerza que evitó que la materia se alejara en verdadero caos y por el contrario logró que los gases de hidrógeno y helio se acumularan en colosales nubes. Estas nubes de gases, debido a la acción de sus propias gravedades se fueron concentrando, por lo tanto elevando su temperatura, hasta que ésta llega a ser tan enorme que los átomos de hidrógeno de su interior inician su fusión, comenzando las reacciones nucleares y se forman las primeras estrellas que conformarán posteriormente las galaxias y los cúmulos. Los átomos restantes, dentro de las estrellas y después de un tiempo muy variable y dependiendo de la masa, se desmoronan aplastados bajo la enorme presión alcanzada y comienza la "muerte" o transformación de la estrella, todo en miles de millones de años.

En el momento del Big Bang las cuatro fuerzas fundamentales de la naturaleza: fuerzas fuertes y débiles, gravitación y electromagnetismo constituían una sola fuerza, llamada **súper fuerza**; posteriormente, a medida que avanzaba la expansión inicial cada una de las cuatro fuerzas se fueron separando.

Hasta acá se ha tratado de brindar una descripción sencilla, pero objetiva del Universo, se tiene conciencia de que es de muy difícil razonamiento y aceptación, sin embargo todos los conocimientos y el pensamiento de la gran mayoría de los hombres de ciencia de los últimos tiempos coinciden en aceptar esta teoría. Pero no es sólo en el campo teórico donde se encuentran ejemplos que brindan sustento a la teoría de la Gran Explosión; existen otros elementos que también llevan a la misma determinación, uno de ellos es el siguiente: en los años 300.000 después del Big Bang, momento en que se produce el desacople o separación de la radiación y la materia que cubrían todo el "Universo inicial", éste se hace "transparente" y se produce un campo de radiación tan poderosamente intenso que sus ecos aún están llegando hasta nosotros.

Fue el físico ruso G. Gamow, en 1948, quien anticipó este hecho, clasificando aquel campo de radiación, al que llamó **Radiación Cósmica de Fondo** (**R.C.F.**), como si fuera un murmullo de microondas que cubría el espacio en todas direcciones, siendo el eco de aquella explosión.

Como ya hemos visto, con posterioridad a que, en 1926, Hubble planteara sus observaciones con respecto a la expansión del Universo, hubo treinta años de nuevas investigaciones y discusiones de físicos y científicos que no la compartían, hasta que en la década del 60 comenzó a ser aceptada y se produce un hecho circunstacial que sirvió para confirmarla.

El hecho fue que dos ingenieros en comunicaciones de los Laboratorios Bell, Arno Penzias y Robert Wilson, en 1965, que estaban realizando un trabajo de investigación para eliminar líneas de interferencia en las ondas de radio, por casualidad tropiezan con una radiación de fondo de microondas, que no provenía de ninguna fuente de energía conocida y era equivalente a la radiación de un cuerpo negro con una temperatura de 2,7° Kelvin, que coincidía con el valor teórico que ya hubiera sido determinado, por el físico P. J. Puebles, de la Universidad de Princeton, para esta Radiación Cósmica de Fondo (R.C.F.) propuesta por G. Gamow. El haber encontrado y podido medir la radiación de fondo confirma la teoría en la práctica y permite terminar de convencer a la gran mayoría de los Físicos y Astrónomos que aún combatían la teoría del Big Bang, para que fuera aceptada.

> En el escenario más generalmente aceptado, la rápida expansión producida inmediatamente después del Big Bang hizo que la temperatura del universo cayera vertiginosamente desde más de 10^{32} grados a sólo mil millones, 10^9 en aproximadamente un minuto.
>
> Cuando las temperaturas cayeron más allá de los valores claves* las condiciones saltaron rápidamente de un estado a otro.
>
> Dentro de los mismos segundos anteriores a que las fuerzas unificadas se separaran aparecieron nuevas partículas y otras "antiguas" se desvanecieron.
>
> El ritmo del cambio se frenó durante casi un millón de años, hasta que el Universo se enfrió lo suficiente para permitir la creación de átomos completos.
>
> Una cosa era cuando la energía del Universo estaba dominada por la radiación o la luz y otra cuando entró en la era del dominio de la materia y se crearon los cimientos del Universo de hoy.

* Los valores claves son los hoy conocidos mediante el estudio del átomo.

La teoría del Big Bang, como toda teoría, es susceptible de ser modificada, quedar anulada o ser ratificada, con el avance de posteriores estudios, ensayos u observaciones. Hoy por hoy es la más aceptada por la mayoría de los astrofísicos y cosmólogos con un consenso muy amplio, pero aún subsisten dudas en importantes círculos científicos.

Hubo otra propuesta, llamada el Estado Estacionario, que intentó demostrar que el Universo ha estado expandiéndose por siempre, sin principio ni fin, en este modelo la materia por unidad de volumen se debe mantener siempre constante. Este modelo, para cerrar requiere la incorporación permanente de materia pero deja sin explicar la reacción cósmica de fondo y la distribución de los cuasares, por lo cual el modelo no cierra.

Hasta acá se ha llegado y se debe tener siempre muy presente que los modelos no son ni buenos ni malos, ni verdades, ni mentiras, sólo son modelos teóricos y hasta que no tengan demostración, respondiendo a hechos reales, se pueden solamente aceptar o rechazar. **Jorge Luis Borges** dijo:

"Todas las teorías son legítimas y ninguna tiene importancia... lo que importa es lo que el hombre hace con ella".

"Durante una observación telescópica
y justo cuando se encuentre el objeto celeste
que se lleva buscando toda la noche, el vecino
encenderá las luces de su terraza, destrozando
la adaptación visual a la oscuridad."
Ley de Murphy

CAPÍTULO II

LAS GALAXIAS

"Dile a un hombre que hay 300 billones de estrellas en el Universo y te creerá. Dile que un banco está recién pintado y tendrá que tocarlo para asegurarse."

ALBERT EINSTEIN

Hemos visto que en el Universo las formaciones de materia que en él predominan son las galaxias, solas, en racimos, en cúmulos, pero ellas son las principales. Son los objetos celestes más fabulosos y bellos.

Podemos definir una galaxia como un conjunto enormemente grande de estrellas, polvo galáctico y gases que se mantienen unidos por la propia acción de su gravedad; la cantidad de estrellas que las forman es muy variable, pero se han podido estimar Galaxias con más de 100.000.000.000 ($100x10^9$) de estrellas y hay galaxias pequeñas formadas tan sólo por 3.000.000.000 ($3x10^9$) de estrellas.

Galaxias como la nuestra, la Vía Láctea, son realmente grandes, pudiendo llegar a medir unos 100.000 años luz de diámetro. Algunos astrónomos las llamaron **Universos-islas** y están separadas unas de otras por el "vacío" intergaláctico con distancias promedio de unos cien diámetros galácticos.

Con la intención de hacerse una idea de la distribución promedio de las galaxias en el Universo coloque un poroto (más o menos 1 centímetro de diámetro) en el piso, luego coloque otro a 1 metro (100 centímetros), luego otro a 1 metro de ambos y así sucesivamente, luego imagínese esto en tres dimensiones (espacial) y tendrá una visión del Universo "lleno" de galaxias "promedio".

Las estrellas, son cuerpos gaseosos e inmensamente luminosos, debido a las fusiones nucleares que se producen en su interior y se supone, en muchas Galaxias, la existencia de agujeros negros en su núcleo (veremos más adelante).

Todas las galaxias giran "lentamente" sobre sí mismas, de modo tal que se puede considerar la existencia de un centro, lugar con respecto al cual giran uno y cada uno de los elementos que la forman. Este centro es el punto de aplicación de todas las fuerzas gravitatorias que actúan sobre sus componentes.

Los elementos constitutivos de las Galaxias, gases y polvos galácticos, que son los que han dado principio a las estrellas, comenzaron su interacción, concentración y finalmente unión, millones de años después del Big Bang.

Se puede decir que existen miles de millones de galaxias en el Universo y que cada una de ellas, a su vez, contienen varios cientos de miles de millones de estrellas y otros cuerpos menores. En principio se habían estimado en algo así como 10.000 millones, luego esta estimación se duplicó y hoy por hoy, debido a técnicas de observación más perfeccionadas, el número continúa aumentando.

Por su forma, las galaxias han sido clasificadas por Hubble en tres series: La serie de **galaxias elípticas** o serie "E", las **galaxias espirales** o serie "S" y las **espirales barradas** o serie "SB".

Las galaxias elípticas presentan la forma de una elipse, su estructura es simétrica, tienen bordes netos y no se observa en ellas presencia de polvo.

Según la excentricidad de la elipse se hace una subclasificación. Para ello se agrega un subíndice que varía entre cero y siete en orden de excentricidades crecientes. De este modo, las galaxias que se presentan como circulares pertenecen a la Serie "E0" y la más aplastada, o sea máxima excentricidad pertenece a la Serie "E7". Es común hablar de un "**Índice de achatamiento**" que indica cómo se ve la galaxia en la placa fotográfica. Si aparece en forma circular, el índice es "0"; las más achatadas presentan un "espesor" del orden del 30% con respecto a su eje mayor, lo que indica que se ha producido un achatamiento del 70%, si al número 70 la anulamos el 0 quedará solamente 7, que es el subíndice que corresponde al tipo E7, el de máxima excentricidad.

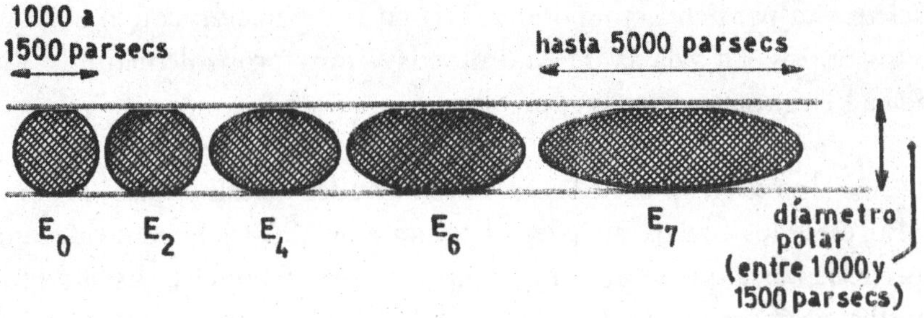

A medida que el subíndice aumenta, aumenta el aplastamiento (achatamiento) del sistema. A efecto de comparación el diámetro polar se mantiene constante.

Las galaxias **espirales** (serie "S"), tienen un núcleo central similar a una galaxia elíptica del cual surgen brazos curvados en forma de espiral que determinan el plano galáctico, formados por estrellas, gas y polvo interestelar; la Vía Láctea pertenece a esta serie.

Todas las galaxias de esta serie, vistas de perfil, presentan un "sándwich" de polvo característico en su plano galáctico.

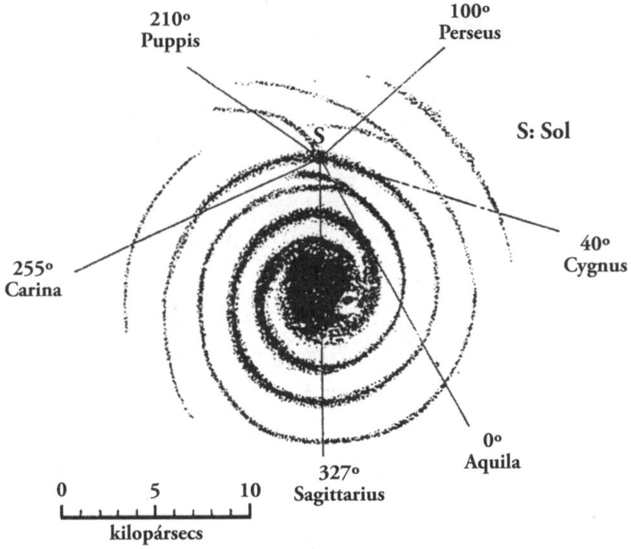

Esquema de Galaxia Espiral Vía Láctea

La serie "S" admite tres subgrupos caracterizados, "a", "b" y "c".

Las galaxias del grupo "Sa" son aquellas cuyos núcleos son comparativamente grandes. A medida que se pasa por los grupos "b" y "c" los núcleos van perdiendo preponderancia en comparación con el tamaño de los brazos. La galaxia de Andrómeda y muy probablemente la Vía Láctea pertenecen a este grupo "Sb".

Otro tipo de grupo son las **galaxias barradas** denominadas "SB". En éstas los brazos no salen directamente del núcleo sino de una especie de barra que se prolonga a ambos lados del núcleo. Éstas admiten una clasificación similar a las espirales, con subíndices "a", "b" y "c" respecto de la relación de tamaño de los brazos con el núcleo.

Las galaxias se clasifican según su forma en tres grandes grupos, que reciben los nombres de: elípticas, espirales y barradas (simbólicamente se las denomina E, S, SB). Esta clasificación se debe a Hubble y se ilustra en la figura.

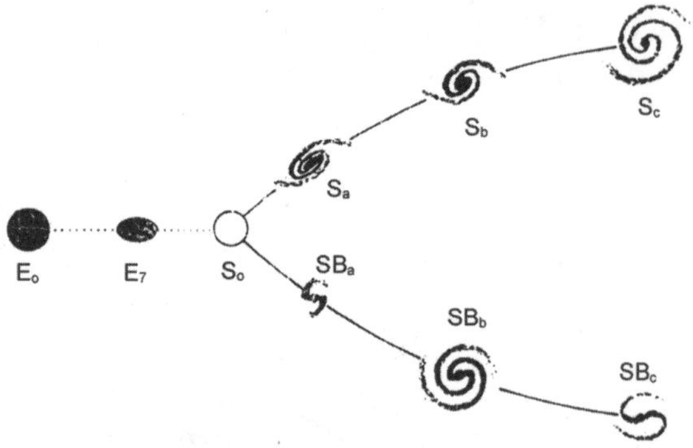

Por último existen galaxias sin formas ni simetría definida, se las conoce como galaxias **irregulares.** Éstas contienen nubes de gas y polvo. Las más conocidas y visibles a simple vista son las Nubes de Magallanes, contienen gran número de Cefeidas (ver estrellas) lo cual permite calcular su distancia con precisión. En la nube mayor de Magallanes se observa una cierta estructura que podría ser una espiral barrada. Muchas de las galaxias irregulares son consecuencia de encuentros de dos galaxias mayores, que en su recíproca absorción han provocado la rotura de las barras y/o brazos, formando un desordenado nuevo conjunto de estrellas, que han comenzado a buscar su punto de equilibrio gravitatorio.

En una estimación, probablemente correcta, se puede decir que un 60% de las galaxias son elípticas, un 30% son espirales y un 10% son irregulares.

Cercano al núcleo de la galaxia es donde existe mayor concentración de estrellas, en general éstas son estrellas muy viejas y van desapareciendo, las estrellas nuevas o más jóvenes se detectan en general de la mitad al borde de las galaxias, son nuevas, brillantes pero más separadas entre sí. La gran concentración de estrellas que hay cercano al núcleo determina que sea la zona central la que se ve más luminosa y brillante.

Las galaxias, como ya hemos dicho, forma parte fundamental del Universo y se desplazan alejándose unas de otras. Si miráramos desde una de ellas veríamos alejarse a todas las demás, parecería entonces que en la que está el observador no se moviera y todas se alejaran de ella, pero no es así, todas se van alejando de todas y a una velocidad relativa proporcional a la distancias entre ellas. El fenómeno se puede explicar comparándolas con un globo de goma que tenga en su superficie pintadas las galaxias, al ir inflándose se verá que todas se alejan de todas.

Los núcleos de las galaxias, prácticamente, no presentan existencia ni de gas ni de polvo galáctico, éstos aparecen en los brazos y barras de las espirales y en forma más abundante en las irregulares.

También se puede afirmar que las velocidades de rotación sobre se centro no es la misma para todas las galaxias, por el contrario, se ha podido observar que tanto las espirales como las irregulares giran muy de prisa, mientras que las elípticas tienen un giro bastante más lento.

Los estudios e interpretaciones de todo lo relacionado con las galaxias son muy recientes en la Astronomía moderna, se puede decir que datan desde mediados del siglo pasado (XX).

Las galaxias, atrayéndose mutuamente, también forman sistemas, son asociaciones conocidas como cúmulos de galaxias.

En muchos lugares del Universo visible, se han podido observar varias galaxias que forman un grupo compacto y desvinculado de otras galaxias o conjuntos de ellas.

Como un número muy estimado y como valor promedio se puede decir que la cantidad de galaxias que forman un cúmulo es del orden de 150 en cada uno y que deben haber, por lo menos, varios cientos de cúmulos visibles.

Galaxia situada en la constelación de la Virgen, vista de canto; fotografiada con el telescopio de 5 m del Observatorio de Monte Palomar. Esta nebulosa espiral es del tipo Sa, su magnitud es de 8,7 y sus dimensiones aparentes 7'x1'30". Dista de nosotros 7,5 millones de años luz. Designación: NGC 4594.

Cúmulo	Número de galaxias	Diámetro angular	Distancia Mpc	V_r km/seg	Galaxias por Mpc^3
Grupo local	16		0,4	– 100	300
Virgo	2.500		11	1.150	500
Pegasus I	100		40	3.800	1.100
Pisces	100		40	5.000	250
Cancer	150		50	4.800	500
Perseus	500		58	5.400	300
Coma	1.000		68	6.700	40
Ursa Maj. III	90		80		200
Hercules			105	10.300	
Pegasus II				12.800	
Centaurus	300	2	150		10
Ursa Maj. I	300	0,7	160	15.400	100
Leo	300	0,6	175	19.500	200
Gemini	200	0,5	175	23.300	100
Cor. Borealis	400	0,5	190	21.600	250
Bootes	150	0,3	380	39.400	100
Ursa Maj. I	200	0,2	380	41.000	400

Cantidad de galaxias en cada cúmulo. Distancia cúmulo/Tierra en megapársecs.
V: velocidad alejamiento desde la Tierra.
(hay valores negativos porque Andrómeda se acerca a la Tierra)
Galaxias: cantidad de galaxias en volumen, leído en megapársecs cúbicos.

La Vía Láctea forma parte de un cúmulo de galaxias llamado "**Grupo Local**", está formado por una veintena de galaxias. Ver siguiente cuadro:

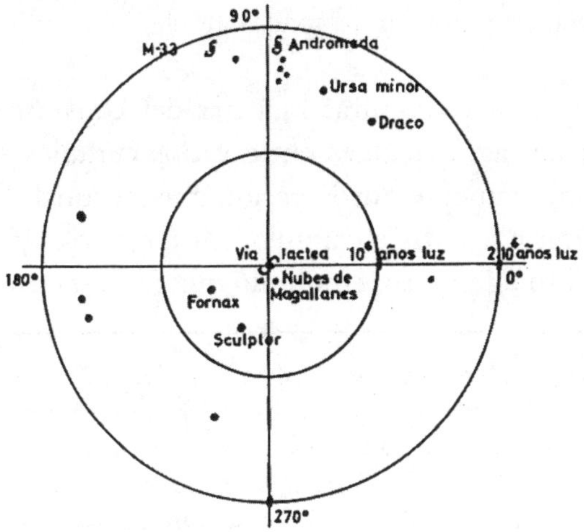

En el gráfico están ubicadas las galaxias del GRUPO LOCAL. Los ejes señalan la longitud galáctica. Puede observarse las distancias que separan las galaxias entre sí.

En el espacio se encuentran cúmulos de galaxias mucho mayores que el Grupo Local, alguno de ellos son: Gémini, Osa Mayor, Leo, Hércules, etc. y pueden verse en el gráfico siguiente.

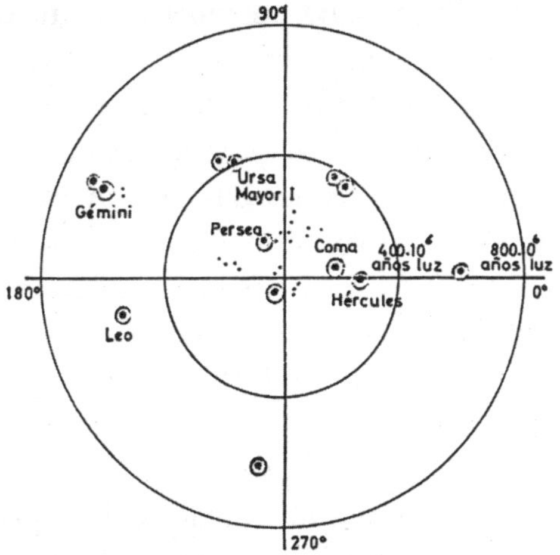

Los cúmulos indicados con un círculo contienen más de 50 galaxias, los demás contienen menos. Se indica la longitud galáctica en grados y la distancia en años luz.

Las galaxias que se encuentren en forma aislada se llaman **Galaxias de Campo** y constituyen la excepción, ya que en su movimiento por el espacio pueden caer fácilmente bajo la atracción gravitatoria de un cúmulo de galaxias y quedar atrapadas en él.

Sin embargo, las estructuras mayores del Universo son los supercúmulos que son agrupaciones entre varios cúmulos de galaxias que son atraídos mutuamente por la acción gravitacional. Como ejemplo, podemos indicar que entre el cúmulo "Grupo Local" y el cúmulo de la Virgen se ha formado un supercúmulo que aún está sin nominar.

> *"Nuestro supercúmulo formado por el cúmulo del Grupo Local y el cúmulo de la Virgen es uno de los tantos supercúmulos que existen en el Universo. La Vía Láctea es una galaxia perteneciente al Cúmulo Local. El Sol es una simple estrella que pertenece a la Vía Láctea. La Tierra es un pequeño planeta que gira alrededor del Sol. El Hombre es sólo una insignificante partícula dentro del Universo pero dotado de un notable poder de imaginación."*
>
> Profesor Oscar Sardella

En los cúmulos no se observa que exista ningún acercamiento entre las galaxias que lo forman, de modo que éstas suelen guardar sus distancias al centro del cúmulo.

Sin embargo existen posibilidades de que las galaxias de un mismo cúmulo entren en colisión, para entender esta situación debemos recordar que el equilibrio inercial en los cúmulos se presenta entre las galaxias y en las galaxias entre las estrellas, luego es posible que en un mismo cúmulo las galaxias se acerquen lentamente llegando a la colisión, como también sucederá en las galaxias con las estrellas.

En nuestro cúmulo, aún sin nombre, la Vía Láctea y la galaxia Andrómeda se están acercando y se ha estimado que dentro de unos 4.000 a 5.000 millones de años se producirá un choque plástico entre ambas, pasando una dentro de la otra con formación de un inmenso conjunto de nuevas estrellas.

Con la lógica que da la "cercanía", se le ha dado prioridad al estudio del denominado "Grupo Local", en el que se destacan las galaxias: Vía Láctea, Andrómeda y Magallanes.

Todo el conjunto, más de diecinueve galaxias que integran el Grupo

Local, abarca, en la vastedad del Universo, un diámetro de $2x10^6$ años luz.

Las masa de La Vía Láctea y la de Andrómeda en conjunto equivalen al 90% del total de la masa de todos los cuerpos que integran el Grupo Local, quedando sólo el 10% para el resto, de más de 17 galaxias enanas.

La Vía Láctea, incluyendo su halo, está compuesta por más de 200.000 millones de estrellas, siendo una de ellas nuestro Sol y como ya sabemos en torno al Sol se ha formado nuestro Sistema Planetario. Todo lo contrario a las creencias anteriores, ni el Sol, ni el Sistema Planetario, ocupan el centro de nuestra Galaxia, por el contrario éstos están ubicados en uno de los brazos galácticos, distante del núcleo 30.000 años luz y a unos 2.000 años luz de uno de los bordes. En la galaxia Vía Láctea se puede determinar la existencia de 6 brazos denominados: Sagitario, Escudo, Cisne, Perseo, Orión, Norma.

El sol se encuentra casi en el final del brazo de Orión. Además en nuestra galaxia se han podido detectar 120 cúmulos globulares y 1200 cúmulos estelares abiertos.

El Sistema Solar orbita alrededor del centro de la Galaxia, dando un giro completo en 225 millones de años, moviéndose a una velocidad de 270 km por segundo.

El núcleo de la Vía Láctea tiene forma de una pelota de rugby y un diámetro mayor de 10.000 años luz. Nuestro brazo, el que habita el Sol, puede ser observado a simple vista, viéndose como una alargada nubosidad brillante, presentando zonas oscuras y/o menos brillantes, que no son espacios vacíos, sino nubes de polvo, gases fríos, materiales opacos interestelares que oscurecen o cubren totalmente las estrellas que, perteneciendo a la Vía Láctea, están detrás de esas nubes. En la actualidad, efectuando observaciones, mediante la interpretación de ondas de radio, que son menos interferidas que las lumínicas, se ha podido "ver" dentro de esas zonas oscuras y aún más se ha podido "pasar" a través de la misma galaxia hasta detectar otras galaxias enanas, también del Grupo Local, que hasta hace poco estaban cubiertas por ella.

Pese a todos los avances tecnológicos, aún no se ha podido completar un estudio total del núcleo de la Vía Láctea, debido a la presencia de

FORMA DE LA GALAXIA "VIA LACTEA"

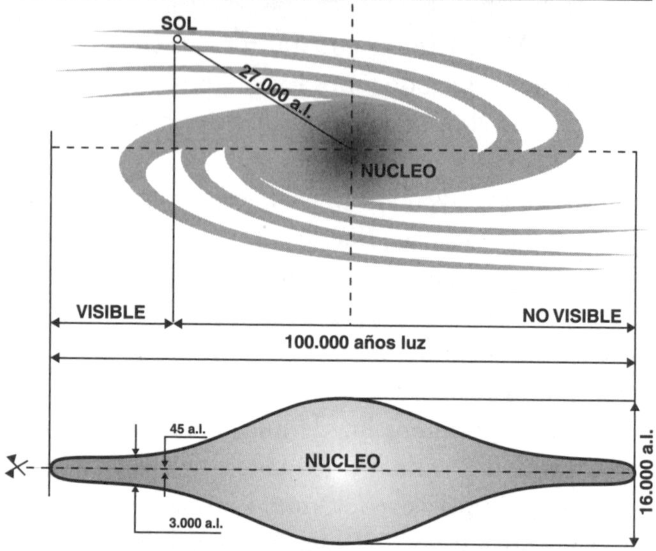

Ilustración: Candela M. Francomano

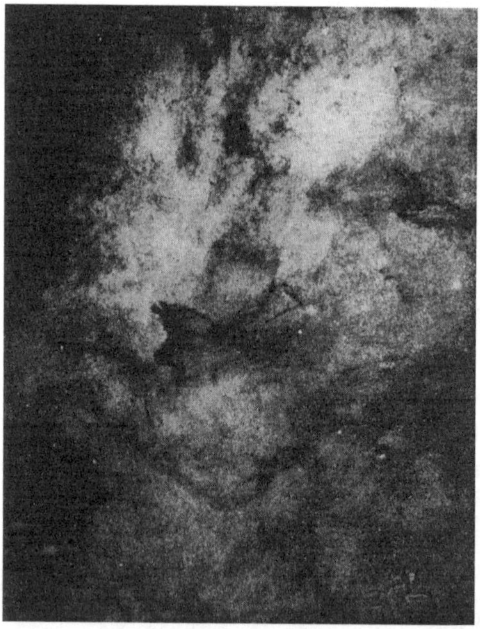

Fotografía de parte de la Vía Láctea en la Constelación de Sagitario. Se aprecia en ella gran cantidad de estrellas –soles como el que nos alumbra– y abundantes nubes de gases.

los mencionados gases calientes, polvo galáctico, etc. que girando a su alrededor se interponen entre él y la Tierra.

Nuestra galaxia, como ya dijera, se acerca a la galaxia Andrómeda a una velocidad de 700.000 km por hora, por lo cual se estima que tardará unos 5.000 millones de años el encuentro de ambas. Como las galaxias son fundamentalmente polvo y gases, en el momento del supuesto encuentro entre ambas, la colisión será elástica, no habrá un choque neto frontal, se supone que pasará una dentro de otra, como al mezclar un mazo de cartas, y las nubes de gas se contraerán, formando millones de nuevas estrellas. Andrómeda se fundirá dentro de la Vía Láctea con un final de inmensos fuegos artificiales cósmicos y quedarán deformadas debido a las fuerzas tidales o de marea (ver capítulo de estrellas).

Respecto al nombre "Vía Láctea" se puede decir que deriva de los romanos, quienes la llamaron Camino de Leche (Camino = Vía, Leche = Láctea), en latín. También desde la mitología egipcia se da otra explicación al nombre de nuestra Galaxia: la Vía Láctea para los egipcios, era un río en el cielo, por donde navegaban los dioses. El Sol nacía en el este y lo recorría en su barca "de millones de años", hasta el cenit, llamado Ra y seguía al oeste hasta ocultarse y se llamaba Atum, este era, según la mitología el "Camino de Leche", recorrido todos los días por los dioses y diosas, una de ellas llevaba en sus brazos a su hijo amamantándolo y fue la leche que este niño dejaba derramar quien marcó el camino, de ahí su nombre.

Para completar este capítulo, se dará una rápida reseña de otros elementos que como las galaxias rompen el casi total vacío del Universo, éstos son los **cuasares, cúmulos de estrellas, nebulosas y materia interestelar:**

Los cuasares son objetos estelares que en las placas fotográficas de los telescopios presentan una imagen similar a una estrella, es decir un punto luminoso. Analizado su espectro se observó un enorme desplazamiento de las líneas hacia el rojo lo que implicaba una gran velocidad de recesión y además, según Hubble, distancias superiores a los 5.000 millones de años luz. Se caracterizaban por una tremenda luminosidad, que superaba a la luminosidad de cientos de galaxias juntas. Tratando de encontrar alguna explicación a este fenómeno, algunos astrofísicos teorizan que puede deberse a la presencia de un gran agujero negro en el centro de estos objetos, agujero negro que al producir la aceleración de la materia circundante, para luego absorberla, produce esa tremenda emisión de energía.

Es interesante destacar que al estar ubicados los cuasares a tales distancias, la luz que en este momento llega a nosotros debió partir de esos objetos hace miles de millones de años, o sea que la imagen que se recibe tiene esa enorme antigüedad, no se estará viendo como es, o ya no es, en el mismo momento de la observación, se la está viendo como era en la época de la emisión, hace miles de millones de años. En consecuencia, mirar lejos es mirar el pasado, **se estará viendo el pasado de un punto del Universo.**

Los cuasares, siendo tan lejanos, pueden dar pautas de cómo era el Universo primitivo.

Este razonamiento vale para todos los cuerpos celestes, claro que para los más "cercanos", dentro de nuestra galaxia, dentro del Sistema Solar, o sea a pocos años luz de distancia, la diferencia en tiempo desde que se produce el hecho celeste y el momento de la observación en la Tierra es tan "pequeño" que no tiene importancia, en la mayoría de los casos, y se puede despreciar. Como ejemplo, la luz del Sol tarda poco más de 8 minutos en llegar a la Tierra.

Para hablar de los **cúmulos de estrellas**, empecemos a pensar, como se verá en otro capítulo, que aproximadamente la mitad de las estrellas forman parejas (estrellas dobles) y algunas hacen asociaciones de tres estrellas, como las Alfa Centauro.

También existen asociaciones mayores de estrellas, que en general no están solas dentro de una misma galaxia, sino que por sus fuerzas gravitatorias tienden a unirse, componiendo un conjunto, más o menos numeroso en cantidad de estrellas: son los **cúmulos de estrellas**.

Como estos cúmulos comienzan su formación en tiempos concurrentes, las edades de las estrellas de un mismo cúmulo son prácticamente iguales. Por consiguiente, los cúmulos se pueden clasificar por las edades de las estrellas que los forman: se tendrán cúmulos integrados sólo por algunos pocos miles de estrellas jóvenes, aún en consolidación, son los llamados **cúmulos abiertos** que se encuentran generalmente en los brazos de las galaxias. Por el contrario los llamados **cúmulos globulares** debido a su forma globular, son cúmulos formados por millones de estrellas viejas que se encuentran ubicadas en el interior de las galaxias, orbitando en general alrededor del núcleo, la gran densidad de estrellas es lo que los hace tan luminosos.

Las Nebulosas en la Vía Láctea son conjuntos de gas y polvo intergaláctico, principalmente hidrógeno, distribuido por todo el plano galáctico, y se hacen visibles cuando las alcanza la luz de las estrellas cercanas o contenidas en su interior. Analizadas espectralmente las nebulosas galácticas se pueden dividir en dos clases: 1) Nebulosas con rayas de emisión; 2) nebulosas de espectro continuo.

La emisión de rayas en el espectro de la nebulosa de la primera clase se debe a la presencia en su interior de una estrella muy caliente, con un gran espectro ultravioleta.

Las nebulosas de segunda clase son acumulaciones gaseosas cercanas a estrellas menos calientes, que no emiten suficiente energía en el ultravioleta y no son capaces de ionizar las masas gaseosas en su proximidad. La materia presente en las cercanías de estas estrellas, simplemente, reflejan su luz.

La materia en forma de polvo puede distinguirse como una mancha oscura que impide observar las estrellas del otro lado. Éstas son las **nebulosas oscuras** que abundan en todo el plano galáctico y son quienes proveen parte del material que da origen a la continua formación de estrellas. Un ejemplo clásico es la nebulosa **"Cabeza de Caballo"** que se encuentra en la constelación de Orión, a 900 años luz de la Tierra.

Las **nebulosas planetarias son nubes que contienen en su interior una estrella** extremadamente caliente que expandió su atmósfera hasta perderla, en forma de halo. Las nebulosas planetarias se suelen considerar como una estrella planetaria ya que como consecuencia de la pérdida de su atmósfera ha quedado solo la enana blanca, rodeada por su halo, como veremos en el capítulo siguiente.

Nebulosa CISNE. Se asemeja a una diadema con un magnífico diamante en su centro, es una estrella de magnitud 4,6.

En la constelación del Unicornio se distingue esta nebulosa gaseosa que recibe el nombre DEL CONO, por su forma de embudo, coronado por una brillante estrella.

En la actualidad, se han catalogado cerca de dos millares de nebulosas. Las mayores tienen un diámetro de algunos años luz; las más comunes, de medio año luz. Todas tienden a concentrarse en el plano galáctico, pero las últimas, mucho más brillantes, tienden a concentrarse en las cercanías del centro galáctico. Esta distribución de las nebulosas planetarias se puede observar tanto en la galaxia Andrómeda como en la Vía Láctea.

El espacio entre las estrellas de las galaxias no está vacío, en él se encuentra **materia interestelar** en forma de gas y polvo. El gas se presenta como átomos y aun moléculas, siendo el componente más abundante el hidrógeno molecular y atómico, helio y radicales oxidrilo. El polvo interestelar está constituido por pequeñas partículas sólidas, agrupadas en nubes oscuras capaces de ocultar la luz emitida por las estrellas que se encuentran detrás de ellas. Hay casos en que estas nubes de polvo son tan densas que no permiten el pasaje de la luz y aparecen en el cielo como enormes zonas oscuras sobre las que se destacan las estrellas situadas entre la nube y el observador.

En otros casos las nubes son de escasa densidad, de tal modo que el polvo, muy disperso, sólo alcanza para atenuar la luz de las estrellas, que están adentro o detrás de la nube, pero permite su visión.

Aun en nuestros días y desde hace varias décadas se está estudiando si la **distribución en el espacio de las diferentes galaxias** es o no uniforme.

Según lo dicho por el astrónomo Hubble en 1936, podría ser una respuesta mixta: **Uniforme en lo general y no uniforme en lo parcial**, Hubble dijo:

> *"Mientras su distribución en gran escala parece ser esencialmente uniforme, la distribución en pequeña escala está influida por la conocida tendencia a agruparse.*
>
> *Este fenómeno podría representarse a grandes rasgos como una distribución original uniforme, a partir de la cual las nebulosas han tendido a agruparse alrededor de varios puntos, de modo tal que ahora las encontraremos en todas las etapas de agrupación casual, pasando por grupos de distintos tamaños, llegando, ocasionalmente, a los grandes cúmulos."*

También las galaxias tienen un **campo magnético galáctico,** el cual contribuye a mantener su forma.

Como remate de este capítulo de las Galaxias, se insertarán varias tablas con informaciones, que resultarán útiles para quienes quieran aumentar sus conocimientos y hacer comparaciones.

> *"En los estudios del Universo hemos recorrido un largo camino desde 1917, cuando observamos por primera vez con cierto asombro la evidencia de que el centro de nuestro "universo" –nuestra galaxia entre las miríadas de galaxias– está a unos 30.000 años luz de nuestra pequeña residencia local. Cuando alguien pregunte ahora: "¿Qué hace Ud. por el bien del mundo?", le contesto preguntándole a la vez: ¿A qué llama Ud. mundo?".*
>
> Harlow Shapley

El grupo local de galaxias

Galaxia	Tipo	Diámetro kpc	Distancia kpc	M_r	V_r km/seg	Masas solares
Vía Láctea	Sb	30		– 20,3		10^{11}
Nube Grande de Magallanes	I	7,8	52	– 19,1	280	$1,3 \times 10^{10}$
Nube Chica de Magallanes	I	2,6	54	– 16,8	167	$1,6 \times 10^{9}$
Andrómeda (M31, NGC 224)	Sb	40	670	– 20,9	– 270	3×10^{11}
M33, NGC 598	Sc	5,7	600	– 18,5	– 190	$1,3 \times 10^{10}$
M32, NGC 221	E2	0,8	600	– 16,0	– 210	4×10^{9}
NGC 205	E5p	1,7	600	– 16,0	– 240	8×10^{9}
Sistema de Sculptor	E		110	– 13		3×10^{8}
Sistema de Fornax	E		200	– 15	40	10^{9}
NGC 6822	I	1,7	400	– 15,0	– 40	4×10^{8}
NGC 147	Ep	1,0	400	– 14.5		10^{9}
NGC 185	Ep	0,7	400	– 14,6	– 340	10^{9}
IC 1613	I		600	– 14,1	– 240	8×10^{7}
Sistema de Wolf-Lundmark	E5	1,5	500?	– 13,5	– 80	10^{8}
Sistema de Leo I	E4		400?			
Sistema de Leo II	E1	1,3	400?	– 12		
IC 10 *	Sc				– 340	
IC 342 *	Sc				– 10	
NGC 6946 *	Sc	2?	800?	– 17	40	
Sistema de Leo III *	I		1.000?			
Sistema de Sextans *	I				370	
NGC 300 *	Sc	6?	1.000?	– 16	250	

* Miembros posibles, pero no seguros.
p : peculiar.
V_r: velocidad radial. Las velocidades negativas significan que la galaxia se acerca hacia nosotros; las velocidades positivas indican alejamiento.

PRINCIPALES CONGLOMERADOS DE ESTRELLAS

Abiertos o galácticos

Designación	Constelación	Diámetro aparente	Diámetro en años-luz	Observaciones
NGC 2632, M 44	Cáncer	95′	513	75 estrellas. «El Pesebre». Simple vista.
NGC 2682, M 67	»	15′	2 700	65 estrellas. Gemelos.
NGC 2287, M 41	Can Mayor	30′	2 480	50 estrellas. En el S. de Sirio.
NGC 7654, M 52	Casiopea	12′	3 810	120 estrellas.
NGC 7092, M 39	Cisne	30′	815	25 estrellas. Simple vista.
NGC 1960, M 36	Cochero	12′	3 780	60 estrellas. Gemelos.
NGC 2099, M 37	»	20′	4 725	150 estrellas. Gemelos.
NGC 1912, M 38	»	20′	2 580	100 estrellas. Gemelos.
NGC 2168, M 35	Gemelos	40′	2 575	120 estrellas. Simple vista.
IC 4665, Mel 179	Ofiuco	60′	980	13 estrellas. Simple vista.
NGC 869-884, H VI 33-34	Perseo	36′+36′	7 330	350+300 estrellas. Doble.
IC 2602, Mel 102	Quilla	70′	650	«Pléyades australes». 32 estrellas. Gemelos.
NGC 2516	»	60′	4 300	80 estrellas. Simple vista.
NGC 6494, M 23	Sagitario	25′	4 500	120 estrellas. Gemelos.
NGC 6603, M 24	»	4′	16 320	50 estrellas. Simple vista.
NGC 6611, M 16	Serpiente	25′	5 410	55 estrellas. Gemelos.
IC 4756, Mel 210	»	70′	1 630	80 estrellas. Gemelos.
Pléyades, M 45	Tauro	100′	410	2 000 estrellas. Simple vista.
Hiadas	»	330′	130	40 estrellas hasta magnitud 6.
NGC 2323, M 50	Unicornio	16′	2 600	100 estrellas. Gemelos.
NGC 2244, H VII 2	»	40′	5 410	16 estrellas y la nebulosa «Rosette». Simple vista.

PRINCIPALES NEBULOSAS

Designación	Constelación	Tipo	Diámetro	Distancia años-luz	Observaciones
NGC 7009, H.IV. 1	Acuario	Planetaria	44″×26″	1 430	«Saturno».
NGC 7293,	»	»	900″×720″	685	«Helix».
NGC 7662, H.IV.18	Andrómeda	»	30″	1 790	Estrella central 78 000°.
NGC 6826, H.IV.73	Cisne	»	25″	1 600	Forma anular rota.
NGC 6960, H. V.15	»	Difusa	60′ largo	900	«Filamento».
NGC 6992, H. V.14	»	»	77′ largo	1 300	«Encaje».
NGC 7000,	»	»	100′×120′	900	«América».
IC 5070,	»	»		900	«Pelicano» al O. de 7000.
IC 5146,	»	»			«Coco».
	Cruz del S.	Oscura	300′	300	«Saco de Carbón».
NGC 2070,	Nube Mayor			175 000	«Bucle» o «Araña». S. V.
NGC 6543, H.IV.37	Dragón	Planetaria	22″	1 690	«Neb. Polo Eclíptica».
NGC 2392, H.IV.45	Géminis	»	45″	1 370	
NGC 6210, H.IV.50	Hércules	»	16″	2 575	
NGC 6720, M 57	Lira	»	83″×59″	2 150	«Anular».
NGC 6572,	Ofiuco	»	15″	2 480	
B 72	»	Oscura	20′	400	«Nebulosa S».
NGC 1976, M 42	Orión	Difusa	60′	1 300	Célebre. Simple vista.
B 33	»	Oscura	4′	900	«Cabeza de Caballo».
NGC 3587, M 97	Osa Mayor	Planetaria	200″	7 500	«Buho».
NGC 650, M 76	Perseo	»	157″×87″	8 200	Doble.
NGC 2440, H.IV.64	Popa.	»	54″×20″	6 500	
NGC 3372,	Quilla	Difusa	80′	3 600	«Cerradura».
NGC 6514, M 20	Sagitario	»	28′	2 180	«Trífida».
NGC 6523, M 8	»	»	60′×35′	2 510	«Laguna».
NGC 6618, M 17	»	»	46′×37′	3 260	«Omega» o «Herradura».
B 86	»	Oscura	5′		
B 92	»	»	15′		
NGC 1952, M 1	Tauro	Planetaria	6′	910	«Cangrejo».
NGC 1435,	»	Difusa		410	De reflexión. En Pléyades.
NGC 2261, H.IV. 2	Unicornio	»	2′	6 520	Nebulosa variable de Hubble.
NGC 2237-38-39	»	»	64′	3 585	«Rosette». De reflexión.
NGC 6853, M 27	Zorro menor	Planetaria	8′×4′	980	«Dumb-bell» o «Campana silenciosa».

Características físicas de algunos cúmulos galácticos

NGC	Nombre	Distancia (parsecs)	Diámetro (parsecs)	Nº de estrellas	m_V TOTAL	Edad (millones de años)
188		1.000	4	?	9,3	10.000
581	M 103	2.100	4	30	6,9	25
752		400	5	60	6,2	1.600
869	h Persei	2.200	19	300	4,1	10
884	χ Persei	2.300	20	240	4,3	13
1039	M34	480	5	60	5,6	160
	Perseo	155	11	80	2,2	10
	Pléyades	126	4	120	1,3	65
	Hiadas	40,8	5	100	0,6	400
1912	M38	980	5	100	7,0	50
1960	M36	1.270	6	50	6,3	30
2099	M37	900	7	200	6,1	200
2264	S Mon	800	7	60	4,3	2
2362	τ CMa	1.400	3	30	3,9	1,3
2632	Praesepe	159	4	100	3,7	250
2682	M67	830	4	80	6,5	4.000
3532		430	6	130	3,3	100
	Coma	79	7	40	2,8	300
4755	K Cru	1.100	5	30	5,0	15
	Ursa Maj	22	7	100	—0,2	160
6531	M21	900	3	40	6,8	6,5
6611	M16	2.000	5	40	6,6	1,3
6705	M11	1.700	6	80	6,3	150
7092	M39	255	2	20	5,1	200

Globulares o extragalácticos

Designación		Constelación	Diámetro aparente	Diámetro en años-luz	Observaciones
NGC 7089,	M 2	Acuario	8′	51 500	Gemelos.
NGC 5139,	ω	Centauro	23′	16 300	Simple vista.
NGC 6205,	M 13	Hércules	10′	22 500	» »
NGC 6341,	M 92	»	8′	36 000	» »
NGC 7078,	M 15	Pegaso	7′	49 200	» »
NGC 5272,	M 3	Lebreles	10′	45 000	» »
NGC 6218,	M 12	Ofiuco	9′	18 900	Gemelos.
NGC 6254,	M 10	»	8′	16 300	Simple vista.
NGC 6656,	M 22	Sagitario	17′	9 800	» »
NGC 5904,	M 5	Serpiente	13′	27 100	» »
NGC 6121,	M 4	»	14′	7 500	» »
NGC 104,	47	Tucán	53′	15 000	En borde O. de la Nube Mayor. Magallanes. Simple vista.
NGC 362		»	10′	41 000	Simple vista y gemelos.
NGC 7006		Delfín	1′ 1.	195 500	Uno de los más alejados.

PRINCIPALES GALAXIAS

Designación	Constelación	Tipo	Dimensión	Distancia años-Luz	Vel. radial Km./seg.	Observaciones
NGC 224, M 31	Andrómeda	Sb	160′ × 35′	2 250 000	— 220	Gran Espiral de Andrómeda. Simple vista.
NGC 221, M 32	»	E	3′ 4 × 2′ 8	2 250 000	— 185	Satélite de M 31.
NGC 1068, M 77	Ballena	Sb	6′ × 5′	30 mill.	+ 910	
Nube Mayor de Magallanes	Dorada	I	430′ × 430′	175 000	+ 280	Satélite, nuestra Galaxia. Simple vista.
NGC 4258, H. V. 43	Lebreles	Sb	20′ × 7′	14 mill.	+ 500	
NGC 5005, H. I. 96	»	Sc	4′ × 2′	35,8 »	+ 900	
NGC 5055, M 63	»	Sb	10′ × 5′	14 »	+ 450	
NGC 5194, M 51	»	Sc	10′ × 6′	14 »	+ 250	«Torbellino».
NGC 4736, M 94	»	Sb	5′ × 4′	14 »	+ 290	
NGC 3368, M 96	León	Sa	5′ × 4′	21,5 »	+ 940	
NGC 3623, M 65	»	Sb	8′ × 2′	19,5 »	+ 800	
NGC 3627, M 66	»	Sb	8′ × 2′	19,5 »	+ 650	
NGC 3351, M 95	»	Sb	6′ × 4′	19,5 »	+ 800	
NGC 3031, M 81	Osa Mayor	Sb	21′ × 10′	3,5 »	— 30	
NGC 3034, M 82	»	I	9′ × 4′	3,4 »	+ 290	
NGC 7331, H. I. 53	Pegaso	Sb	10′ × 2′	37 »	+ 290	
NGC 6822,	Sagitario	I	16′ × 11′	2,7 »	— 150	
NGC 598, M 33	Triángulo	Sc	65′ × 35′	2,7 »	— 70	«Galaxia de Barnard».
Nube Menor de Magallanes	Tucán	I	220′ × 220′	175 000	+ 170	Satélite, nuestra Galaxia. Simple vista.
NGC 4374, M 84	Virgen	E	1′ 6 × 1′ 4	37 mill.	+ 1050	
NGC 4472, M 49	»	E	2′ 8 × 1′ 8	11,4 »	+ 850	
NGC 4594, H. I. 43	»	Sa	6′ × 2′	37 »	+ 1140	
NGC 4649, M 60	»	E	2′ × 1′ 8	37 »	+ 1090	
NGC 4382, M 85	Cabellera de Berenice	E	2′ 1 × 1′ 7	37 »	+ 500	
NGC 4565 H. V. 24	»	Sb	14′ × 1′	37 »	+ 1000	
NGC 4826, M 64	»	Sb	6′ 5 × 3	16,9 »	+ 150	
NGC 4501, M 88	»	Sc	6′ × 2′ 4	37 »		
NGC 4569, M 90	»	Sc	7′5 × 2′	37 »		

"Cuando el cielo, durante el día, está despejado y usted se preparó para una observación telescópica, a la noche se nublará. Si durante el día ha estado nublado así continuará el resto de la jornada."

Ley de Murphy

CAPÍTULO III

LAS ESTRELLAS

"La hipótesis es una interpretación anticipada y racional de los fenómenos de la naturaleza."

CLAUDE BERNARD

Hemos recorrido el Universo, se han descrito las Galaxias, los Cúmulos... les toca ahora a las reinas del firmamento, a las que están por billones, que son encontradas en todas partes, que mueren y nacen permanentemente, las que adornan nuestro cielo y las que ahora reemplazan en los versos de los enamorados a la Luna que perdió su romanticismo desde que fue violada por los tripulantes de la Apolo 11, en 1969.

Una Estrella es una esfera aislada en el espacio cósmico formada por gases, que por la acción gravitatoria se comprime y produce energía en su interior.

La única visión de una estrella que muestra su forma esférica es la del Sol. Se intuye que todas deben tener esa forma dado que la atracción de sus partes hacia el centro depende exclusivamente de la distancia al mismo. Esto genera un modelo configurado por capas concéntricas (estructura de capas de cebolla) donde cada una de ellas (las capas) se caracteriza por tener presión, temperatura, densidad y composición química constantes.

Como ya se dijo, las estrellas son gaseosas porque la alta temperatura que soportan vaporizan todo el material que las compone.

El motor que "pone en funcionamiento" una nube de gas para convertirla en estrella es la gravedad que atrae a todas sus partes hacia el centro, donde la presión y por ende la temperatura alcanzan su máximo. Cuando la temperatura alcanza un nivel de varios millones de grados, tienen comienzo las reacciones termonucleares que sintetizan helio a partir del hidrógeno, liberando enorme cantidad de energía bajo la forma de calor y radiación. Al encenderse las radiaciones termonucleares en el centro de la nube de gas, se puede decir... **¡Ha nacido una estrella!**

A partir de ese momento la estrella entra en una etapa de **estabilidad** donde la presión gravitatoria, que tiende a colapsarla, se ve equilibrada por la presión térmica generada en su centro.

Este equilibrio dura tanto como la provisión del hidrógeno contenido en el centro de la estrella.

En el caso de nuestro Sol este equilibrio se estima que durará en total $9x10^9$ años (nueve mil millones de años), de los cuales ya ha transcurrido la mitad desde su nacimiento como estrella, aún restan $4,5x10^9$ años (cuatro mil quinientos millones de años).

> Interesante es el símil propuesto por el **astrónomo Eddington** que dijo: "En una gran pila de insectos, unos arriba de otros, los de más abajo, para no morir aplastados, han de mover las patitas rápidamente y aguantar así el peso que gravita sobre ellos; los que están en la mitad del montón no han de moverla tan rápidamente, les basta moverla la mitad y así sucesivamente. Este rápido movimiento de las patas se traducen como el movimiento de los átomos de las estrellas, que son más rápidos cuanto más cerca de su centro están. Estos movimientos-vibraciones de los átomos del gas se traducen en temperatura. Es ésta tan enorme que en el centro de la esfera de gases –primer nivel de insectos– puede alcanzar millones de grados. A esa temperatura los átomos quedan desprotegidos de sus electrones y es cuando se alcanza los millones de grados necesarios para poder iniciar la primera de las reacciones nucleares: **la reacción Protón- Protón.**"

Antes de continuar con las estrellas, consideramos que es necesario dar algunas nociones básicas sobre el átomo y llegar así a la cadena protón-protón:

"El átomo, elemento sumamente pequeño, es constitutivo de toda la materia existente, está formado por un núcleo y uno o más electrones. El núcleo acapara casi toda la masa del átomo: p/ej. si fuera posible separar núcleos de átomos de oro, un centímetro cúbico de ellos pesaría tres millones de toneladas. El núcleo, a su vez, está compuesto de protones y neutrones. Los electrones giran en órbitas concéntricas alrededor del núcleo."

En el croquis tenemos la representación de varios átomos.

En el centro de cada uno está el núcleo y a su alrededor giran vertiginosamente los electrones

El átomo de hidrógeno tiene un solo electrón, el de helio dos; el de litio tres; el de sodio once; el del cloro diecisiete y así sucesivamente. En la primera órbita circulan no más de dos electrones, uno solo en el átomo de hidrógeno y dos en todos los demás. En la segunda órbita pueden caber hasta ocho electrones, en la tercera hasta dieciocho, etc.

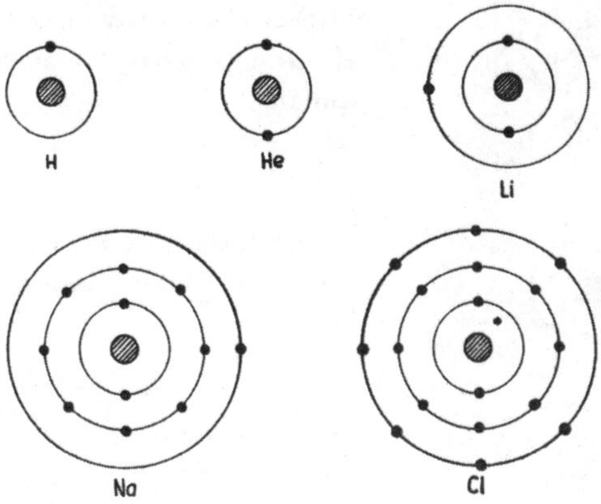

En las estrellas de baja temperatura, como el Sol, el helio se produce a partir del hidrógeno de la siguiente manera: a la temperatura de diez millones de grados los átomos de hidrógeno están dotados de una gran energía cinética (energía de movimiento).

Como los átomos están muy cercas unos de otros, chocan entre sí constantemente, de tal modo que no son capaces de retener a su único electrón y permanecen ionizados como protones.

Dos protones chocan y en virtud de su alta energía se integran para formar un núcleo.

Ese núcleo es muy inestable.

Para estabilizarse emite un positrón, con lo cual uno de los protones queda convertido en neutrón.

Cuando dos protones chocan de tal manera que llegan a unirse, uno de ellos se transforman en neutrón y emite un positrón.

Queda así formado un núcleo de un isótopo pesado de hidrógeno, llamado deuterio. Un tercer protón puede agregarse al sistema con lo que, ahora, con dos protones y un neutrón, queda convertido en un núcleo de un isótopo liviano del helio. Cuando dos de estos nuevos núcleos se chocan y su unen, el conjunto expulsa dos protones y queda el núcleo de helio, constituido por dos protones y dos neutrones.

Este tipo de reacción termonuclear es llamada **reacción protón-protón** y emite energía.

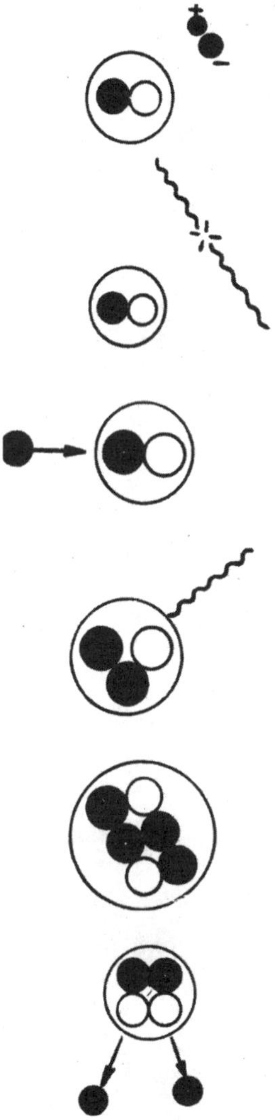

El positrón (positivo) se une con un electrón (negativo) y ambos se aniquilan.

Se producen dos rayos de 0,5 Mev cada uno. Es la radiación de aniquilamiento.

El núcleo ahora es un deuterón, admite un nuevo protón.

En el proceso se emite radiación y el nuevo núcleo corresponde a un isótopo ligero de helio.

Dos de estos núcleos así formados se unen. El conjunto resultante es muy inestable.

Emite entonces dos protones, con lo cual queda convertido en un núcleo de helio.

Una manera muy simple de calcular la energía producida en este tipo de reacción es determinar la masa perdida a lo largo de ella y convertirla en energía según la expresión de Einstein: *E=Masa perdida x* C^2.

Para determinar la masa perdida, solamente bastará con determinar la masa de hidrógeno involucrada en la reacción y restarle la masa del helio producido que siempre es algo menor.

La diferencia de masas es la **masa "perdida"** que se transforma en **energía.**

Esa energía generada en la transformación del hidrógeno en helio es la que permite a nuestro Sol emitir con una luminosidad (potencia) igual a una "lamparita" de $4x10^{26}$ Watt. (4x10 seguido de 26 ceros).

A medida que el hidrógeno se va agotando, quedan en el centro de la estrella sólo cenizas de la primera "quemazón" que son el helio resultante.

La gravedad, cuyo accionar no para nunca, sigue comprimiendo ese helio hasta llegar a una temperatura de unos cien millones de grados, ese fundente crisol nuevamente se "enciende" termonuclearmente para que el helio sintetice carbono, el ciclo se repite, luego el carbono sintetiza oxígeno, a temperaturas aún mucho mayores, etc. y así, en la caldera del núcleo se consumen, cada vez en menor tiempo, los elementos más pesados hasta que la combustión nuclear llega a su fin, la estrella ha quedado sin energía suficiente para expandirse nuevamente, pero tendrá aún una enorme temperatura, lo que le da un color blanco, pero, al mismo tiempo, se habrá reducido a un tamaño comparable a la Tierra. Por ambos motivos, color y tamaño, recibe el nombre de **enana blanca**. Muchas veces, antes de llegar a enana blanca, al producirse el encendido de un elemento siguiente, es tanto el aumento de su energía interior que expulsa parte de su atmósfera, aumentando su brillo más de mil veces en un tiempo muy breve, pocas horas o pocos días, formando una **estrella Nova**, posteriormente recupera su brillo inicial y nuevamente como estrella enana, ya sin una fuente de energía que la alimente, se irá apagando muy lentamente a medida que irradia al espacio que la rodea su poco resto de energía. Su destino final será el de una **enana negra**, un "cascote" apagado orbitando, tal vez, en uno de los brazos de la galaxia.

Esa "caldera" anterior es la que habrá hecho que toda estrella tenga luz propia y se la vea siempre brillante, aunque de diferentes colores, ya que éstos varían con las temperaturas de su superficie exterior, la luz propia es otra característica muy importante de las estrellas, ya que estas se ven claras por su luz irradiada, en cambio los planetas se ven claros pero por luz reflejada (como un espejo): son rocas, gases o ambos, son inertes y solamente reflejan la luz que reciben de las estrellas.

Si bien las definiciones genéricas sobre estrellas cubren todas las variables, no por ello todas las estrellas son iguales, muy por el contrario, éstas se diferencian por su tamaño, su edad, su luminosidad y su temperatura, además de su distancia a la Tierra.

Debido a las enormes magnitudes que se manejan al hablar de las estrellas se decidió compararlas con las correspondientes del Sol. Así, el radio de las estrellas se expresa en radios solares, su luminosidad en luminosidad solar, etc.

También es interesante analizar el rango de **densidad de las estrellas**, que es muy amplio.

Una **gigante roja como Betelgeuse** tiene una atmósfera que es menos densa que la atmósfera terrestre, por el contrario, si se pudiese obtener una muestra, del tamaño de una pelota de golf del centro de una enana blanca se vería que esa muestra, en la Tierra, pesaría varias toneladas.

Ya en 1911 y 1913 respectivamente, el astrónomo holandés Hertzsprung y el estadounidense Henry Russell, determinaron que existe una relación directa entre la magnitud absoluta de una estrella y su temperatura; estos conocimientos fueron representados en un gráfico cartesiano (dos ejes X-X e Y-Y) conocido por el nombre de ambos astrónomos, o bien como **H-R.**

Este diagrama representado en ordenadas cartesianas lleva sobre el eje vertical (Y) la luminosidad de un grupo o cúmulo de estrellas y en el eje horizontal (X) se representa las temperaturas superficiales de las mismas. La mayoría ocupa una franja que desciende de izquierda a derecha en el diagrama H-R y es conocida como **Secuencia Principal**, en ella se encuentran las estrellas que presentan una etapa de estabilidad, dentro de su evolución.

Dicha "**Secuencia Principal**" (S.P.) parte del estadio más brillante y de más alta temperatura, llegando hasta el de menor brillo y menor temperatura. En ese secuencia principal se han localizado casi un 90% de las estrellas de cada uno de los cúmulos estudiados. El radio de las estrellas representadas en la secuencia principal varía entre 1.400.000 de km, y 21.000 km; nuestro Sol, con un radio de 700.000 km está casi en el centro.

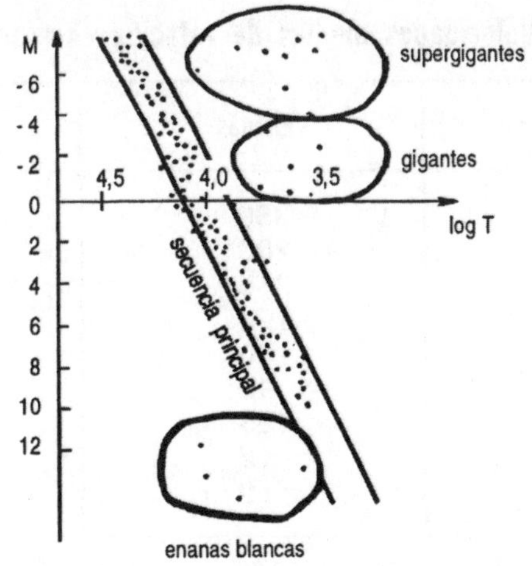

Diagrama Hertszprung-Russell (H-R.)

Por otra parte, fuera de S.P., se encuentran otras estrellas, en distinto grado de evolución, como las enanas blancas que tienen unos 14.000 km de radio, contra las súper gigantes que poseen un radio de hasta 600.000.000 km, que equivalen a casi 800 veces el radio de nuestro Sol.

En la Secuencia Principal, la masa de las estrellas tabuladas en ella varían entre 100 veces y un cuarto de la masa del Sol.

En la parte superior de la S.P. se ubican las estrellas más calientes, con temperatura superiores a los 45.000ºC., en cambio en la zona inferior son las más frías, con temperaturas del orden de los 2.500ºC.

También se puede usar el diagrama H-R para representar las estrellas por su velocidad de rotación sobre su eje vertical, velocidades que pueden variar entre 350 a 10 km por segundo, disminuyendo desde la parte superior hasta la inferior. El Sol rota a 170 km por segundo.

La estrella más cercana al Sol es Alfa Centauro. Se trata de un sistema triple, en la Vía Láctea, formado por un par de estrellas semejantes al Sol, alrededor de las cuales gira una tercera llamada **Próxima Centauro.**

Antares es una estrella gigante; si estuviera en el lugar del Sol sus bordes llegarían casi hasta la órbita de la Tierra, su color es rojizo-anaranjado, con una temperatura de superficie de unos 3.000ºC.

Velocidades medias de rotación (km/seg)

Tipo espectral	Enanas	Gigantes
Oe, Be	350	
B0	200	95
B5	210	120
A0	190	140
A5	160	170
F0	95	130
F5	25	60
G0	<12	20
K, M	<12	12

La estrella **Betelgeuse** es aún más grande, clasificada como súper gigante, es una de las más grandes en nuestra galaxia; está ubicada en la constelación de Orión.

En nuestro cielo la estrella más brillante es **Sirio**, que se encuentra en la Constelación de **Can**, próxima a las Tres Marías y cerca de la Constelación de Orión.

Para hablar sobre **la extinción** de una estrella, debemos partir del conocimiento **de la masa que aún mantiene en la última etapa de su evolución**, pues es la magnitud de esa masa lo que hará variar el camino y el fin de una estrella. Las alternativas son tres, a saber:

1) Si la estrella en estudio posee una masa final entre **0.08 y 1,4 de la del Sol**, cuando finaliza la cadena de las fusiones en su núcleo, sus capas de gases exteriores son lanzadas al espacio, formando una nebulosa planetaria con un núcleo inerte pero muy caliente que la convierte en una **enana blanca** que al agotar totalmente su "combustible" terminará en una "enana negra", o sea un cascote cósmico. También suele suceder que dos estrellas, una enana blanca y una gigante roja formen un sistema binario, que de estar ambas suficientemente cerca, parte de la enorme atmósfera de la gigante roja será atraída por la gravedad mayor de la enana blanca, con lo que se produciría el traspaso de material de la más grande a la más chica, que es la poseedora de más masa; es alrededor de ésta que se irá formando un **disco de acreción**. Cuando la enana blanca, que estaba inerte, haya absorbido suficiente material, se

vuelve a producir fusión nuclear, esta vez en su atmósfera, y la estrella aumenta casi instantáneamente su brillo y se convierte en una **nova**, hasta agotar el nuevo combustible. Es un proceso que puede repetirse cíclicamente o no. La estrella Coronae Borealis se convirtió en nova en el año 1866 y nuevamente en 1946.

2) Si la masa está entre **1,4 a 8 masas solares**, los sucesos estelares serán mucho más rápidos.

Cuando la cadena de combustión involucre al hierro, que como hemos visto, en vez de **entregar energía** durante su fusión, **la requiere para lograr su encendido**, la estrella debe ser quien entregue esa energía necesaria y... la gravedad volverá a ganar una vez más. Entonces se produce una **implosión** y la estrella se convierte en una **supernova**, se expulsa al espacio la mayor parte (90%) de la materia y supervive un núcleo de pocos km de radio, que contiene un conglomerado de neutrones, con altísima densidad (miles de billones de toneladas por metro cúbico), se la llama **estrella de neutrones,** la que gira velozmente varias vueltas sobre sí misma por segundo, poseyendo un poderoso campo magnético, que con los giros de ella direccionan pulsos de radio que emergen desde sus polos magnéticos y por tal motivo se las llama **pulsares.** Se desaceleran gradualmente y se enfrían hasta quedar como un **cuerpo inerte**.

3) En el tercer caso, si la masa final supera, aún, ocho veces la del Sol, la primera parte de su final coincide con el caso dos, o sea se produce la implosión, surge la supernova, pero aún no llega el colapso galáctico total y continúa con el aumento lento de su densidad, llegando a valores inimaginables.

Ahora bien, si se aplica el concepto ya visto de la velocidad de escape (en la Tierra es de 11,9km/seg.), la velocidad que debe tener cualquier cuerpo para poder salir, escapar de una atracción gravitacional, y si recordamos también que ninguna velocidad puede superar la velocidad de la luz, se llega fácilmente a razonar que al aumentar la densidad de una estrella, indefectiblemente aumenta la velocidad de escape y cuando ésta llega a la velocidad de la luz, no habrá ninguna posibilidad que de ella (la estrella) escape ninguna partícula de materia ni de energía. Ha nacido un Agujero Negro (más adelante daré más desarrollo al tema).

SECUENCIA DE "MUERTE" ESTELAR

El fin de una estrella depende de la masa que mantiene en la última etapa de su evolución y se conocen tres alternativas:

I- Masa final estrella entre 0,08 y 1,4 la masa del sol
II- De 1,4 a 8 masa del sol
III- Mas de 8 masa del sol

I-

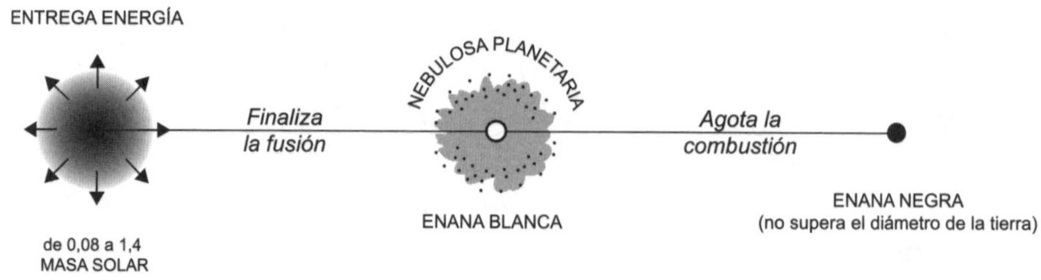

II-

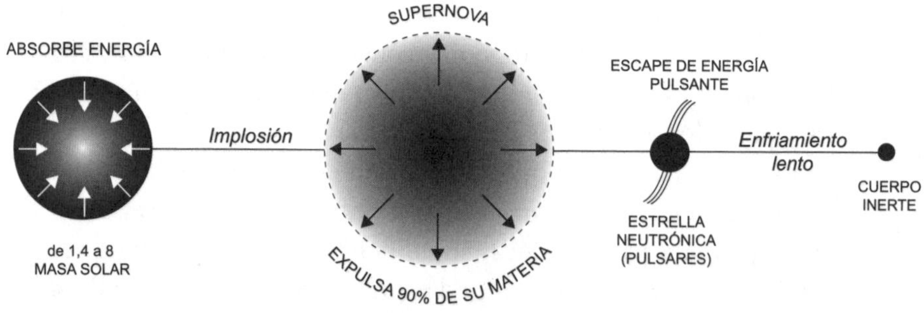

III-

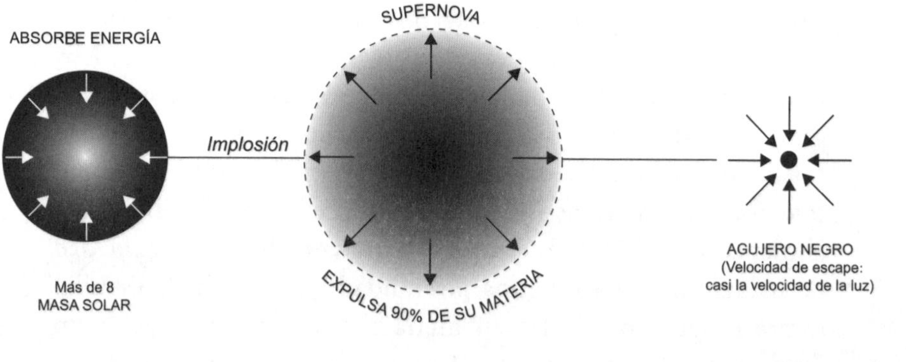

Ilustración: Candela M. Francomano

Como un resumen de lo expresado, en cumplimiento de la facilidad de comprensión que se le ha querido dar a este libro, consideramos oportuno **reiterar** que:

La evolución estelar, de gran importancia para comprender el Universo, consistiría en el seguimiento de una estrella, desde su nacimiento hasta su muerte.

Pero este ciclo es de miles de millones de años, por lo que los astrónomos han tenido que reunir, contemporáneamente, los estudios de numerosas estrellas en diferentes etapas de evolución, para que la sumatoria de todas las informaciones pueda dar un panorama total sobre la vida de las estrellas.

Todas las estrellas han tenido y tienen sus orígenes en la materia estelar, en gas y polvo del Universo.

Un fenómeno físico, como es la fuerza gravitatoria, al afectar la dinámica de esa materia la hace "condensar" en forma de glóbulos, los cuales constituyen el origen de una estrella.

Luego la gravedad contrae la nube y la energía potencial gravitatoria se transforma en calor, alcanzando millones de grados, que provocan en el centro del núcleo el inicio de reacciones termonucleares, partiendo por la ignición del hidrógeno, siguiendo por el helio, el carbono, el oxígeno, etc. hasta llegar al hierro, que al ser un elemento endotérmico y absorber energía, en lugar de entregarla, produce el colapso (implosión) de las capas superficiales y sigue con las alternativas ya explicitadas.

Las estrellas de grandes dimensiones, son poseedoras de gran masa y por consiguiente de muy elevada temperatura, haciendo que el consumo de su materia sea rápido, por lo que la vida de ellas es "corta", sólo algunos millones de años.

Las más pequeñas, pese a su poca masa, por tener también muy poca energía se consumen lentamente y viven mucho más, del orden de miles de millones de años y aún más.

Cuando "**muere**" una estrella, una parte de su materia es esparcida por el vacío del Universo y pasa a ser absorbida por las estrellas cercanas, justamente los nuevos elementos que se han formado y los que aún restan son los que sirven para que se nutran las estrellas activas. La combustión del hidrógeno hasta su agotamiento, se transforma parte en helio y parte en energía y es justamente esta energía la que se irradiaba al vacío interestelar, cuando era una estrella activa, en forma de luz y de ondas electromagnéticas. El polvo estelar, gases, otros elementos químicos, etc. son absorbidos por otras estrellas o forman nuevas estructuras espaciales, pero ni unas ni otras resultan iguales a aquella de donde proviene, ya que los elementos transferidos son más pesados modificando, por lo tanto, la composición química del elemento absorbente y/o de los nuevos elementos creados.

Es necesario destacar que, al ser la evolución de los cuerpos celestes extra solares, de millones, cientos de millones y aún más de años terrestres, la imagen que podemos observar desde la Tierra o las placas fotográficas representan **un instante**, que es solamente la imagen de la energía que nos está llegando **en ese momento** y aun si estuviéramos mirando durante días, meses, años, o más, seguiríamos viendo la misma imagen, salvo la súper casualidad de que en ese preciso período se produjera algún fenómeno especial, una implosión, una explosión. O sea que si estuviéramos observando una estrella, galaxia, cúmulo, etc. que se encontrara, por ejemplo, a 750.000 años luz de la Tierra, la imagen que se estaría viendo correspondería a los sucesos ocurridos, en ese cuerpo, hace 750.000 años, lo mismo podemos decir de los que se encuentren a cualquier distancia, como ser cuasares a 6.000.000.000 y más años, estaríamos recibiendo energía tal como fue a los comienzos del Universo, cercano al Big Bang.

Ese transcurso de la vida de las estrellas, ese nacer, vivir y morir equivale a un **tiempo astronómico finito**, es conmensurable, tiene límite, que es de una vida media de cientos de millones de años, **pero para el hombre resulta infinito.**

Una hermosa síntesis del destino de las estrellas fue expresada en versos por el físico-poeta español Rodríguez Fontevecchia, tal como sigue:

Suelen nacer las estrellas
como una nube de gas
que se contrae y calienta
hasta ponerse a brillar.
Las reacciones nucleares
compensan la gravedad

mas si falta el combustible
y la estrella no da más
la fuerza gravitatoria
comienza a predominar
y la estrella se colapsa
como si fuera de pan.

Si su masa es muy pequeña
–como la masa solar–
quedará una enana blanca
como recuerdo estelar.
Mas si la estrella es masiva
el colapso será tal
que una explosión muy violenta
marcará el duro final.
No envidies a las estrellas
poder ni serenidad
no son tranquilas ni eternas:
como tú y yo pasarán.

Si en relación al tiempo de vida del hombre, la edad de las estrellas es infinita, ¿cómo es posible que el hombre pueda estudiar la evolución de ellas, desde hace millones de años?

Es mediante la aplicación de una rama de la física: **la Espectroscopia**, que se ha tenido la herramienta adecuada para poder dar respuesta a la anterior pregunta.

Se puede definir la **Espectroscopia** como la determinación de la naturaleza y características de un cuerpo a través del análisis de la radiación que éste pueda emitir o absorber.

Se basa en el análisis de su espectro, que es la descomposición cromática que emiten los cuerpos calientes, según la temperatura a la que están sometidos.

Las técnicas espectroscópicas han ido evolucionando, desde sus primeros pasos en 1802 con sus predecesores Wollaston, Fraunhofer y, en 1827, Herschel, y posteriormente Bunsen y Kirchhoff dieron nacimiento definitivo a esta importante técnica. Esa evolución permitió ampliar su campo de aplicación, que en un principio era solamente para la **radiación visible (líneas del espectro correspondientes únicamente a la emisión de luz visible por el ojo humano)**, a todo el campo de la radiación electromagnética, de las ondas de radio, de los rayos X y Gama.

Daremos una sencilla explicación que nos permita conocer los principios en que se basa esa importante herramienta, la Espectroscopia. Para ello recurriremos a los estudios del físico danés Niels Bohr, quien demostró que los electrones ocupan órbitas que rodean al núcleo y que el átomo no está regido por la mecánica newtoniana, sino por la mecánica cuántica.

Secuenciaremos los pasos mínimos que producen, **según Bohr**, la emisión de un fotón, que es energía de un átomo. Este desarrollo es llamado "MODELO DEL ÁTOMO DE BOHR":

(A) Partiremos del átomo, que compone toda la materia, y pese a que su volumen unitario es sumamente pequeño, se puede decir, en forma muy genérica, que está formado por un núcleo central que tiene los protones y girando a su alrededor, en órbitas concéntricas, los electrones.

(B) El número de electrones de un átomo está determinado por la carga eléctrica de su núcleo. Esta carga eléctrica se debe al número de protones del núcleo y es la clave de la identidad química del átomo.

(C) Cuando un electrón "cae" de una órbita externa a otra órbita interior, se produce la emisión de un fotón.

(D) La longitud de onda de ese fotón está determinada por la diferencia de niveles entre los que se ha producido el salto o "caída".

(E) Esta longitud de onda es el elemento que hace que de un espectro, que las registre, se pueda revelar los elementos químicos que forman a una estrella, u otro objeto que se esté estudiando.

Según dijera Max Planck, el fundador de la física cuántica, **"el modelo del átomo de Bohr"** proporcionó la llave largamente buscada de la puerta de entrada al maravilloso mundo de la Espectroscopia, que desde el descubrimiento del análisis espectral había desafiado, obstinadamente, todos los intentos de conocerlo.

Ya estamos en condiciones de interpretar la composición química estelar, en base al análisis espectral, pero esto solo no resulta suficiente para lograr una clasificación simple y completa de las estrellas. Es necesario lograr un método que permita clasificar sus brillos y fundamentalmente "qué es lo que las hace brillar".

Mientras Bohr desarrollaba su teoría, en la Universidad de Harvard se continuaba con la sistemática clasificación de millones de datos, colores y espectros de estrellas, en observaciones directas de estrellas de nuestra galaxia. Esos millones de datos se recopilaban, en innumerables volúmenes, como el conjunto de: "Henry Draper Catalog", que recibiera ese nombre en homenaje al primer astrofotógrafo y físico, que obtuvo la primera fotografía del espectro de una estrella.

En el año 1915 el físico Cannon, en base al análisis de esa gran información, observó que la gran mayoría de las estrellas tabuladas se podían clasificar en siete espectrales distintas, así fue que las ordenó por el espectro de sus colores, iniciando con el blanco/azulado y lo llamó "O", pasando por las estrellas amarillas, nuestro Sol, que fueron "G", hasta las estrellas rojas "M".

Después de numerosos estudios y ensayos, fueron designadas por Cannon las siete clases espectrales de estrellas, por las letras: "O", "B", "A", "F", "G", "K" y "M", que corresponde a colores, materiales y algunos ejemplos, que veremos más adelante.

Los estudiantes, para retener de memoria esta secuencia de letras, suelen usar como regla nemotécnica, la siguiente frase en inglés: en la cual la primera letra de cada palabra corresponde a un orden espectral distinto.

" **Oh, Be A Fine Girl, Kiss Me.**"

que equivale a: "Oh, sé una buena chica, bésame."

Tiempo más adelante, el ingeniero y astrónomo danés Ejnar Hertzsprung analizó las estrellas del cúmulo de las "Hiades" de coloración variante de un blanco mate a un amarillo apagado, y las del cúmulo de las "Pléyades", con un color azul verdoso. Como puede suponerse que todas las distancias estrellas/Tierra de un mismo cúmulo, dada la enorme distancia cúmulo/Tierra, son iguales, se está en condiciones de afirmar que toda diferencia observada en las magnitudes aparentes, en las estrellas de cada cúmulo son proporcionales a las diferencias en sus magnitudes absolutas.

Hertzsprung, en base a este razonamiento y a los datos que se acumulaban en los "Henry Draper Catalog" en la Universidad de Harvard, tabuló las estrellas de ambos cúmulos por sus colores relacionados con sus magnitudes absolutas y, en una representación gráfica, pudo determinar que la gran mayoría de esas estrellas caían entre dos líneas ligeramente curvadas en forma de una suave "S".

Luego se estudiaron estrellas de otros cúmulos, llegando al mismo análisis y aun fuera de los cúmulos se mantenía la misma relación.

Desde entonces, como ya se vio, esta representación ha sido llamada: **"Diagrama de Hertzsprung/Russell", o simplemente: Diagrama H-R.**

Sabiendo cómo se obtiene la información, ¡gracias físicos y astrónomos!, podemos seguir nuestro recorrido por las estrellas, con algunos datos sobre medidas comparativas con nuestro Sol, además de distancias, edades, temperatura, etc.

Las estrellas enanas blancas tienen un diámetro promedio que oscila entre la mitad y cuatro veces el diámetro del Sol.

En cuanto a la edad, existen aún estrellas de casi la edad del Universo, 10.000 millones de años, y a partir de ahí se encuentran de todas las edades, hay más viejas que jóvenes; sabemos que la edad del Sol es de 4.500/5.000 millones de años.

Respecto a las distancias estrella-Tierra hay todas las variantes posibles, de las cuales nombraré solo unas pocas:

Estrella	Distancia Años luz	Parsecs
Alfa Centauro	4,29	1,32
Estrella de Barnard	5,97	1,84
Wolf 359	7,74	2,38
Sirio	8,7	2,67
61 Cygni	11,1	3,42
Procyon	11,3	3,48
Estrella de Kapteyn	12,7	3,87
Estrella de Van Maanen	13,2	4,06
Altair	15,7	4,82

Otra clasificación de las estrellas es la que se puede hacer en base a la temperatura de su superficie, que se obtiene mediante la observación de su espectro, desde las más calientes (40.000ºC) hasta las más frías(2.500ºC).

Las estrellas más calientes están en la zona azul del espectro y las más frías en la zona roja. En las estrellas más calientes (O y B) no sólo en su capa superficial la temperatura es muy elevada, miles de grados, sino que va aumentando hacia el interior, lo cual provoca reacciones en su núcleo, dejando escapar gases con una temperatura de millones de grados. El Sol es una estrella del tipo espectral "G", por lo que se podría considerar enana y con una expectativa de vida de unos diez mil millones de años totales.

Algunos ejemplos en el Diagrama H-R, que contemplan: color del espectro al que pertenecen, principales materiales que la componen y nombre del prototipo de estrella, para cada caso puede ser el siguiente:

CLASE O:
Estables y muy caliente. Nombre CHEQUI. Color AZUL.
CLASE B:
Menos temperatura. EPSILON-ORIÓN. Color BLANCO AZUL.
CLASE A:
Absorción de Hidrógeno. SIRIO. Color BLANCO.
CLASE F:
Calcio, Hidrógeno. DELTA ÁGUILA. Color BLANCO AMARILLO.
CLASE G:
Calcio, p/Hid. otros metales, hierro. SOL. Color AMARILLO.

CLASE K:
Calcio, otros metales, mucho hierro. ARTURO. Color NARANJA.
CLASE M:
Óxidos metálicos. BETELGEUSE. Color ROJO.

Si las clasificáramos por su tamaño veríamos que es una clasificación permanente solamente en el transcurso de la vida de un observador, ya que las estrellas se modifican con el transcurso del tiempo, nacen, se desarrollan y mueren durante miles de millones de años y también se podría considerar una etapa previa, el "embarazo", que es el período en que la masa de polvos y gases se han reunido formando un aglomerado pero no han llegado a nacer como estrella, esa situación es llamada "**protoestrella**" y dura hasta que el núcleo tenga una temperatura de algunos millones de grados y se pueda producir la reacción nuclear, reacción que la hace llegar a 10.000.000 de°C, y es el momento en que nace la estrella, comenzando el ciclo que ya se vio. En todas sus etapas va cambiando de volúmenes, lo cual confirma que una clasificación por volumen **no es permanente**, aunque sí es de millones de años, pero para la vida humana todos los fenómenos astronómicos, salvo algunos de movimiento, se pueden considerar permanentes.

LISTA DE TEMPERATURAS Y DIAMETROS DE ESTRELLAS

Serie principal	Magnitud	Espectro	Temperatura Superficial	Diámetro Sol=1	Distancia años-luz
β Centauro	0,63	B1	21.000°	11	490
ν Escorpión	4,3	B3	17.000°	3,2	325
β Cochero A	1,86	A2	11.200°	2,4	88
α Lira (Vega)	0,04	A0	11.200°	2,4	26,5
α Can Mayor (Sirio)	—1,42	A1	11.200°	1,8	8,7
α Aguilar (Altair)	0,77	A7	8.600°	1,4	16,5
α Can Menor (Proción)	0,37	F5	6.500°	1,9	11,3
α Centauro A	—0,01	G2	6.000°	1,0	4,3
70 Ofiuco A	4,3	K0	5.100°	1,0	17
61 Cisne A	5,0	K7	3.800°	0,7	11,1
ffrüger 60 A	9,2	M3	3.300°	0,34	12,7
Estrella de Barnard	9,7	M4	3.100°	0,16	6,1

Otro análisis que se debe hacer para seguir avanzando y comprender a las estrellas se debe iniciar mirando el cielo de noche, en el campo y sin luna; se verá un número muy **grande pero finito**, estimando un máximo de 6.000, de **puntos luminosos**: son las estrellas. Pero si se mira de día vemos solamente una estrella enorme, muy brillante, que irradia calor: es nuestro Sol.

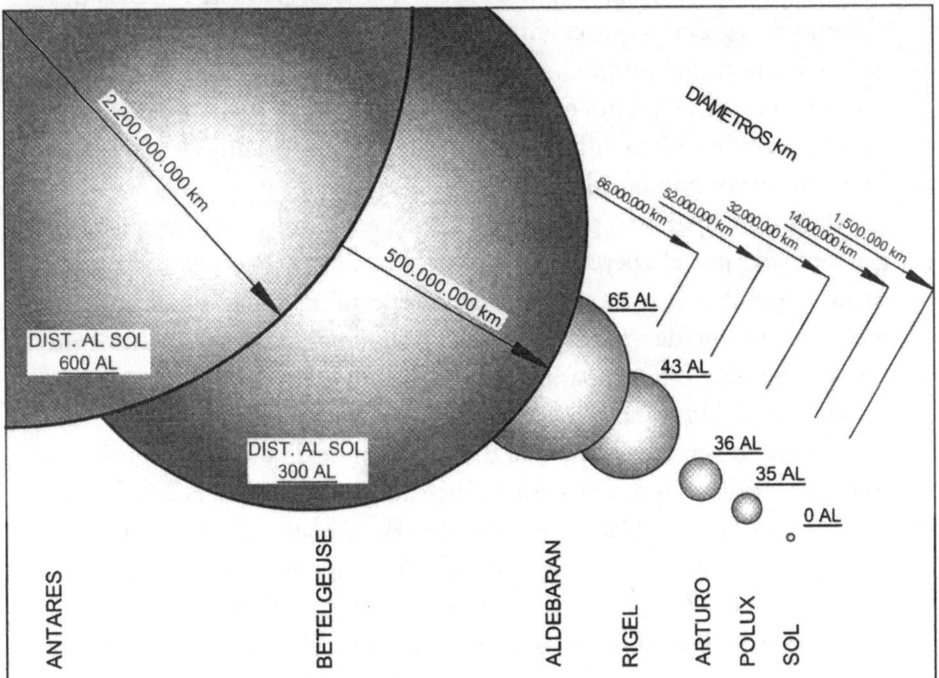

ESTRELLAS

COMPARACION DE DIÁMETROS - En subrayado Distancia al SOL -

NOMBRES	DIAMETROS	DISTANCIA AL SOL
	10km x 10^6	AÑOS LUZ
ANTARES	2.200	600
BETELGEUSE	500	300
ALDEBARAN	66	65
RIGEL	52	43
ARTURO	32	36
POLUX	14	35
SOL	1.5	0

LAS CIFRAS HAN SIDO REDONDEADAS
PARA MEJOR MEMORIZACIÓN

Se necesita comprender por qué, si en el Universo hay estrellas muchísimo más grandes que el Sol, se ven como puntitos, algunos casi apagados, no se recibe ninguna sensación de calor y en cambio la vista del sol, mucho más pequeño, enceguece, nos da calor y se ve inmenso. Para dar explicación a esto e infinidad de casos más importantes y complejos, los astrónomos han creado dos figuras que llamaron:

Magnitud Aparente: para el estudio del espectro se considera la energía irradiada por el cuerpo y la distancia real entre éste y la Tierra, elementos que dan la opción de ver al cuerpo tal como su luz llega hasta nosotros, pero no da una idea real de su brillo, magnitud, ni tamaño, pues no permite ninguna comparación con otros. Por eso se llama **aparente.**

Magnitud Absoluta: para el estudio de su espectro se considera la energía (del cuerpo en estudio) y una distancia conocida y siempre igual para todas las estrellas estudiadas o sea no dependerá de la distancia del observador a la estrella, sino solamente dependerá de su energía; la distancia elegida universalmente es de 10 p.c. o sea de 36 al. (año luz). Si el Sol estuviera a igual distancia de la Tierra como la Tierra está de Alfa Centauro se vería muy poco luminoso y nosotros, como todos los seres vivos que ocupamos un lugar en este planeta Tierra, no existiríamos y los hielos más profundos lo cubrirían totalmente. Se trata de comparar la luminosidad de todas las estrellas estudiadas como ubicadas a la misma distancia: 10 p.c.

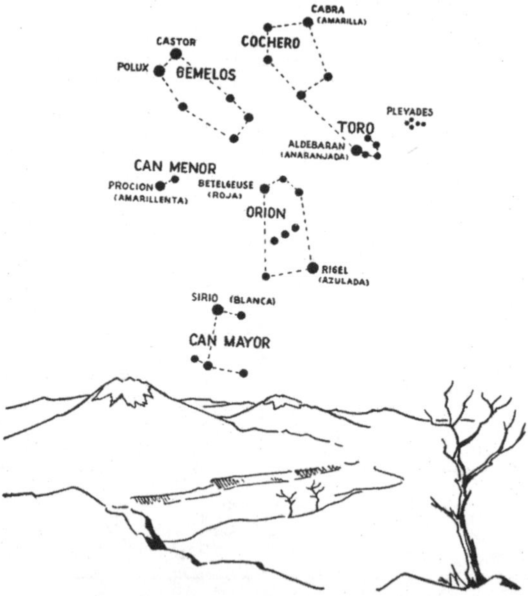

El cielo del mes de enero visto hacia el sur desde España, y hacia el norte desde la Argentina, Chile y Uruguay. El ecuador celeste pasa justamente por encima del Cinto de Orión. En esta región del cielo se nos ofrecen estrellas de primera magnitud de los seis tipos espectrales que cuentan con más astros. Son las siguientes: beta de Orión, del tipo B, alfa del Can Mayor, del A; alfa del can Menor, del E; alfa del Cochero, del G; alfa del Toro, del K y alfa de Orión, del M. Incluso un observador no acostumbrado notará la secuencia de colores que corresponden a cada tipo espectral, que son sucesivamente: blanco azulado, blanco, blanco amarillento, amarillo, anaranjado y rojo.

En esta recorrida por la clasificación de las estrellas, le toca el turno a las llamadas **Estrellas Especiales,** pues gracias a su existencia se ha podido profundizar en el estudio de todas las demás estrellas del Universo, dado que estas estrellas especiales presentan características que facilitan su propio estudio y en base a los datos obtenidos de esos estudios, como un punto de apoyo, se ha podido estudiar similares características en otros cuerpos estelares.

Podemos mencionar a las "**Estrellas Dobles**":

Se trata de un sistema de dos estrellas, que en cumplimiento a la ley de gravitación se mueven en torno a un punto en común, que es el centro de masas de ambas.

Las estrellas dobles han tenido, generalmente, como origen, un nacimiento común, han sido de una misma nube de materiales estelares y luego por la fuerza de gravitación han seguido juntas.

Una clasificación de ellas es la siguiente:

1) **Estrellas dobles visibles:** son aquellos pares de estrellas que pueden ser observados mediante el uso de telescopios.
2) **Estrellas dobles variantes-eclipsantes:** son aquellos pares de estrellas, ya no visibles con el uso del telescopio y que deben ser estudiadas por métodos fotométricos. Esto es posible cuando el plano que contiene a las órbitas de ambas estrellas es paralelo a la dirección de la observación, pues se producen dos eclipses (la visual es interceptada en dos oportunidades distintas por ambas estrellas) que permiten su estudio y determinación de distancias, dimensiones, forma de órbita, etc. Ejemplo clásico de estas dobles son las Argol y son sumamente útiles para determinar el radio de las estrellas.

Las Dobles son bastante abundantes en el Universo; se ha encontrado que los dos tercios de las estrellas cercanas al Sol son de esa característica, también hay conjuntos triples e incluso séxtuples, pero en mucha menor cantidad.

El acoplamiento de estos pares dobles es una característica muy interesante pues no sólo permite realizar estudios sobre cada una de ellas, sino algo mucho más importante, como es usar los conocimientos sobre ellas como apoyo para avanzar sobre otros objetos del cielo. Prácticamente todo lo que se ha logrado conocer hasta ahora sobre las masas de las estrellas en general y no visibles mediante telescopio, se ha realizado por el método de comparación entre el espectro de una Doble y la que se eligió de incógnita.

Otro tipo particular e interesante de estrella que conviene destacar, son las llamadas **CEFEIDAS.**

La característica fundamental de éstas es la variación periódica de su magnitud, que oscila entre períodos muy breves, menores de un día, hasta un máximo de 80 días. Otra característica a considerar es que su diámetro varía de un 10 a un 20 %, cuando se pasa del estado de compresión, que es cuando tiene su máximo de luminosidad, al de máxima expansión, con el mínimo de luminosidad.

Un ejemplo se tiene en la **Delta de Cefer**, que da origen al nombre de Cefeidas, que emplea 1,35 día en pasar de máxima actividad a la mínima.

El estudio y conocimiento de este tipo de estrellas, como las dobles, es muy importante para ser usado como herramienta de investigación en el Universo.

Esto es así pues existe una relación entre el período y la magnitud absoluta, ya que se ha constatado que al aumentar el primero aumenta proporcionalmente la segunda, luego utilizando esta relación y conociendo la distancia Tierra-Cefeida se determina fácilmente la distancia Tierra-otras estrellas.

Entre las Cefeidas se pueden clasificar dos tipos: las clásicas, que son las más comunes y las Cefeidas W. Virginis que son más viejas y débiles.

Aún nos falta hablar, para completar una recorrida por las estrellas, sobre los dos cuerpos estelares más enigmáticos y desconocidos del Universo, los **Pulsares** y los **Agujeros Negros**, para lo cual, dado la alta complejidad que ellos tienen y con la idea de comprender mejor estas dos estructuras del espacio, y a riesgo de ser reiterativos, recordaremos y ampliaremos, en parte, los conocimientos ya vertidos sobre la evolución de las estrellas.

Pero antes, y teniendo en cuenta que en este desarrollo nos veremos obligados a mencionar la teoría de la relatividad, de Einstein, o aspectos de la teoría cuántica de Planck, creemos oportuno transcribir un párrafo del doctor en Astronomía **Carlos Varsavsky** que nos dice:

"...es muy difícil poner a la Teoría General de la Relatividad en términos simples o utilizando analogías extraídas de la vida diaria."

" La relatividad, al igual que ciertos aspectos de la Teoría Cuántica, van mucho veces en contra del sentido común y se requiere un largo entrenamiento profesional para poder visualizar ciertas conclusiones."

Algunos autores dicen que la materia fue "creada" en el momento del inicio de la expansión del Universo: eso no es cosmología sino metafísica.

En lugar de hablar de creación, se debe adoptar el criterio que en un momento comenzó una expansión del Universo, que pudo ser descripta mediante las ecuaciones de Einstein, hasta un infinitésimo anterior al instante en que el tiempo se hace igual a cero, a partir de ese momento su explicación escapa a los actuales conocimientos físicos/matemáticos.

Ahora pasemos a Pulsares y Agujeros Negros, para lo cual repetiremos y repasaremos algunos conocimientos:

La estrella nace como tal cuando las fuerzas gravitatorias que actúan sobre el gas que la componen comprime su centro y eleva la temperatura del mismo a los millones de grados necesarios para iniciar las reacciones termonucleares que fusionan el hidrógeno dando lugar al helio. El calor que estas reacciones desprenden da lugar a una presión del gas que se opone a la presión de la gravedad y la estrella inicia una etapa de estabilidad, por ejemplo en el caso de nuestro Sol, esa etapa de estabilidad se prolongará, aproximadamente, $9x10^9$ años (9.000.000.000 años), de los cuales ya hemos consumido poco más que la mitad.

Estrellas más masivas y por lo tanto con mayor gravedad producen más calor y entonces los procesos se aceleran. Es así como una estrella con diez veces la masa del Sol verá acortarse su período de estabilidad a poco menos de 10.000.000 de años.

Es evidente que el motor de una estrella es la gravedad. Paradójicamente, para existir, la estrella debe compensar la presión gravitatoria con el mismo calor que esta gravedad produce. Luego, la estrella debe su estabilidad al calor generado, en su primera fase por la "combustión" del hidrógeno.

Pero, ¿qué pasará cuando el hidrógeno empiece a escasear?

El hidrógeno quemado en el centro del núcleo da lugar al helio, por ahora inerte, cuya temperatura va aumentando debido al aumento de la presión gravitatoria. Cuando la temperatura llega a los 100 millones de grados el helio se "enciende" termonuclearmente y se inicia una nueva reacción donde tres núcleos de helio se transforman en uno de carbono. Pero... para que esto ocurra la gravedad de la estrella, que depende de su masa, debe ser capaz de comprimir y encender el helio. En el caso de estrellas poco masivas la combustión termina ahí, no se enciende el helio y terminan por apagarse y al enfriarse totalmente se transforman en "pequeños" y oscuros cascotes que han sido llamados **"Enanas Negras"**... por "pequeños" debe entenderse del tamaño de la Tierra.

Si por el contrario la estrella es más masiva, tendrá más energía gravitatoria y podrá encender el helio transformándolo en carbono, para luego encender el carbono, dando lugar a un núcleo con un centro de oxígeno y así irá saltando hasta llegar al hierro.

El tiempo de combustión de cada elemento es cada vez más corto, pero con temperaturas más altas, por ejemplo en la combustión del oxígeno, la temperatura llega a los 3.000 millones de grados. Todo el calor producido por estas reacciones frena transitoriamente el colapso gravitatorio de la estrella. Pero la cadena de combustión inexorablemente se apaga antes de llegar al hierro y la estrella, incapaz de mantener el equilibrio, permite que triunfe la gravedad y colapsa terminando como una enana negra, con un núcleo súper comprimido de carbono o de oxígeno o de algún elemento anterior al hierro.

La cadena se interrumpe en el hierro, como ya hemos visto, porque éste es un elemento que para su combustión necesita recibir energía exterior, en lugar de producirla, es decir, **ganó la gravedad y la estrella colapsa.**

El núcleo lo hace muy rápidamente y el aumento de presión se hace grandísimo, tanto que los núcleos atómicos que lo formaban se desintegran dando lugar a una enorme mayoría de neutrones y solamente algunos protones y electrones.

Es algo así como si la estrella tuviese que devolver, en un solo golpe, toda la energía que fue acumulando durante su vida. Al contraerse violentamente el núcleo rebota sobre sí mismo y al hacerlo se encuentra con la atmósfera de la estrella, que se cae sobre él. La onda de choque que este encuentro produce eleva la temperatura hasta los miles de millones de grados que resultan necesarios para sintetizar todos los elementos conocidos. Simultáneamente es arrojado al espacio el 90% del material de la estrella.

El resto queda como un núcleo de 10 a 15 km de diámetro, súperdenso formado por neutrones.

Como una bailarina que cierra sus brazos contra su cuerpo para girar más rápido, la estrella que ahora ha disminuido enormemente su radio gira a altísima velocidad (miles de vueltas por segundo).

La gravedad pasa a ser enorme; imaginemos una masa mayor que la del Sol concentrada en una esfera de 15 km. de diámetro (el diámetro del Sol tiene 1.500.000 km) y por lo tanto su densidad será comparable a la de un núcleo atómico. De hecho la estrella se ha transformado en un gran núcleo atómico.

Este cadáver, muy caliente aún, de lo que fuera una estrella y compuesto de neutrones, recibe el nombre **de estrella neutrónica**.

Por otra parte, al igual que la Tierra, la estrella tiene un débil campo magnético. Cuando la estrella colapsa las partículas de ella arrastran las líneas del campo magnético y las concentran tremendamente, con lo cual este campo adquiere valores altísimos, con máxima concentración en los polos. Partículas con cargas eléctricas son emitidas por la estrella y canalizadas hacia los polos magnéticos, que se convierten así en fuentes emisoras de ondas electromagnéticas. La estrella emite dos haces de radiación opuestos, según el eje magnético de la misma. Como el eje magnético no coincide con su eje de rotación, al igual que sucede en la Tierra, cuando gira la estrella su eje magnético cabecea describiendo sendos conos, con el eje de rotación de la estrella. Si la Tierra se encontrara en el camino de uno de esos haces, recibiría un destello de radiación cada vez que un haz describa un giro. La estrella se estará comportando como un faro giratorio. Estos pulsos de "luz", captados por los radiotelescopios dan cuenta de la velocidad con que gira la neutrónica y su período demuestra una velocidad de rotación súper-estable. Recién descubiertas en la década del sesenta, los astrónomos pensaron que eran estrellas pulsantes, parecidas a una Cefeida, por lo que recibieron el nombre de **Pulsar,** que resultó de hacer una abreviatura de la expresión inglesa: **Pulsating Star (estrella pulsante)**.

En algunos casos la historia termina con una estrella neutrónica que muy lentamente va perdiendo su velocidad de rotación y después de mucho tiempo, millones de años, deja de emitir. Ahora la tremenda fuerza de gravedad es compensada por el Principio de Elusión de Pauli.

Según la mecánica cuántica, los neutrones y también los protones y electrones no pueden, si forman una misma estructura, tener energías iguales, ni siquiera parecidas. Esto implica que cuanto más neutrones contenga esa estructura, mayor será su energía para oponerse al colapso gravitatorio.

Pero todo tiene un límite y la fuerza de gravedad puede vencer a todas las demás, siempre que se cuente con la masa suficiente.

En 1931, Chandrasekhar calculó ese límite: si la masa de la neutrónica supera en un 40% la masa del Sol (1,4 masas solares), no habrá manera de detener el colapso gravitatorio. La "estrella" seguirá contrayéndose hasta transformarse en una estrella negra. Si su masa final superase 8 masas solares, al agotarse el combustible de su núcleo, y debido a las fuerzas gravitatorias que continúan atrayendo toda la masa hacia su centro, la estrella se irá contrayendo en tal magnitud que su densidad será prácticamente infinita, lo cual hará que resulte imposible a ninguna radiación escapar de su interior, no habrá posibilidad de emisión alguna hacia el exterior, toda materia que sea absorbida no escapará nunca, habrá nacido un **Agujero Negro,** agujero porque tiene la capacidad de absorber toda la materia que encuentre en su cercanía y negro por no poder ser detectado por medio de la radiación, pues no irradia.

En realidad, esta explicación lejos está de ajustarse a una definición científica, pero entiendo que se acerca a una explicación comprensible.

A continuación, daré una explicación más técnica, tratando de hacer posible su entendimiento:

Partamos del momento en el cual la contracción es tan enorme que su volumen ha llegado a ser un punto matemático, se dice que se ha alcanzado la **singularidad:** un estado en que el volumen tiende a cero y como la masa se conserva, la densidad debe tender a infinito. Poco se puede decir sobre ella: debido a la enorme gravedad sería útil emplear para su estudio las leyes de la relatividad de **Albert Einstein**, pero estas leyes colapsan matemáticamente cuando el volumen llega a cero. ¿Y la cuántica de **Max Planck?**... Tampoco sirve, pues al tender las dimensiones a cero las leyes de la mecánica cuántica conducen a una indeterminación. **¿Y entonces, qué? ¡Pues... nada!**

Se deberá buscar un instrumento matemático que permita conciliar ambas teorías y mientras tanto... **esperar.** En la búsqueda están nuestros físicos, matemáticos y astrónomos, esperemos nosotros el tiempo necesario, pero con la esperanza (¿seguridad?) de que encontrarán ese instrumento matemático.

Sin embargo, se puede hablar sobre lo que ocurre en las cercanías de la singularidad, que es donde podemos suponer concentrada la masa remanente de la estrella desaparecida.

Sugerimos recordar la Ley de Gravitación Universal de Newton, que establece que la atracción entre dos cuerpos depende del inverso del cuadrado de la distancia que los separa. Así, si se reduce la distancia a la mitad, la atracción aumenta cuatro veces (el cuadrado de dos). Si se sigue así y se reduce la distancia mil veces, la atracción aumentará un millón de veces, queda claro que cuando un cuerpo tiene un cierto radio no es posible acercarse más que hasta ese radio, pero esto no ocurre en el caso de una singularidad matemática, en este caso el radio es igual a cero, y se puede acercar todo lo necesario.

Así, por ejemplo, en la superficie de la Tierra la aceleración de la gravedad es de 9,8 m/seg^2. Si el radio se reduce a la mitad, conservando la masa, la gravedad aumentará cuatro veces (39,2 $m/seg.^2$).

Si fuera posible, manteniendo su masa, retraer al radio de la Tierra a 1 km, se contraería 6370 veces (el radio de la Tierra es de 6.370 km) y la gravedad –para alguien parado en su superficie– se vería aumentada 6.370 veces.

O sea que, si en la Tierra real, alguien pesa 80 kg. en la Tierra teórica de **un km de radio**, contraída 6.370 veces, pesará: 80 x 6.370^2, que resultará nada menos que ¡2.350 millones de kilos! Esto es lo que ocurre con una singularidad, atrae más porque se puede acercar más (pero menos que un punto matemático).

Entonces la pregunta fundamental es: **¿hasta dónde se puede acercar a esa atracción gravitacional sin quedar atrapado?**

Esta distancia, que se conoce como **Radio Gravitacional**, y depende solamente de la masa del objeto colapsado en la singularidad, es el radio de una esfera ideal que rodea a esa singularidad. Atravesando esa esfera (de radio gravitacional) hacia la singularidad, las fuerzas gravitatorias se hacen tan grandes que ni la luz podrá escapar de la atracción.

Esa esfera ideal, de radio gravitacional, es lo que se ha dado en llamar un **Agujero Negro.**

Funcionalmente implica un límite que, traspasado por un objeto impide todo su ulterior contacto con el observador.

La superficie de esta esfera, llamada horizonte fáctico u **horizonte de los sucesos,** separa el Universo de todo lo que pueda acontecer dentro del Agujero Negro, es como decir que el Universo termina en el horizonte de los sucesos.

El Agujero Negro es poseedor de tanta atracción inercial que no deja escapar ningún vestigio de energía (ni luminoso, radial, o electromagnético) desde su interior. Todo lo que pasa por el horizonte de los sucesos no tiene retorno.

Como consecuencia de la relatividad generalizada el tiempo se ve lentificado con el aumento de la gravedad.

Un observador que viese una nave acercarse a un Agujero Negro, vería cómo ésta se mueve cada vez más lentamente hasta congelar su imagen en el horizonte del Agujero Negro, esta imagen se iría desdibujando, al ir recibiéndose los últimos fotones emitidos por esa imagen.

El nombre de Agujero Negro fue puesto por el astrofísico John Wheeler en el año 1967. Y en el año 1997 se confirmó la existencia de un Agujero Negro en nuestra galaxia, la Vía Láctea.

Hemos llegado a una explicación sencilla del Agujero Negro. Aún nos falta hablar sobre otras fuerzas gravitatorias llamada **fuerzas tidales o fuerzas de mareas,** que como veremos también tienen su importante efecto en relación a los Agujeros Negros.

Como la gravedad, en un planteo teórico, actúa aplicada al baricentro de los cuerpos, pero en la práctica lo hace sobre todos y cada uno de los puntos materiales de dicho cuerpo, resulta evidente que la fuerzas de gravedad serán mayores en los extremos que apuntan hacia al atractor (pues están más cerca) y menores en el extremo más alejado. Esto genera en el cuerpo fuerzas opuestas que tironean de sus extremos, tratando de estirarlo. Éstas son las **fuerzas tidales.** Un claro efecto de las fuerzas de marea lo tenemos aquí en la Tierra por efecto de atracción de la Luna. Un ejemplo gráfico ayudará a su interpretación:

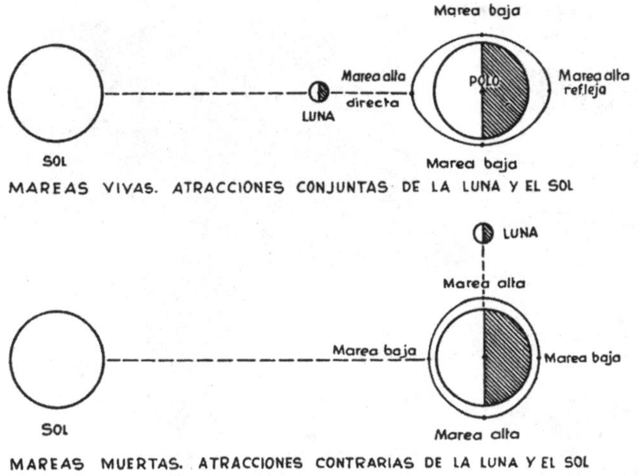

Origen de las mareas. En la parte superior de la figura, las atracciones de la Luna y el Sol sobre los elementos líquidos de los océanos se suman. En ella la Luna está en fase nueva; lo mismo ocurre cuando está en fase llena. Las mareas presentan, en ambos casos, sus mayores alturas: son las mareas vivas. En la parte inferior, las acciones atractivas de la Luna y del Sol se restan. Por su mayor proximidad, la acción de la Luna se deja sentir más que la del Sol. Las mareas presentan, cuando la Luna está en cuarto menguante (como en la figura) o en creciente, sus menores alturas: son las mareas muertas.

En el Agujero Negro, estas fuerzas se hacen tan intensas que irían destruyendo toda estructura que caiga hacia la singularidad, se destruye toda la información contenida en esas estructuras.

Al absorber masa, el radio del horizonte del Agujero Negro irá creciendo en forma proporcional a dicha absorción.

En el siglo pasado, en la década de los años 70 (1970), Hawking demostró que, debido a fenómenos cuánticos, el Agujero Negro debería emitir, o sea que su energía-masa debería disminuir. Después de todo, los Agujeros Negros ¡**no son tan negros**! Y en algún momento irán a desaparecer, será a un ritmo lentísimo, pero finito, tardarán muchísimo tiempo, pero llegarán a su fin.

Al fin y al cabo, en un futuro muy lejano deberán desaparecer. Allá, en el fondo de la eternidad, sin ninguna estructura y con una radiación (último estado de todo) tan tenue como casi nada, mientras que el tiempo, imperturbable, seguirá transcurriendo.

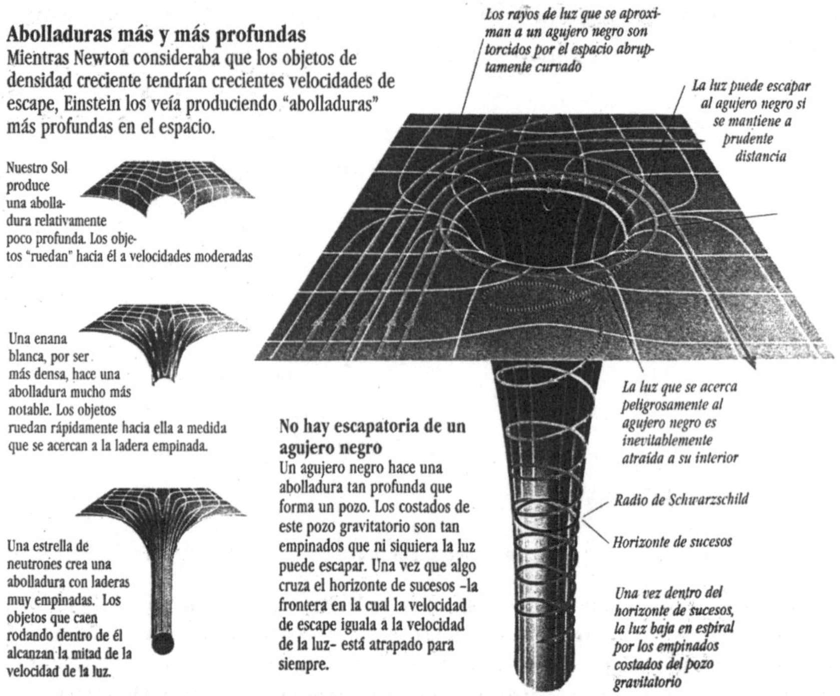

Por último, respecto a los A.N. diremos que desde poco tiempo posterior al Big Bang se han debido poder formar numerosos de ellos, las altas densidades que existían en aquel entonces creaban un campo propicio para su rápida formación.

Después de todo lo visto en este capítulo, podemos decir que: "así funciona la ecología del Universo, estrellas que de una u otra forma mueren devolviendo al espacio sus materiales. Y a partir de esos materiales se forman otras generaciones de estrellas. Los átomos que forman nuestros cuerpos no nacieron directamente con el Big Bang, sino que fueron forjados posteriormente en el interior caliente de alguna estrella gigante que al explotar enriqueció el espacio interestelar cercano".

Estos átomos formaron parte de la nebulosa que dio origen a nuestro Sistema Solar y **ahora están en nuestro cuerpo.**

Como decía Carl Sagan, en el más profundo de los sentidos: "**Somos hijos de las estrellas.**"

Habiendo estudiado las características de las estrellas, veamos ahora cómo pueden ser localizadas en la bóveda celeste.

Tanto en estudios, como en trabajos astronómicos, para poder enfocar los telescopios, tanto ópticos como espectrales, sobre cuerpos ya conocidos, es necesario contar con algún dato o información que permita su localización. Estos datos serán las coordenadas correspondientes a las del punto de intersección de la visual, dirigida desde la Tierra al cuerpo, con la bóveda celeste; para ello se ha recurrido al trazado de una cuadrícula de coordenadas celestes y en ella se registran los datos correspondientes a cada estructura observada. Para ser usadas, estas coordenadas se encuentran en forma ordenada y correlativa en los catálogos estelares o como coordenadas astrológicas en los catálogos astronómicos.

Hasta nuestros días hay catálogos que contienen los datos de más de un millón de estrellas. Existen otros para galaxias, para cúmulos estelares, estrellas dobles, variables, nebulosas, etc.

El primer catálogo estelar del que se tenga noticias, fue en el año 130 a.C., preparado por el griego Hiparco. Hasta el Siglo XV los catálogos se compilaban, efectuando las lecturas con observaciones a simple vista, lo cual reducía enormemente la cantidad de cuerpos que se podían clasificar.

Actualmente, esas determinaciones se basan principalmente en el estudio de fotografías, las coordenadas de los cuerpos más débiles se calculan en base a las estrellas más brillantes, éstas están registradas en los llamados Catálogos Fundamentales, en los cuales se registran hasta las de novena magnitud. Las coordenadas galácticas se determinan considerando como plano fundamental el del ecuador galáctico y su interferencia con la esfera celeste.

Llamamos **Constelaciones** a grupos de estrellas que mantienen fijas sus posiciones relativas. Si elegimos un grupo de estrellas que cumplan esta condición y conocemos sus coordenadas celestes podrán ser fácilmente ubicadas en el firmamento. Es de destacar que existen constelaciones propias del hemisferio norte (35) y otras propias del hemisferio sur (54).

En su determinación no intervienen las distancias de ellas a la Tierra, por ejemplo, en el caso de las siete estrellas que forman la "**Osa Mayor**", cada una de ellas se halla a enormes y distintas distancia de la Tierra y sin embargo, observadas desde ésta mantienen sus posiciones relativas.

Se supone que los primeros en determinar constelaciones han sido los pastores caldeos, los chinos o los minoicos de la antigua Creta.

Tolomeo de Alejandría catalogó un total de 48 constelaciones, en general mantenidas aún en uso; las primeras fueron la Osa Mayor, Casiopea, el León, pero desde su Alejandría no podía observar todas las estrellas del hemisferio sur, como ser la Cruz del Sur que fue incorporada en el año 1679 por el astrónomo Royer.

Ha sido en la antigüedad cuando se han determinado la mayoría de las constelaciones hoy en uso, pero han habido actualizaciones más recientes, como se puede ver en los mapas estelares de Tycho Brahe (1601), Royer (1679), Hevelio (1690) y Lacaille (1752).

Las constelaciones actualmente en uso son las aprobadas por la "Unión Astronómica Internacional".

Las más conocidas, comúnmente llamadas **Constelaciones Zodiacales,** con sus nombres en latín, son doce y corresponden a cada mes del calendario:

Libra (balanza), Scorpius (escorpión), Sagitarius (sagitario), Capricornus (capricornio), Aquarius (acuario), Pisces (peces), Aries (carnero), Taurus (toro), Gemini (gemelos), Cancer (cangrejo), Leo (león), Virgo (virgen).

En las páginas siguientes se podrán observar, gráficos con las constelaciones de ambos hemisferios.

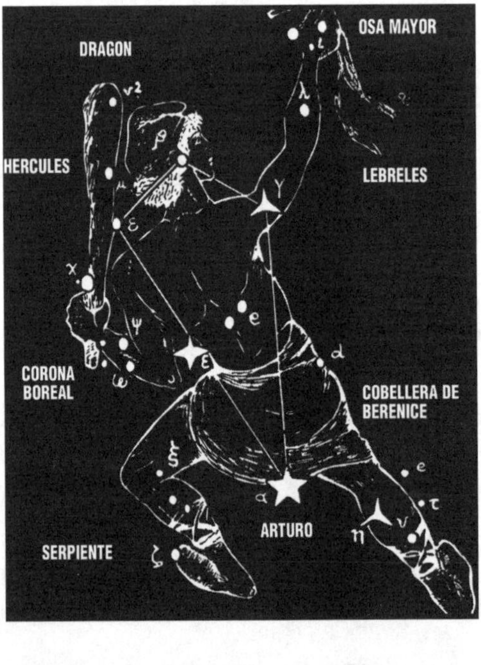

CONSTELACIÓN
DEL BOYERO
Del hemisferio Austral, rodeada de Osa Mayor, Dragón, Hércules, etc. Su estrella más brillante es ARTURO, gigante de 1ª magnitud.

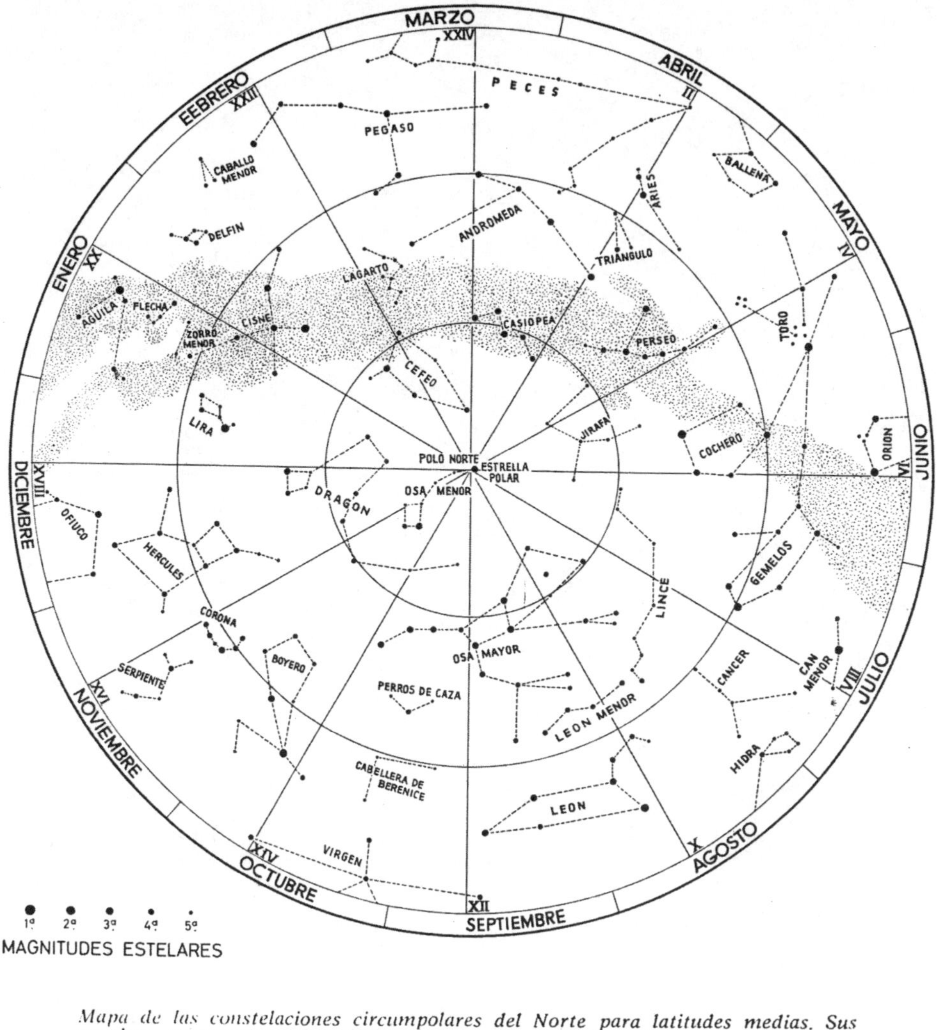

Mapa de las constelaciones circumpolares del Norte para latitudes medias. Sus nombres pertenecen a la mitología griega. Para castigar la crueldad del rey de Arcadia, los dioses mandaron un dragón que convertía en osos a cuantas personas encontraba, siendo víctimas de este sortilegio la reina Calisto y su hijo Arcas. Cuando Bootes, otro príncipe, yendo de caza, iba a dar muerte a su madre y hermano, creyéndoles osos, Júpiter lo evitó convirtiéndolos en constelaciones: a Calisto en la Osa Mayor; a Arcas, en la Menor; a Bootes, en Boyero; a los perros, en Lebreles; y al Dragón en la constelación de su mismo nombre. Otra historia: Andrómeda era la hija del rey de Etiopía, Cefeo, y de su esposa Casiopea. Ésta se creyó más bella que las Nereidas, hijas del dios del mar, Neptuno, quien para vengarlas mandó un monstruo marino que asolaba las costas del reino. Para acabar con el azote, el oráculo indicó que la princesa debía ser sacrificada al animal. Cuando iba a consumarse la ofrenda, llegó Perseo con la cabeza de Medusa en la mano, la cual petrificó al monstruo. Como premio se casó con Andrómeda. Todos figuran en el cielo, incluso el monstruo, que es la Ballena situada en la región ecuatorial.

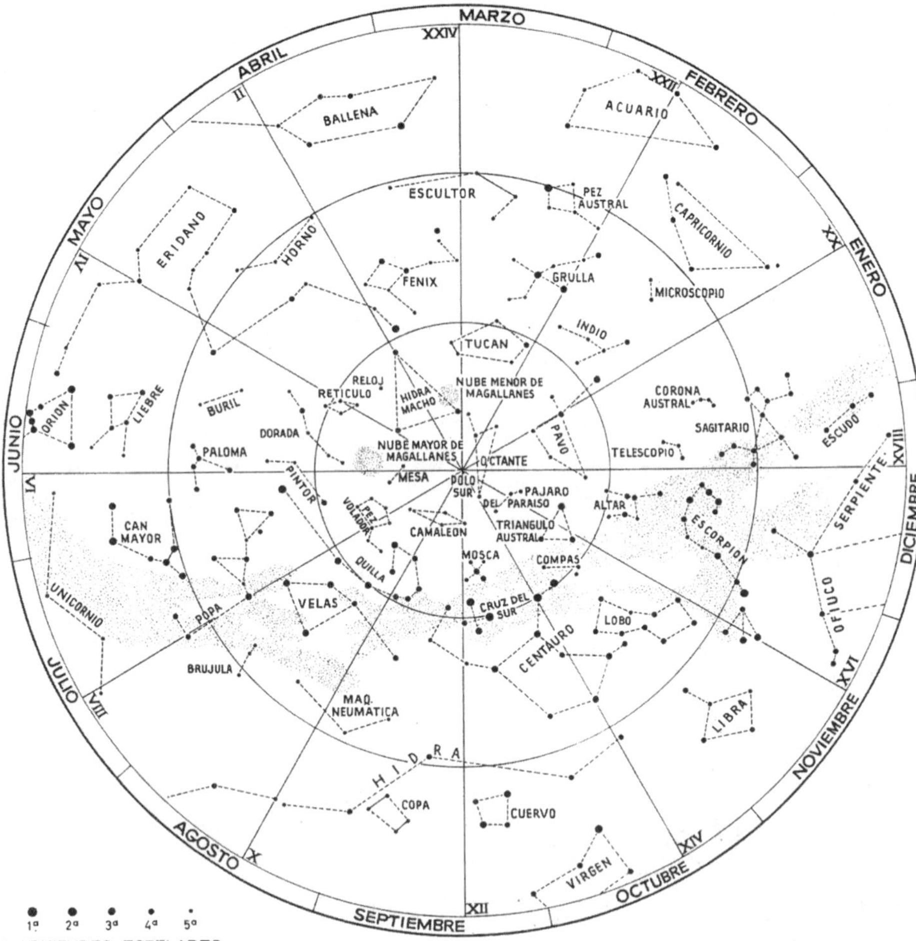

Mapa de las constelaciones circumpolares del Sur para latitudes medias. Así como los grupos de estrellas boreales tienen un marcado sabor mitológico, las australes son el exponente del nacimiento de las ciencias y artes modernas: Así Bayer en 1603 introdujo varios nombres de animales propios de países australes, como Pavo. Tucán, Grulla, Dorada, Pez Volador, Hidra macho, Camaleón, Pájaro del Paraíso. Lacaille que estuvo en El Cabo, incluyó nombres de aparatos utilizados en la ciencia y en el arte, como Telescopio, Microscopio, Retículo, Caballete del Pintor, Octante. También se debe a este astrónomo el nombre de Montaña de la Mesa, que puso en recuerdo de la que hay detrás de la ciudad de El Cabo, donde instaló su observatorio. La Cruz del Sur se debe a Royer, 1677; Centauro, Altar, Quilla y Velas del Navío Argos, son recuerdos de los griegos pues, debido a la precesión de los equinoccios, estas constelaciones eran visibles desde las orillas del Mediterráneo en los tiempos clásicos.

“Debe haber pocos lugares en todo el Universo tan inaccesible para nosotros como el centro de las estrellas.
Ni el más imaginativo viajero del espacio puede concebir un viaje al centro de una estrella y no parece haber ninguna posibilidad de poder recibir alguna información directa de ese lugar. Sin embargo, la teoría de lo que ocurre en el interior de una estrella se halla bien elaborada y tenemos mucha confianza en ella.”

Hermann BONDI.

“Bajo cielos parcialmente nublados, las nubes cubrirán exactamente esos objetos que tengan más ganas de observar, dejando las otras áreas totalmente libre de nubes.”

Leyes de Murphy

CAPÍTULO IV

EL SOL

"Si lloras por haber perdido el Sol, las lágrimas no te dejarán ver las estrellas."

RABINDRANATH TAGORE

SOL, **imponente generador atómico de tremenda energía**, capaz de haber entregado, de entregar y de seguir entregando en el futuro toda la necesaria para mantener su propio "Mundo", en perfecto equilibrio y armonía. Es su fuerza gravitatoria quien mantiene, a los ocho planetas de su sistema, girando en perfectas órbitas elípticas a su alrededor, generando un imponente ballet cósmico. Una de esas bailarinas, la Tierra, vive con él, un cálido romance, y es ésta, la Tierra, quien recibe toda la energía que necesita; la calidez de sus rayos evapora las aguas que forman las nubes, el calor genera los vientos, que trasladan esas nubes, éstas se descargan en lluvias o nieves que dan de beber a las plantas, los árboles, las flores. Los frutos y las mieses que de ellos surgen son los alimentos de los demás seres vivos, animales y del hombre, es el Sol el principio de la vida, quien entrega toda la energía necesaria para crear nueva vida y mantenerla. El calor y la luz del Sol han hecho posible los ríos y las montañas, las cataratas y los valles, el carbón y el petróleo, los peces y los pájaros, las praderas y los bosques, los mamíferos y el hombre, **ha hecho el Mundo.**

Pero ¿qué es el Sol?:

¡El Sol es simplemente una estrella!

Es una estrella del tipo de las enanas amarillas y pertenece a los miles de millones de estrellas que integran nuestra galaxia, la Vía Láctea. Está ubicado en uno de sus brazos, a 30.000 años luz (a.l.) de su núcleo.

El Sol es la única estrella que integra el Sistema Solar, el resto de los cuerpos del Sistema Solar son planetas, satélites de éstos y cuerpos menores, pero ninguna otra estrella (en otros capítulos se verá: "Sistema Solar").

La temperatura de la superficie del Sol (6.000ºC) es relativamente alta con respecto a las estrellas gigantes rojas (3.000ºC) y baja con respecto a las enanas blancas (30.000ºC).

La distancia media entre la Tierra y el Sol es de 150.000.000 km y se le ha designado **Unidad Astronómica (U.A.)**, se usa como una unidad de medida de distancia. Un ejemplo de uso en el Sistema Solar: Plutón está a 40 U.A. del Sol.

Si recordamos que otra unidad para determinar distancias es el Año Luz (a.l.), se tendrá que:

1 U.A.=150.000.000 km (distancia media entre la Tierra y el Sol) = $150x10^6$ de km= 8,5 m.l.(minutos luz).

Lo cual equivale a decir que una señal luminosa dirigida desde la Tierra al Sol, tarda 8,5 minutos en llegar al astro y viceversa.

El radio aparente del Sol es de 750.000 km, valor que es equivalente a 100 veces el diámetro de la Tierra y su volumen es 1.300.000 veces el de la Tierra.

Se estima que el Sol se terminó de formar hace 5.000 millones de años y que está en la mitad de su vida como estrella, o sea que faltan otros 5.000 millones de años para la extinción de todo el hidrógeno del centro de su núcleo y para que se transforme en una estrella gigante roja que evolucionará hacia la etapa de enana blanca, para luego perder la parte exterior de su atmósfera, y terminar, con una casi completa extinción de su calor, en una enana negra que emitirá muy poca energía durante miles de millones de años más.

El Sol contiene el 98,5% de toda la materia existente en el Sistema Solar, planetas, satélites, cometas, asteroides, polvo interplanetario, etc.

Se ha medido la luminosidad media del Sol y resultó de 100.000 lux (unidad de iluminación) en la fotosfera, que es equivalente a 240.000 bujías por centímetro cuadrado.

Debido a las grandes presiones y por ende grandes temperaturas que tienen que soportar los núcleos atómicos que contienen el núcleo del Sol, se fusionan; cuando lo hacen cuatro núcleos de hidrógeno forman uno de helio, proceso que libera terribles niveles de energía que permiten brillar al Sol como lo hace, desprendiéndola en forma de luz y calor, parte de la cual recibimos en la Tierra. El Sol, aparte de ser una enorme esfera de gas caliente, es la usina termonuclear que energiza al planeta Tierra. ¡Da energía a todos nosotros!

Debido a estas fusiones nucleares, **564** millones de toneladas de hidrógeno se transforman en **560** millones de toneladas de helio por segundo. La mayor parte de los 4 millones de toneladas de masa (564-560) que desaparecen por segundo se convierten en energía radiante, según la fórmula de la teoría de la relatividad de Albert Einstein: $E = m \, x \, C^2$, es un equivalente a medio trillón de caballos vapor por segundo, cifra que rebasa todos los límites de la imaginación. La Tierra sólo recibe la doscientas millonésima parte de esa radiación solar total.

Se ha determinado que el Sol gira sobre sí mismo y además junto con los componentes del Sistema Solar gira alrededor de la Vía Láctea, tardando en dar una vuelta a la misma 225.000.000 de años.

La particularidad de la estrella Sol, respecto a todas las otras estrellas, como es obvio, es que rige el sistema en el cual nos encontramos habitando y este sistema (Sistema Solar) es el único conocido, hasta ahora, que tiene vida humana en uno de sus planetas: la TIERRA.

El Sol presenta un disco de brillo muy intenso, mucho mayor en brillo y tamaño que cualquier otra estrella visible, a simple vista, desde la Tierra. La presencia del hombre tan cerca de una estrella permite que pueda ser bien estudiada, pero esa cercanía también provoca ciertos inconvenientes, que las lejanas no ofrecen. Si el Sol, en lugar de estar tan cerca de la Tierra, se encontrara a una distancia media entre todas las estrellas de la Vía Láctea, sería visto desde la Tierra como una estrella de magnitud 5ª, y la magnitud máxima para la vista humana es de 6ª, o sea que podríamos verlo igual, pero muchísimo más chico y el efecto en la Tierra de la radiación de la luz y el calor habrían disminuido tanto que los seres humanos no recibiríamos lo necesario para sobrevivir.

Entre los inconvenientes que se nos presenta para estudiarlo, debido a la gran cercanía, se puede mencionar el brillo, que puede llegar a lacerar la retina del observador e incluso puede hacerle perder la vista, para evitar ese efecto perjudicial se han proyectado filtros especiales para cuando es visión óptica directa y otros tipos de aparatos como espectrógrafos y el coronógrafo para obtener las imágenes de la corona solar, mediante fotografías.

Y otro inconveniente por la cercanía del Sol a la Tierra, para su observación con telescopios o cualquier dispositivo óptico, consiste en que para poder ver el disco completo son necesarios equipos con una gran distancia focal, lo cual en un principio los hacía muy grandes y largos.

Para el estudio del Sol existen varias variantes y diferentes equipos, como son: espectrógrafos, espectroscopios, coronógrafos, espectroheliógrafos.

Otro de los inconvenientes, para efectuar observaciones del Sol desde la Tierra son las capas más bajas, densas y turbulentas de la atmósfera terrestre, que interfieren la visión, dificultando las observaciones.

Actualmente estas dificultades se han evitado, casi por completo, al lograrse muy nítidas imágenes fotográficas en color, obtenidas por satélites, cohetes sondas y durante los viajes espaciales. Se está programando un viaje espacial que llegará a girar entre la órbita de Mercurio y el sol, lográndose una importante cercanía al astro, facilitándose nuevos estudios, principalmente sobre las manchas solares.

Desde 1952, año en que se certificó que el Sol es una fuente emisora de radiondas, se comenzó su estudio en base de la radioastronomía, con excelentes y completos resultados.

Se cuenta con radios telescopios que pueden ser enfocados en cualquier dirección; éstos son modernos equipos en los que el receptor de ondas es un gran espejo parabólico que concentra las ondas en el punto focal, donde se encuentra la antena. Este equipo puede obtener imágenes del Sol completo.

Actualmente, se están usando los interferómetros, con un gran poder resolutivo, que en su versión más sencilla están compuestos por dos antenas parabólicas situadas a una distancia determinada, enviando cada cual las ondas recibidas a un receptor común. Existen interferómetros de numerosas antenas.

Los observatorios para el estudio del Sol, al contrario que los telescopios para ver las otras estrellas, no necesitan estar instalados en lugares con la menor radiación lumínica posible, puesto que el Sol es observable de día, ya que de noche está a nuestras espaldas, no así las estrellas comunes, que son observables sólo de noche.

Si se trabaja con equipos de radioastronomía, en Tierra, es necesario la elección del lugar a fin de hallar una zona lo más libre posible de interferencias producto de las ondas electromagnéticas.

Actualmente el Sol se estudia desde satélites, como el SOHO (Observatorio Helioférico y Solar), dotado de instrumentos que permiten observar interesantes detalles solares, que hasta hace poco tiempo resultaban invisibles.

Ya se ha visto cómo se puede observar y estudiar el Sol, ahora haremos conocer los resultados de alguno de esos estudios. Lo iniciaremos por las capas que forman el Sol: imaginemos una manzana cortada al medio, comenzando por la "cáscara" y llegando a las "semillas".

Rodeándolo hay una capa, llamada **Corona**, de gases enrarecidos y grandes campos magnéticos, de muy baja densidad, elevada temperatura, que llega al millón de grados centígrados, se ve como una aureola plateada en torno al disco solar, con **penachos radiales** que sobresalen en general con una longitud equivalente al diámetro solar y mucha veces lo superan; estos penachos se presentan en la región ecuatorial y latitudes altas y medias, no llegando nunca a presentarse en los polos.

Le sigue otra capa, delgada del orden de los 7.000 a 10.000 km., llamada **Cromosfera**, de color rojizo, de menor temperatura, medio millón de grados y también muy baja densidad, por lo cual es solamente visible en las posiciones anterior y posterior al completarse un eclipse total del Sol, cuando la Luna está por cubrirlo o descubrirlo del todo en los bordes Este y Oeste. El nombre de Cromosfera se debe a su característico color rojizo. De ella se desprenden enormes nubes de gas incandescente, llamadas **protuberancias.** Estas nubes pueden ser grandes, llegando a los 830.000 km de altura: son las llamadas **explosivas**, y menores, con una altura promedio de 25.000 km, llamadas **tranquilas.** En las explosivas, el gas al ser expulsado puede alcanzar velocidades de hasta 400 km por segundo.

También en la Cromosfera se producen aumentos irregulares y de duración breve en su intensidad luminosa, llamadas **fulguraciones.**

La Fotosfera es la parte visible del Sol, es su superficie y de esta zona provienen la luz y el calor irradiados al espacio. Es una capa delgada de 300 a 350 km de espesor con una temperatura de unos 6.000ºC.

En su interior se detecta una **Zona Convectiva** de gases muy calientes, los cuales tienden a subir por convección, pero al ir llegando a la superficie del Sol ya se han ido enfriando y por esto no pueden escapar del sol y deben descender hacia el interior, hasta tomar nuevamente temperatura y recomenzar el ciclo.

En la zona siguiente, **Zona Radioactiva**, la radiación (fotones) desprendida del núcleo pretende llegar a la superficie y tratar de ser liberada al exterior; sin embargo muy pocas partículas lo logran, en una marcha muy lenta que debe durar unos cientos de millones de años: la mayoría de las partículas que logran llegar dejan parte de su calor en la Fotosfera, para luego ser rechazadas nuevamente hacia el interior, con una trayectoria de regreso diferente de la que partieron.

Así se ha llegado al **Núcleo**, donde se produce la fusión nuclear, se lo puede considerar el creador de la energía solar, su temperatura llega a los 15.000.000 de°C, con una enorme presión; la combinación de tan elevada temperatura y altísima presión produce la fusión de los núcleos de hidrógeno.

Para tratar de dar una magnitud que permita tomar idea de la energía del núcleo del Sol, sólo basta decir que la energía producida por un gramo de materia solar equivaldría a 2,5 millones de litros de gasolina. Ésta no es una expresión científica, pero me parece interesante mencionarla, pues da una idea clara de su magnitud, y es una expresión que está de acuerdo con la intención de este libro, la de hacerlo lo más entendible posible para los inquietos, no iniciados en el tema.

Mediante el estudio del espectro solar se ha podido determinar que casi todos los elementos que componen al planeta Tierra, en estado sólido, se encuentran también en la estrella Sol, en estado gaseoso. El más abundante es el hidrógeno, lo siguen el helio, el carbono, el nitrógeno, el oxígeno y toda la serie de metales, incluso los más pesados.

Del análisis del párrafo anterior surge otro dato interesante, es que tanto la Luna como los otros planetas del Sistema Solar presentan, en cuanto a su composición química, características similares a las del Sol, mientras que el resto de las estrellas tienen espectros diferentes entre sí. El Sol y sus planetas integran un conjunto coherente de formación y composición, no se puede decir con seguridad que pase lo mismo con el resto de los millones de estrellas, pues hasta ahora no se han llegado a estudiar en profundidad.

Pasemos a observar que en el Sol, en la superficie de la fotosfera, aparecen unas manchas oscuras llamadas **manchas solares**, en las cuales se pueden distinguir dos zonas, una central, oscura y extendida llamada **umbra,** y una periférica más clara llamada **penumbra.** También se han podido observar zonas más brillantes que son las **féculas** y las **granulaciones.**

Las manchas solares son zonas con fuertes campos magnéticos, los cuales producen importante caída de la temperatura en esos lugares. Estas manchas solares se ven oscuras pues tienen una temperatura de 1.000ºC menos que la Fotosfera (ésta tiene aproximadamente 6.000ºC), y al tener menos temperatura tienen menos brillo y por contraste se hacen más oscuras.

Las manchas solares generalmente aparecen en grupos, no son fijas ni permanentes, evolucionan y mientras las más pequeñas permanecen sólo unos días, las mayores pueden durar más de cien días a la vista del observador.

El número de manchas que se han observado no ha sido siempre el mismo. Existen períodos en que no se observan o son muy pocas y otros por el contrario donde aparecen por centenares.

Construyendo un gráfico en el cual se representa el número medio anual de manchas, se ha podido comprobar que éstas cumplen un ciclo en 113 años, siendo el período entre dos máximos consecutivos de 11 años promedio.

Al haber detectado la existencia de poderosos campos magnéticos en el interior de las manchas, se ha interpretado que en él se generan corrientes eléctricas.

Pese a haber sido muy estudiadas aún no hay una única teoría sobre el porqué se forman las manchas solares; la más aceptada es la que interpreta que la plasticidad del Sol y su consecuente retraso en la rotación de los polos respecto al ecuador, producen una variante en la emisión de los campos magnéticos y esto retrasa alguna corriente de convección y como estas son las que ceden calor a la Fotosfera, disminuye la temperatura, motivo por el cual se forman esas manchas en la corola que se mueven o desaparecen según la variación de flujo. El estudio de las manchas solares no es solamente un motivo de curiosidad por lo extraño sino que ha permitido determinar distancias, temperaturas y brillos por comparación con otras estrellas.

Sabemos que la mayoría de los parámetros, brillo, distancias, temperatura, densidad etc. de las estrellas, por su enorme distancia a la Tierra y la imposibilidad de su visión directa, se obtienen por comparación con datos conocidos, o sea que para iniciar una cadena de comparaciones es necesario tener un punto de partida conocido y este punto de referencia lo podemos encontrar en las manchas solares.

Por ser, el Sol, la estrella más cercana a nosotros, se ha podido estudiar bien permitiendo hallar parámetros que han dado lugar el desarrollo de numerosos estudios. Uno de ellos fue realizado por Galileo, quien pudo constatar que el Sol rota con respecto a la Tierra en un período de 27 días, variando ese tiempo con la latitud, ya que presenta una aceleración ecuatorial por lo cual se pudo decir que el Sol es un cuerpo elástico, el período de rotación en los polos es de 25 días, a 10° de latitud es de 25,2 días, a los 20° es de 25,7 días, a los 30° es de 26,5 días y a los 45° es de 27,4 días.

El estudio de las manchas solares le permitió también a Galileo, al observar su movimiento de Este a Oeste, deducir que el movimiento de rotación del Sol es del mismo sentido que el de la Tierra y que el ecuador solar está inclinado 26° respecto del terrestre.

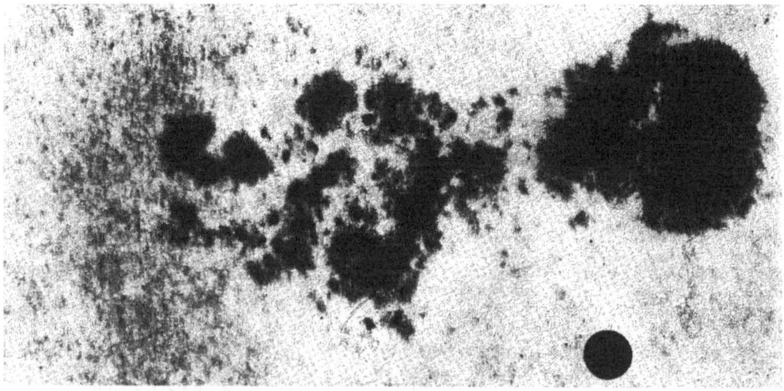

MANCHA SOLAR
Un grupo de manchas solares de 170.000 km de longitud comparado con un disco (abajo y a la derecha) de las dimensiones de la Tierra.

Las **fáculas** son regiones brillantes, generalmente asociadas a las manchas; suelen aparecer antes que una mancha y desaparecer después de ésta.

Las **granulaciones** son granos que aparecen y desaparecen en la superficie solar, con duraciones del orden del medio minuto y diámetros que varían entre 200 y 1.400 km.

Entraremos ahora a explicar otro fenómeno interesante de nuestro Sol, se trata del llamado **Viento Solar**, que es el flujo de gases ionizados, o sea partículas cargadas, núcleos atómicos y electrones que son emanados de la superficie del Sol a grandes velocidades, velocidades que medidas al cruzar la órbita de la Tierra llegan a unos 350 a 400 km por segundo.

El viento solar llega hasta los confines del Sistema Solar, donde se neutraliza con vientos productos de otras estrellas formando un límite prácticamente estático, que se halla considerando una esfera de radio igual a 10 Unidades Astronómicas, (1 U.A. = distancia Tierra-Sol) con centro en el Sol y se la denomina **heliopausa**. El espacio libre, dentro del límite de la heliopausa, que contiene al Sol y todo el Sistema Solar, es llamado **Heliósfera.**

El viento solar tiene efectos importantes sobre la Tierra, entre otros se puede decir que al presionar sobre las líneas del campo magnético terrestre lo deforma, alargándolo en el ecuador en la zona no iluminada de la Tierra y achatándolo en los polos.

Su bombardeo de electrones y protones, el interaccionar con el campo magnético terrestre en las zonas polares, produce las características **Auroras Boreales y Australes** que además de dar hermosos espectáculos, tienen el inconveniente de producir fuertes interferencias, tanto radiales como electromagnéticas y también sobre las comunicaciones satelitales.

AURORA BOREAL:
Impresionante efecto de luz y color que se produce generalmente cercano a los 60/70 grados de latitud terrestre (norte y sur) y que tiene íntima relación con los cambios en las manchas solares.

Los eclipses solares se producen cuando la Luna, siguiendo su órbita, se interpone entre la Tierra y el Sol, siendo por el contrario eclipses lunares cuando es la Tierra la que se interpone entre el Sol y la Luna; estas interferencias entre dos cuerpos opacos cuando son iluminados por los rayos solares producen una zona de sombra y una zona de penumbra.

Los períodos entre los eclipses son muy regulares y se ha determinado que en un intervalo de tiempo de 18 años y 11 días se producen 70 eclipses, 41 de ellos solares y 29 lunares.

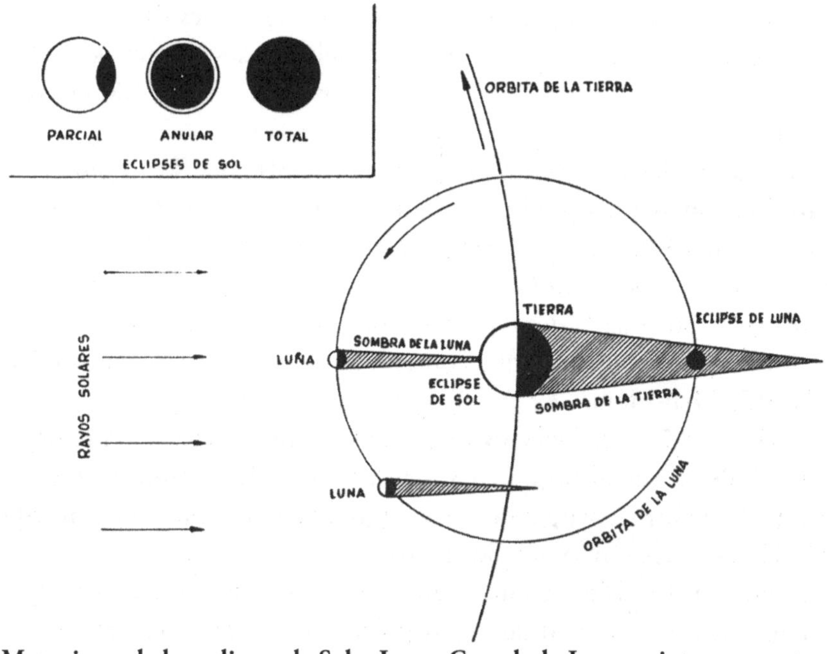

Mecanismo de los eclipses de Sol y Luna. Cuando la Luna se interpone entre el Sol y nuestro planeta, proyecta su cono de sombra sobre la superfice terrestre. Este cono produce, en el mejor de los caso, una sombra de 260 km de diámetro.

Datos Solares.

Diámetro	1.500.000 km.
Masa	2.000 cuatrillones de Tm.
Densidad con relación al agua	1,41veces la densidad del agua
Velocidad de escape	617 km por segundo.
Veloc. de un punto del ecuador	2 km por segundo.
Temperatura en superficie	6.000ºC.

Temperatura interior	20.000.000ºC
Distancia media a la Tierra	150.000.000 km
Gravedad	28 veces la terrestre
Magnitud aparente	-27
Magnitud absoluta	4,7

Nuestro Sol nos da la luz, nos da el calor, en fin nos da energía y como la energía es materia, nos está dando su materia, nos está dando su cuerpo para que tengamos vida y como el Sol es una estrella, bien podemos decir que provenimos de las estrellas, mejor aún provenimos de quien hizo las estrellas... provenimos de...

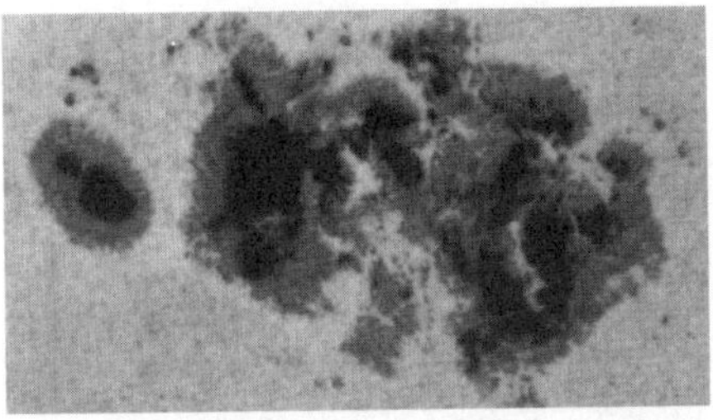

Manchas solares rodeadas de brillantísimas fáculas.

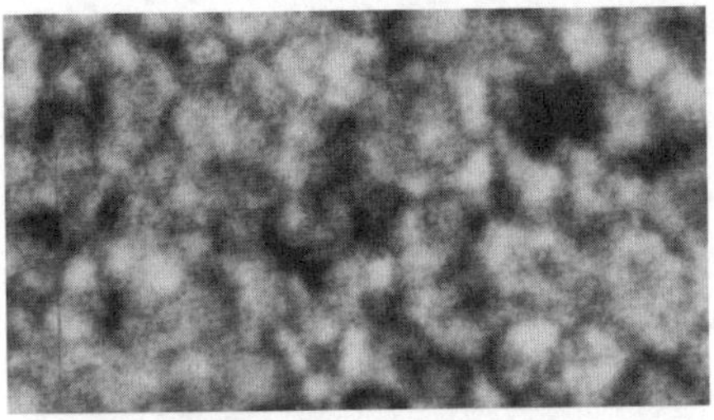

Aspecto de granulación solar muy ampliada.

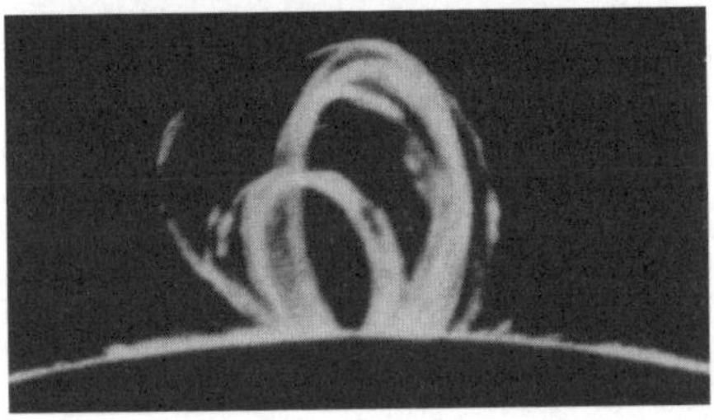

Protuberancia solar de arcos múltiples.

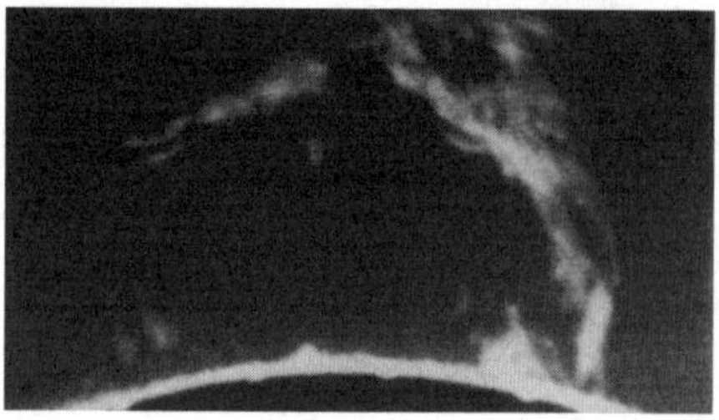

Protuberancia de 328.000 km de altura.

"Si necesitara apuntar su telescopio,
para alinearlo, a la Estrella Polar,
su patio tendrá árboles que la ocultarán."
Leyes de Murphy

CAPÍTULO V

SISTEMA SOLAR
PLANETAS ROCOSOS

"Dios es capaz de crear partículas de materia de diferentes tamaños y formas... y también de densidades y fuerzas distintas y de este modo variar las Leyes de la Naturaleza y hacer mundos diferentes, en partes diferentes del Universo. Yo por lo menos no veo en esto algo contradictorio."

ISAAC NEWTON

Entre los millones de Galaxias que hay en el Universo, y dentro de los millones de estrellas que forman cada una de ellas y en uno de los brazos de una de esas Galaxia, la Vía Láctea, existe una estrella, de mediano tamaño, baja velocidad de rotación, con 6.000ºC de temperatura en su superficie, llamada Sol que es centro gravitatorio de una cantidad de elementos celestes, apagados, sin luz propia y de diferentes formas y tamaños, el conjunto de todos ellos constituyen el **Sistema Solar.**

En el entorno de la estrella Sol giran o se desplazan en órbita varios elementos celestes, como son los asteroides, cometas, meteoritos y pol-

Planeta	Distancia media desde el Sol			
	Millones de millas	Millones de km	Unidades astronómicas	Horas-luz
Mercurio	35,9	57,9	0,387	0,0535
Venus	67,2	108,2	0,723	0,102
Tierra	92,9	149,5	1,000	0,137
Marte	141,5	227,9	1,524	0,211
Júpiter	483,3	778,3	5,203	0,722
Saturno	886,1	1.428,0	9,539	1,321
Urano	1.782	2.872	19,182	2,66
Neptuno	2.792	4.498	30.058	4,26
Plutón, enano	3.671	5.910	39,518	5,47

vo, pero principalmente cuerpos de mayor tamaño, **los planetas,** que siguen trayectorias de órbitas solares (rotan alrededor del Sol), que no tienen luz propia, son rocosos y gaseosos. Hasta ahora han sido detectados y clasificados por los científicos solamente ocho, que partiendo del Sol y alejándose de él se denominan: Mercurio (0), Venus (0), Tierra (1), Marte (2), Júpiter (64), Saturno (62), Urano (30) y Neptuno (27); los números entre paréntesis corresponden a la cantidad de satélites que se le conoce a cada planeta, hasta el año 2009.

El cuerpo celeste PLUTÓN fue considerado, desde su descubrimiento en el año 1930, hasta mediados de 2006 como planeta.

Pero en ese año, tuvo lugar la reunión de la UNIÓN ASTRONÓMICA INTERNACIONAL (UAI) en la ciudad de Praga con la participación de casi 2500 científicos de todo el mundo, teniendo como tema principal la redefinición de PLANETA, esta reunión fue precedida por dos años de intensos debates y produjo la siguiente definición.

"Un PLANETA es un cuerpo celeste que está en órbita alrededor del Sol, que tiene suficiente masa para tener gravedad propia para superar las fuerzas rígidas de un cuerpo de manera que asuma una forma equilibrada hidrostática, es decir redonda y que ha despejado las inmediaciones de órbita".

Consecuentemente los planetas del Sistema Solar son, desde esa fecha ocho: Mercurio, Venus, Tierra, Marte, Júpiter, Saturno, Urano, Neptuno.

Plutón al perder su condición de Planeta, pasa a integrar el Sistema Solar como PLANETA ENANO.

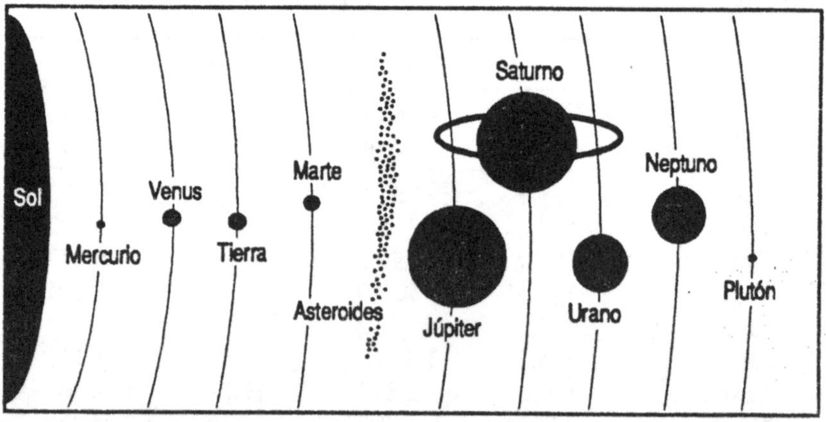

En este esquema se reproducen el Sol y los planetas del Sistema Solar comparados entre sí en el orden en que se encuentran, incluyendo a Plutón, ahora planeta enano.

LOS PLANETAS DEL SISTEMA SOLAR

Principales datos y características.

Planeta	**Mercurio**	**Venus**	**Tierra**	**Marte**
Período de la Revolución (en días terrestres)	87.97	224.7	365.26	686.98
Masa (Kg)	3.3×10^{24}	4.87×10^{24}	5.98×10^{24}	6.42×10^{23}
Densidad Media (Kg/m3)	5420	5250	5520	3940
Velocidad de escape (m/s)	4300	10400	11200	5000
Distancia media al sol (Unidad Astronómica)	0.387	0.723	1	1.524
Temperatura Media Superficial (grados Kelvin)	452	726	281	310
Composición aproximada de la atmósfera	Trazas de Hidrógeno y Helio	96% Dióxido de Carbono, 3% Nitrógeno, 0.1% agua	78% Nitrógeno, 21% Oxígeno, 1% otros gases	95% Dióxido de Carbono, 3% Nitrógeno, 1.6% Argón
Diámetro	4878	12104	12756	6787

* Este cuadro sigue a continuación.

					Ahora Planeta Enano
Planeta	**Júpiter**	**Saturno**	**Urano**	**Neptuno**	**Plutón**
Período de la Revolución (en días terrestres)	4329	10753	30660	60152	90410
Masa (Kg)	$1.9x10^{27}$	$5.69c10^{26}$	$8.68x10^{25}$	$1.02x10^{26}$	$1.29x10^{22}$
Densidad Media (Kg/m3)	1314	690	1290	1640	2030
Velocidad de escape (m/s)	59500	35600	21300	23300	1100
Distancia media al sol (Unidad Astronómica)	5.203	9.539	19.18	30.06	39.53
Temperatura Media Superficial (grados Kelvin)	120	88	59	48	37
Composición aproximada de la atmósfera	90% Hidrógeno, 10% Helio	97% Hidrógeno, 3% Helio	83% Hidrógeno, 15% Helio, 2% Metano	74% Hidrógeno, 25% Helio, 1% Metano	
Diámetro	142800	120660	51118	49528	2300

PLANETA	DISTANCIA	DIÁMETRO
MERCURIO	58.000.000 km	4.880 km
VENUS	67.000.000 km	12.100 km
TIERRA	93.000.000 km	12.800 km
MARTE	142.000.000 km	6.800 km
JÚPITER	480.000.000 km	150.000 km
SATURNO	886.000.000 km	120.000 km
URANO	1.800.000.000 km	50.000 km
NEPTUNO	2.800.000.000 km	48.000 km

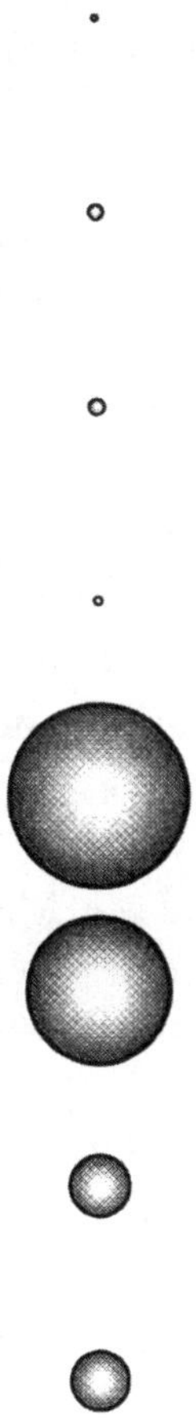

DISTANCIA SE EXPRESA EN Km SIN ESCALA
DIAMETRO SE EXPRESA EN Km CON ESCALA

SISTEMA SOLAR

Si sumáramos todas las masas de los elementos componentes de este sistema y la comparáramos con la masa total conocida del Universo, podríamos decir en forma figurativa, que equivaldrían a un grano de arena comparado con todos los desiertos de la Tierra juntos.

Júpiter, el mayor de los planetas, contiene más de los dos tercios de la masa de todos los planetas solares juntos.

La totalidad de los planetas, satélites, cometas, etc. constituyen solamente el 1,5% de toda la masa del Sistema Solar, el resto, o sea el 98,5%, corresponde al Sol.

El espacio entre los planetas es casi un vacío, se puede decir que ese espacio interplanetario sólo contiene trazas de polvo y gas.

La estrella más cercana al Sistema Solar es Alfa Centauro y se encuentra a 4,3 años luz de distancia del Sol.

Un dato interesante es la comparación del momento angular y la masa del Sol, con los mismos parámetros de todos los planetas y resto de elementos juntos. Mientras el Sol tiene el 98,5% de la masa del sistema, su momento angular es tan sólo del 1,5%, siendo exactamente al revés, se tiene en los planetas un 98,5% de momento angular de todos los componentes menos el Sol y un 1,5%, como ya se dijo, de masa.

Los planetas más cercanos al sol, Mercurio, Venus, Tierra y Marte son llamados rocosos, por presentar esa característica en su superficie, el resto son los gaseosos, por predominar en ella los gases.

La distancia del Sol a:
Mercurio (planeta más cercano al Sol) es de 57.940.000 km.
La Tierra es de 150.000.000 km.
Neptuno (más alejado) es de 4.498.000.000 de km.

Si bien estamos analizando los planetas del Sistema Solar, hoy se puede asegurar la existencia de planetas en muchísimas estrellas, llegando a pensarse que existirían, en el universo, más planetas que estrellas.

Pese a ser muy difíciles de localizar y ver, pues su energía nos llega como diminutos puntos de luz reflejada, en los últimos veinte años se han detectado varios planetas extra solares sumergidos en el brillo de sus propios soles locales. Para poder detectar la presencia de planetas extra solares se ha recurrido a estudiar la influencia gravitatoria sobre la estrella observada, que producen el o los invisibles planetas que la rodean.

Se conocen varias teorías que tratan de demostrar el **origen del Sistema Planetario Solar**, particularmente de los planetas y sus "lunas". La más aceptada por los hombres de ciencia es la que se basa en el desprendimiento de masas de gases y polvo, durante la formación del Sol.

De las varias teorías existentes, analizaré la que cuenta con mayor cantidad de adeptos entre los científicos. Se puede desarrollar así: el Sol, como tantas otras estrellas, presumiblemente ha comenzado su formación desde una nebulosa que recibió como energía exterior inicial la producida por la onda de expansión de una supernova cercana, causándole un enorme aumento de presión que desmoronó las capas superficiales sobre su núcleo, dando comienzo a la fusión nuclear. El Sol en formación va aumentando su volumen y su velocidad de rotación, que es mayor en el ecuador que en los polos. Esta importante rotación ecuatorial produjo, por la acción de la fuerza centrífuga, desprendimientos de la corteza solar en forma de chorros de materia incandescente que, agrupándose durante millones de años formó importantes remolinos de materia. Cada vez que se desprendían chorros de materia, como es lógico, se producía un efecto de frenado sobre la masa rotatoria que estaba formando el Sol y en cada expulsión de materia disminuía su velocidad angular, por consiguiente las rotaciones se hacían cada vez más lentas disminuyendo la fuerza centrífuga, esto aconteció durante millones de años tanto que la fuerza gravitatoria, la atracción entre los remolinos de materia y el Sol en formación, venció a la fuerza centrífuga y se detuvo la emisión de materia, pero continuó la formación del Sol. A partir de ese momento no se acumuló más la materia en los grupos de remolinos, que en millones de años se van enfriando, desde su superficie hacia el centro, algunos de éstos se separan quedando como partículas y gases y otros, que serían formativos de elementos, siguen su camino y en millones de años más se van creando los asteroides, meteoritos y los planetas con sus "lunas", mientras tanto el Sol continuó su formación y terminó siendo una estrella mediana, amarilla, de baja velocidad angular, de rotación lenta.

Una observación importante que se puede deducir de la teoría explicada, consiste en poder decir que toda estrella de pequeña masa y baja rotación angular tienen posibilidad de tener un sistema planetario que la acompañe.

Si se considera que en la Vía Láctea hay más de 100.000 millones de estrellas, la posibilidad de que exista, por lo menos, otro sistema planetario es una certeza. Por ahora se debe considerar un final abierto, pese a eso no se puede dejar de decir que en estos últimos años se ha logrado detectar varios planetas extra solares, en galaxias lejanas y debe continuarse con la interpretación de estas observaciones, analizar los resultados y sacando las conclusiones... seguimos estando en un final abierto que recién parece querer empezar a cerrarse.

SISTEMA SOLAR
Desde un hipotético punto de observación encima del polo norte del Sol, la mayoría de las órbitas de los planetas parecen circulares. La órbita de Plutón es elíptica, la única tan elíptica que penetra dentro de la órbita de Neptuno durante unos 20 años de cada 248 años.

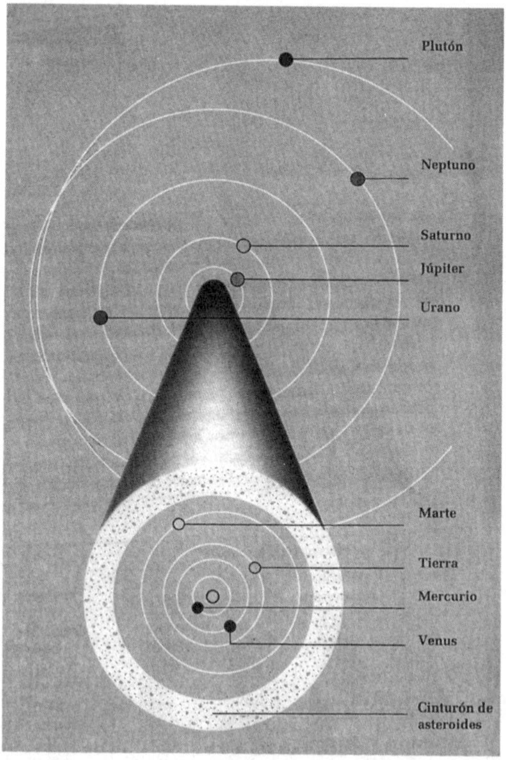

PLANETAS ROCOSOS

A continuación veremos **los planetas rocosos** que son: Mercurio, Venus, la Tierra y Marte. Serán descriptos uno por uno, salvo la Tierra que junto con su luna se analizará en un próximo capítulo. Los restantes que son los **planetas gaseosos** los estudiaremos en el capítulo VII.

MERCURIO

MERCURIO

La roca alada del firmamento, roca por su falta casi total de atmósfera y alada por su gran velocidad de traslación.

Mercurio es, entre los ocho planetas que forman el Sistema Solar el **más cercano al Sol**, también es el planeta que recorre **con mayor velocidad** su órbita solar. Esa importante velocidad de translación orbital, la valió el nombre que tiene actualmente; fue así la historia: los griegos, desde el año 200 a. C. conocían este planeta, pero tenían una importante confusión, pues creían que eran dos planetas diferentes, uno que salía por la mañana, al que llamaron "**Apolo**" y el otro, por la tarde, que fue bautizado "**Hermes**".

¿Por qué la confusión? ésta fue debida a que dada la cercanía entre el planeta y el Sol se tenía dificultades de visión provocadas por el brillo de éste y además por ser un planeta interior (está entre la Tierra y el Sol), parecía salir en forma alternativa, una vez por el Este del Sol y otra por el Oeste, esto les hizo creer a los griegos que se trataba de dos cuerpos diferentes.

Posteriormente los romanos, que no sufrieron aquella equivocación, determinaron que era uno solo y lo llamaron "Mercurio", en homenaje a uno de sus dioses, el de los pies alados, símbolo de velocidad, en correspondencia con su gran velocidad de traslación en la órbita del Sol, que lo distinguía claramente de los otros planetas.

Su cercanía al Sol hace que su superficie presente **temperaturas** muy irregulares: de día, en la cara que recibe la luz solar es de 430ºC y de noche cae abruptamente llegando a 80ºC bajo cero. Su **diámetro** mide 5.000 km, siendo un 40% más chico que el de la Tierra, pero a su vez un 40% mayor que el de la Luna terrestre. En su posición de mayor acercamiento se encuentra a 58 millones de km del Sol. Y su **albedo** es de 0,07. Parámetros como la masa y la densidad media son similares a los de la Tierra.

Mercurio orbita alrededor del Sol y **su año**, un giro completo circundándolo, es de 88 días terrestres. Como la rotación sobre su eje es de 59 días, siempre terrestres, en cada año mercurial éste gira sobre su eje una vez y media, motivo por el cual, desde la Tierra, se ve como si girara de Este a Oeste del Sol y luego de Oeste a Este, para luego volver a la primera posición. Éste es, como ya se vio, uno de los motivos que llevaron a confusión a los astrónomos griegos, haciéndoles suponer que eran dos planetas distintos. Es importante destacar que Mercurio muestra siempre la misma cara al Sol.

Las mayores informaciones sobre este planeta se han logrado mediante el vuelo de la sonda espacial Mariner X, que durante los años 1974 y 1975 pasó cerca de Mercurio en tres oportunidades, una de ellas a tan sólo 700 km, obteniendo en total 2800 excepcionales fotografías.

Entre los datos obtenidos por la información brindada por el Mariner, se puede mencionar que la **densidad** de Mercurio es de 5,49 gramos por centímetro cúbico, muy similar a la de la Tierra que es de 5,52 gramos por centímetro cúbico.

El planeta Mercurio está compuesto en un 60 a 70% por metales pesados y en el resto predominan los Silicatos; además se ha detectado que es poseedor de una atmósfera muy tenue, compuesta fundamentalmente de gases de sodio y potasio y que cuenta con un **campo magnético** de baja intensidad, del orden del 1 al 2% del campo magnético de la Tierra; pese a ser bajo el valor del campo su estudio permitió determinar que Mercurio posee un núcleo de hierro parcialmente fundido.

Este planeta es uno de los dos del Sistema Solar, junto con Venus, que no tiene ningún satélite natural.

Si bien es cierto que la sonda Mariner X fue de gran utilidad para brindar información sobre Mercurio, su aporte fue parcial, dado que sólo pudo captar un 45% de su superficie. Fue recién en el año 1991, por observación terrestre mediante potente telescopio, que se pudo comprobar la existencia de importantes masas de hielo en las regiones polares del planeta.

Es interesante destacar un hecho común en Mercurio. El planeta, si bien recibe la luz solar, marcando los días y las noches, presenta una visión permanente de un cielo oscuro, debido a que su atmósfera es tan tenue que, prácticamente, no produce la dispersión de la luz solar; si un observador terrestre caminando por la superficie de Mercurio mirase el "cielo" vería dos cuerpos cercanos: uno de color cremoso amarillento, Venus y otro de color azul/celeste, la Tierra, sobre un fondo siempre oscuro.

La superficie mercuriana es muy semejante a la de nuestra Luna, ya que como ella, a consecuencia de continuas lluvias de meteoritos, presenta numerosísimos cráteres de variados diámetros, gran cantidad son muy pequeños, tan sólo de algunas decenas de km, muchos son medianos de 80 a 150 km y hay pocos muy grandes: se ha llegado a observar uno de 1.300 km que es la Cuenca Caloris.

Presenta una gran extensión de su superficie cubierta con pliegues producidos durante su formación al contraerse el núcleo por la solidificación de parte del hierro que lo compone. Estos pliegues han formado importantes farallones de varios km de alto, que recorren la superficie por cientos de kms.

En otros sectores los cráteres más antiguos aparecen hoy cubiertos de lava, debido a las erupciones en la época volcánica, formando llanuras ínter-cráteres. Después fue decreciendo la actividad de los meteoritos y salvo unos pocos recientes, se puede decir que esta actividad casi se ha detenido; esto se ha comprobado al observar su superficie y analizarla geológicamente por lo que se pudo determinar que hace más de 100 millones de años que Mercurio presenta prácticamente las mismas características superficiales.

VENUS

¡El diamante del firmamento! el cuerpo más brillante y hermoso, visible a simple vista.

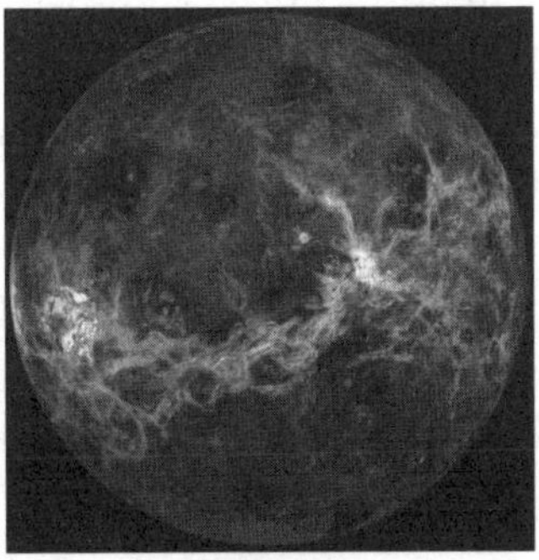

VENUS

Venus es, por su distancia al Sol, el segundo planeta del Sistema Solar. Con este planeta se nos presenta algo similar a lo ocurrido con Mercurio, los astrónomos de la antigüedad también creyeron que

Venus era dos cuerpos celestes distintos: uno salía por el Este visto desde la Tierra y fue llamado "Lucero del Alba" y el otro por el Oeste y lo llamaron "Lucero de la Tarde".

Esta confusión se produce por razones similares a las de Mercurio.

Venus, al igual que Mercurio y la Luna, presenta diferentes fases según sea iluminado por el Sol. Con respecto a **su brillo aparente** se produce otro caso que llama la atención, el mayor brillo no se detecta cuando Venus está en su fase completa, como pasaría con nuestra Luna llena, sino en el momento de su fase creciente; esto se explica considerando que el planeta gira alrededor del Sol en una órbita elíptica, o sea que se acerca y aleja de la Tierra y es en su posición más lejana cuando hay fase completa y en su posición más cercana es cuando hay mayor brillo pero ya su fase no es completa.

El planeta Venus pasa entre el Sol y la Tierra dos veces seguidas para luego tardar aproximadamente un siglo en repetir, pasó en el año 1882 y ahora repitió el 8 de junio del año 2004 y en el año 2012, para luego despedirse por casi un siglo. Este fenómeno, con adecuada protección para evitar posibles daños oculares por el brillo del Sol, se puede observar desde la Tierra, ya que se ve con toda claridad un disco, de un diámetro relativamente pequeño en comparación al del Sol, cruzando lentamente frente al disco solar.

Venus ha sido siempre considerado el planeta del amor, de los enamorados, de la belleza o de la juventud, se lo llegó a considerar como un Jardín del Edén, como un paraíso tropical, un lugar donde debería existir vida semejante a la terrestre. Lamentablemente no es así: Venus es un planeta totalmente inhóspito, enormemente ventoso, de elevadísima presión y temperatura en su superficie, atmósfera muy ácida, todo lo cual lo hace definitivamente hostil para la vida humana y se podría decir, para la vida, cualquiera esta sea. **La dinámica de la atmósfera de Venus ha creado un mundo que se parece más al pozo del infierno que al Jardín del Edén.**

Es un planeta que, por estar permanentemente rodeado de nubes, no pudo ser estudiado en forma profunda hasta hace muy pocos años, ya que la existencia de las mismas no permitía ninguna visión de su superficie, ni aun con los más modernos telescopios.

Recién a partir del año 1970, en adelante, mediante el envío de sondas espaciales, se ha podido penetrar la capa de nubes y las subsiguientes capas de gases y llegar a su superficie, y de esa manera se pudieron realizar observaciones directas. Modernas técnicas de radar han permitido mejorar aún más los estudios de su superficie.

Estas nubes que permanentes rodean al planeta a unos 70/80 km de su superficie tienen un espesor del orden de los 20 km y están formadas por gotas de ácido sulfúrico, tienen muy poca presencia de vapor de agua y abundante dióxido de carbono. La gran masa de nubes no es estática, todo lo contrario, ella sufre grandes movimientos debido a los fuertes vientos que la cruzan permanentemente en todas las direcciones.

Los vientos son producto de las diferencias de presiones, viajando desde las zonas de mayor presión a las de menor presión. Como las diferencias de presión están dadas por las diferencias de temperaturas, la diferencia de temperatura entre el lado diurno y del nocturno del planeta producen un movimiento de la capa de nubes del sector de alta presión hacia la de baja presión, generando vientos que llegan a ser de 350 a 400 km/hora de Este a Oeste, o sea que mientras el planeta, rotando muy lentamente sobre su eje, emplea 243 días en completar una rotación, los vientos la completan en sólo 4 días. **Los vientos de Venus**, que se producen por la diferencia de temperatura diurna/nocturna, se forman en la superficie de la capa de nubes, pero además bajo esas capas y debido a la fuerte diferencia de temperaturas entre el ecuador y los polos, se genera un importante gradiante térmico por llegar los rayos solares en forma perpendicular en el primero y muy oblicuos en los últimos, lo cual produce que, en la cara inferior de las nubes entre los 50 km y la superficie de Venus, se genere una contracorriente que va desde el ecuador; más caliente, hacia los polos donde se enfría y retrocede nuevamente hacia el ecuador, lo mismo se produce desde el ecuador hacia los dos polos, estas corrientes, por fricción, provocan que las capas próximas desarrollen un recorrido similar pero en dirección contraria por debajo de las capas de nubes, las que producen un frenado de los vientos que barren la superficie del planeta, llegando a disminuirlos dentro de los primeros 10 a 15 km de altura desde la superficie venusiana, a tan sólo 10 a 20 km/hora.

Haciendo un resumen tendremos: las capas de nubes, que rodean a Venus a una altura entre 70 a 80 km, tienen un espesor de 20 km, y es donde los vientos superan los 350 km por hora de Este a Oeste. A continuación existe una ancha zona de unos 40/50 km de espesor, con movimientos entrecruzados, entre los anteriores y del ecuador a cada polo. Y en los últimos 10/15 km la velocidad del viento disminuye sustancialmente, de 10 a 20 km/hora.

Venus tiene similar tamaño que la Tierra, sus masas, densidades y volúmenes son casi iguales, la época de formación de ambos fue la misma, pero todas estas semejanzas no son suficientes para llamarlos planetas hermanos, como se lo consideró en la antigüedad: las diferencias de temperaturas los hacen dramáticamente distintos. Mientras la Tierra tuvo, tiene y tendrá vida por muchos años, Venus nunca la tendrá y en caso de sufrir una metamorfosis total, deberán pasar cientos de millones de años para que eso ocurra.

Este planeta no tiene océanos, no tiene mares, no tiene ríos, la presencia del agua es muy reducida y se encuentra escasamente en la atmósfera, que está compuesta en un 96% de dióxido de carbono y presencia de azufre que se halla concentrado en las nubes de ácido sulfúrico.

Esta fuerte presencia de dióxido de carbono, tiene una gran importancia en la producción del "**efecto invernadero**", pues la luz amarilla que recibe del Sol en parte es reflejada, pero un 10% atraviesa las capas de nubes y de ese 10% sólo un 2 a un 4% llega a la superficie del planeta, pero igualmente es suficiente para que ésta se caliente y luego pueda irradiar ondas ultravioletas, que son muy fácilmente absorbidas en las nubes de superficie por el dióxido de carbono que hay en ellas, desde donde, al no poder escapar al espacio, son irradiadas nuevamente hacia la superficie de Venus, la que con la continuidad del ciclo adquiere una muy elevada temperatura que llega a los 480ºC, que difiere grandemente de la temperatura exterior de las nubes que es del orden de los 40ºC en el lado diurno y de –170ºC en el nocturno.

Este fenómeno de efecto invernadero (similar al que está comenzando en la Tierra) ha hecho pensar que pudieron haber existido, millones de años atrás, en la superficie venusiana, océanos o mares, que las altas temperaturas han evaporado por completo.

Otra característica interesante de Venus se presenta al estudiar sus días (rotación completa del planeta sobre su eje), que tienen la particularidad, no existente en otro de los planetas, de que resultan más largos que sus años (rotación total de Venus alrededor del Sol). El día venusino es de 243 días terrestres y su año es de 225 días, también terrestres.

Desde hace pocos años, con la perforación de la atmósfera de Venus por las sondas interplanetarias, se pudo comenzar con el estudio de la superficie de este planeta que en la actualidad presenta la característica de una superficie de tan sólo 300 a 400 millones de años de vida, observación que permite deducir que ha sufrido una **renovación total** de la misma hace tan sólo esos años. Se observó que presenta grandes llanuras, actualmente solidificadas en las cuales han corrido ríos de lava, no presenta océanos, ni mares y los que presumiblemente existieron están cubiertos de lava, también en estado sólido.

Las **llanuras** están cortadas por cadenas montañosas y **mesetas** elevadas, una de las mesetas llamada Afrodita se extiende por la mitad de todo el largo del círculo ecuatorial. Se ha podido observar, mediante sondas que han sobrevolado el planeta, que algunas de las mesetas presentan una superficie muy brillante, que dio la impresión de ser agua, pero como no era posible que ante las altas temperaturas de la superficie pudiese existir agua en estado líquido, se profundizaron los estudios y se comprobó que esos reflejos correspondían a la presencia de compuestos metálicos, presumiblemente pirita de hierro.

La superficie venusiana también, como Mercurio, presenta cráteres pero en menor cantidad y diferentes características. Venus, al estar rodeado de una atmósfera tan densa y ancha, desintegra los meteoritos pequeños y fragmenta a los grandes en gran cantidad de trozos menores, los que logran pasar las capas de la atmósfera e impactar en la superficie produciendo una distribución de cráteres en una sucesión de círculos concéntricos con el epicentro del bombardeo, que es donde impacta el trozo principal del meteorito. Los fenómenos volcánicos son muy numerosos e importantes, la gran mayoría de éstos son los que provocan el escape hacia la superficie del ácido sulfúrico predominante en el manto de nubes que en forma permanente rodean al planeta. Se ha podido observar la presencia de numerosos cráteres volcánicos: alguno de los cuales tiene hasta 100 km de diámetro.

Se han visto y fotografiado, **las coronas y los aracnoides**, también de origen volcánico, las primeras son elevaciones en círculo formados por varios anillos, de muchos km de diámetro, que se suponen son formaciones remanentes de varias y distintas erupciones de lava, y los segundos, los aracnoides, parecen ser el resultado de la solidificación de rocas fundidas que se filtraron hacia la superficie a través de fracturas de la corteza.

Los dos grandes y principales cordones montañosos, que surgen de las llanuras y mesetas y que parecen dos continentes, son llamados Isthar Terra y Aphodita Terra.

Hasta la fecha no se ha detectado la existencia de campo magnético propio.

MARTE

¡El Planeta Rojo! rojo... sangre... guerra... Marte, dios de la guerra.

Es el cuarto planeta del Sistema por su distancia al Sol, también es el cuarto y último de los planetas denominados Rocosos y uno de los menores entre todos los planetas, solamente es mayor que Mercurio.

PLANETA MARTE: Regiones brillantes de color rojizo debido a la oxidación de su superficie, con zonas oscuras similares al basalto terrestre.

Fueron los romanos quienes le pusieron el nombre actual de Marte en homenaje a su dios de la guerra, presumiblemente por el color rojizo característico del planeta. Anteriormente los griegos, también por su dios guerrero, lo habían llamado Ares.

Recorre su órbita alrededor del Sol a una velocidad media de 25 km por segundo, empleando para ese recorrido 687 días terrestres y lo hace a una distancia promedio de 230 millones de km del Sol.

El diámetro, en el ecuador de Marte, es de poco más que la mitad del diámetro terrestre, aproximadamente 6.800 km. Su masa es del orden de un décimo de la Tierra y su densidad de 4 g/cm3.

La aceleración de la gravedad es tan sólo un 40% de la terrestre.

En su posición más cercana a la Tierra, se presenta como un astro muy brillante, solamente superado por el brillo de Venus.

El albedo de Marte es de 0,15.

El día marciano, o sea el tiempo de rotación sobre su eje, es casi como el terrestre, 24 horas 37 minutos y 23 segundos.

La temperatura en el ecuador marciano sufre poca variación debido a la escasa presencia de nubes y atmósfera, resultando una amplitud térmica de 50ºC entre los días y las noches. En cambio, las temperaturas máximas y mínimas de este planeta son, en verano y en el ecuador de -55ºC, pudiendo llegar, muy eventualmente en pleno verano hasta 15ºC y en invierno en los polos a -145ºC.

La atmósfera de Marte, a nivel superficial, es mucho más tenue que la de la Tierra y en ella abunda el nitrógeno, en menor proporción el argón y el anhídrido carbónico y muy escasa cantidad de oxígeno y se han podido observar formaciones de cristales de hielo que determinan la presencia de agua.

Marte, pese a ser mucho más chico que la Tierra, es su gran rival en cuanto a la gran variedad de las distintas formaciones que se observan en su superficie; cañones, cráteres, campos de hielo, llanuras y colinas hacen del planeta rojo un museo de formaciones geológicas.

El tono rojizo, que le ha dado a Marte el nombre de Planeta Rojo, se debe a la oxidación y corrosión de sus rocas superficiales, también existen rocas oscuras que son de basalto, muy similares a las terrestre, hay zonas más brillantes que son del mismo material pero más pulverizado, que le dan ese brillo.

Los veranos son muy calurosos y cortos y los inviernos más largos y fríos.

Ambos polos presentan casquetes de hielos permanentes, de medianas dimensiones, pero que se amplían mucho en los inviernos con hielos transitorios, que pueden llegar a los 45º de latitud, debido que al disminuir la temperatura se va depositando una fina capa de dióxido de carbono que facilita su formación.

Si a la superficie total de la Tierra le descontáramos la superficie de los mares y océanos, dejando solamente toda la parte seca en la que podríamos vivir, se tendría una superficie prácticamente igual a toda la de Marte. Si algún día tuviéramos que ir a vivir a Marte, se podría cobijar, por lo menos, tanta humanidad como la que hay ahora en la Tierra.

A partir del año 1960, con la técnica de los viajes de las sondas espaciales y aprovechando la cercanía a la Tierra de los cuerpos a observar, se mejoró ostensiblemente la captación de datos y la exactitud de los mismos. Estas sondas se han estado utilizando para tres tipos de tareas distintas: a) **Sondas rasantes**, son aquellas que pasan sobrevolando una zona prefijada del planeta y luego de cumplir su misión fotografiando, continúan su viaje hacia otro objetivo determinado o perdiéndose en el infinito. b) **Sondas circunvalatorias**, que giran una o varias veces alrededor de un objetivo planeado, tomando fotos y enviándolas a las bases en la Tierra y luego siguen a otro objetivo o se pierden en el espacio y c) las que **hacen planetaje** descendiendo en la superficie del planeta y una vez en ella no solamente obtienen fotos, sino que están en condiciones de hacer captación de muchos otros datos, como ser medir velocidad de viento, temperaturas, dureza del suelo, composición química, extracción de muestras de suelo, etc.

En los últimos treinta años, el envío de sondas espaciales, tanto de Estados Unidos como de Rusia, han sido muy numerosos. Últimamente a esta cruzada espacial se han incorporado dos países más, Japón y China.

Con el uso de estos vuelos en forma sucesiva y utilizando luz roja para la superficie y la luz ultravioleta para la atmósfera se ha podido estudiar en profundidad ambas cosas.

El 14 de julio del año 1965, la sonda espacial norteamericana, Mariner IV, pasó muy cerca de Marte y logró emitir 20 fotos relativamente nítidas, que han permitido observar unos setenta cráteres que van de 3 a 120 km de diámetro; según estas primeras fotos parecería que los famosos canales de Marte serían solamente sombras. También permitió determinar que la atmósfera es de sólo el 1,5% del espesor de la terrestre y que existe un pequeño campo magnético.

Completaron estos estudios la Mariner V (1967) y las VI y VII (1969), todas estas sondas han efectuado vuelos sobre la superficie marciana.

Recién fue la sonda Mariner IX, en noviembre de 1971, quien efectuara un vuelo orbital, transformándose de esa manera en el primer objeto construido por el hombre que orbitara un cuerpo celeste. Esta sonda fue enviada con la intención de mejorar la calidad de las fotografías que permitieran profundizar el estudio del planeta, pero con la llegada a la Tierra de las primeras imágenes los científicos que las monitoreaban sufrieron una gran desilusión, porque las fotos obtenidas, si bien técnicamente perfectas, revelaban una gran tormenta de polvo con partículas rojas, que cubría totalmente la superficie visible del planeta; sobre esa densa capa de polvo rojizo solamente se destacaban cuatro puntos rocosos que sobresalían de ella; se supuso que eran elevados picos de montañas. Ese "mar de partículas rojas" se desplazaba a 250 km por hora, empujado por los vientos y fue lo único rescatable de esta primera observación. Un mes después, ya finalizada la tormenta, la Mariner IX comenzó a enviar fotos más claras con vistas de grandes formaciones rocosas y esos cuatro puntos montañosos se convirtieron en crestas de cuatro inmensos volcanes. Posteriormente y al disiparse totalmente el polvo dejado por la tormenta, se obtuvieron clarísimas fotos, que permitieron observar grandes llanuras surcadas por miles de canales y gargantas que se parecían a los arroyos y cañones formados por las aguas en la superficie terrestre, por lo que se dedujo que el actual árido y seco Marte había tenido, anteriormente, agua corriendo por su superficie, moldeándola.

Desde 1960, hubo otros numerosos intentos de expediciones no tripuladas, incluyendo la sonda soviética Mars, el 1° de noviembre de 1962. También las primeras Mariner, que circunvalarían el planeta y posteriormente el descenso robótico en la propia superficie de Marte con el envío de gran cantidad de datos, pero los científicos con la información hasta ahora obtenida se han sentido desilusionados, porque ellos, en base a ser Marte semejante a la Tierra, a la existencia de los "canales" como obras de ingeniería y otras interpretaciones habían considerado la posibilidad de existencia de vida inteligente. Pero no fue así, hasta la existencia de los canales artificiales quedó desvirtuada y la vida aún no se encontró ¿existe? ¿existió?... prácticamente está descartada, pero...

Incluso el caso de la famosa foto "la cara en Marte" muy publicada y comentada que mostraba un "monumento rocoso" consistente en un bajorelieve de muy grandes dimensiones, que visto y fotografiado mediante una sonda en órbita de Marte, ya que desde la Tierra no es visible representaba "con toda claridad" la cara de un aborigen: dos ojos, nariz, boca y el óvalo del rostro formaban con toda nitidez un rostro humano. Sin embargo, las posteriores y extraordinarias fotos de la Mars Pathfinder han permitido tener la certeza de que se trata de una meseta con unas formaciones rocosas sobre ella que dan la sensación de la famosa "cara". Acá mismo en el planeta Tierra, incluso en la Argentina, en varias zonas montañosas, se pueden observar formaciones de rocas que representan diferentes figuras, e incluso una misma formación parece tener distinta configuración según como la ilumine el Sol. En fin, no se ha hallado vida en Marte. Se sigue buscando,... la inteligencia, la voluntad y el tesón del hombre tienen la palabra.

La Mariner IX continuó circundando Marte durante 10 meses, tiempo durante el cual logró enviar numerosas imágenes, las que, entre otras cosas, permitieron que se conociera la existencia de dos sectores muy diferentes de la superficie marciana. Uno sur (hemisferio meridional), muy marcado con cráteres presentando una superficie muy estable y muy vieja, donde se destacaban como huellas de muy antiguos impactos dos enormes cráteres, el Hellas de 2.000 km de diámetro y el Argyre de 900 km.

Por el contrario, desde el norte (septentrional), la Mariner IX reenvió imágenes de una superficie mucho más joven: los cráteres que pudieron haber habido, así como todo vestigio de la antigua superficie habían desaparecido por la enorme actividad volcánica que este sector había sufrido; se presentaba todo cubierto por un manto de lava ya solidificada.

En el sector norte se destacan, sobre una gran llanura de lava, los cuatro volcanes, que a principios de su llegada a Marte, la Mariner IX había fotografiado como cuatro picos rocosos sobresaliendo del manto de polvo rojizo que arrastraban a gran velocidad los vientos marcianos.

Uno de esos picos fue bautizado "Las Nieves del Olimpo", al calmarse los vientos, se obtuvieron fotos muy nítidas que permitieron ver que era una enorme montaña que se elevaba unos 23 km sobre la llanura, con una base que como comparación, colocada sobre España la cubriría totalmente y está rodeada por un acantilado de 10 km de alto. Los otros tres volcanes han sido denominados: "Punto Norte", "Punto Medio" y "Punto Sur". Son de menores dimensiones que el primero; los cuatro estarían actualmente sin actividad, no obstante se puede asegurar que estos cuatro volcanes han estado escupiendo lava y formando esas enormes chimeneas durante miles de millones de años.

También se ha podido observar un sistema de cañones de 5.000 km de largo y de 2 a 7 km de profundidad, se los ha llamado "valles Marineris", se interpreta que estas formaciones son el producto de la acción inicial de los enormes volcanes, que produjeron primeramente la dilatación y posteriormente la rotura de la corteza marciana.

Marte no tiene Campo Magnético Integral, solamente posee, en varias regiones, campos débiles y parciales, que podrían ser remanentes de un campo gravitatorio general, de la época de la formación, que hubiera desaparecido.

Si bien la sonda Mariner IX ha transmitido mucha información, ha dejado la incógnita sobre el lugar en que debería estar el agua que hace millones de años modeló la superficie de Marte, conformando canales y lechos fluviales. Posteriores viajes e incluso los últimos, con descenso de sondas móviles, tampoco han permitido hallar agua atmosférica abundante, como ríos, arroyos o mares, por lo cual se mantiene la incógnita sobre en qué lugar se encuentra el agua que formó, en su momento, los hoy aún visibles canales y cañadones. Por evaporación no se pudo haber perdido, pues de haber sido así, el agua evaporada debería hallarse en la atmósfera y la poca que se encuentra, aun sumada a los hielos polares y eventualmente al agua del subsuelo, no alcanza a justificar la gran cantidad de figuras de erosión que se encuentran en la superficie marciana.

Por el momento el lugar que encierra el agua que debió haber corrido por la superficie de Marte es otro de los misterios que nos tiene guardados el Universo.

También los científicos soviéticos realizaron viajes a este planeta, para lo cual recurrieron a las naves Mars y, en 1973, luego de dos intentos que terminaron en fracasos lograron orbitar y enviar una serie de fotos que, lamentablemente, no aportaron mucho a lo ya conocido.

Recién el 9 de junio del año 1976, la primera sonda Viking de los Estados Unidos se posó en una planicie de arena y rocas en la superficie de Marte. Posteriormente, el 3 de octubre del mismo año logró posarse en Marte la sonda Viking II con la que se pudo obtener numerosa información.

En Julio de 1988 la Unión Soviética regresó al Planeta Rojo, después del fracaso de la serie de sondas Mars, con el envío de la Fobos I y Fobos II, pero ambas fueron sin éxito, aunque sí lograron, como todo intento del hombre, seguir haciendo camino... se hace camino al andar.

Recientemente Estados Unidos colocó sobre la superficie marciana dos pequeños robots, con movilidad propia pero muy lentos, que recorrieron varios kilómetros obteniendo numerosa e importante información, incluyendo el análisis de pequeños trozos de suelo, lo que permitió confirmar y mejorar datos logrados anteriormente desde la Tierra.

Al día de hoy, ningún explorador mecánico ha obtenido información fehaciente que permita confirmar o rechazar definitivamente la existencia de algún signo de vida presente o pasada en Marte, sin embargo los científicos mantienen la esperanza y continúan la investigación, tal es así que aún hoy, sobre la superficie marciana, hay recorriéndola cinco equipos robóticos y en EE.UU., ya se encuentra en tablero de proyectos, otra nave para ser lanzada entre los años 2018-2020, ya que para esos años habrá otro gran acercamiento con el planeta, será una nave que transportará ocho tripulantes, entre astrónomos, físicos, biólogos y otros científicos. También debemos recordar que los rusos continúan con sus intentos y ahora se les han sumado, como potencias espaciales, Japón y China. Europa también envió la sonda Beagle que se encuentra sobre Marte desde enero de 2004.

Japón hace unos años que ha comenzado con el estudio espacial mediante sondas. El último logro ha sido el lanzamiento, con éxito, de la sonda espacial Halcón, la que se posó suavemente sobre un asteroide de 20 km de diámetro, desde el cual envió a la Tierra una serie de magníficas fotografías.

De China cuesta mucho obtener información, pues para ellos todo lo vinculado a vuelos espaciales, tripulados o no y a proyectos referidos a la energía atómica son secreto militar y todos los datos y proyectos se asientan en "El Libro Azul de la Agencia Espacial China" manejado por el gobierno y ultrasecreto.

Pese al secreto, se ha logrado saber, hace poco, que China ha lanzado el segundo vehículo espacial tripulado por dos Tecknautas (astronautas). Y han habido por lo menos seis lanzamientos anteriores.

Se insiste en la búsqueda de vida en Marte, presente o pasada, por varios motivos, pero primordialmente por las condiciones geológicas semejantes a las de la Tierra. Recordemos que Marte tiene una superficie sólida, rocosa y es en todo una estructura similar a la Tierra. No tiene actualmente agua superficial, pero casi se ha constatado que la hubo; se calcula que la temperatura debió ser más regular por la presencia de agua superficial, como sucede acá en la Tierra donde el agua de mares y océanos es un gran regulador térmico.

El planeta Marte posee dos satélites: Deimos y Fobos, el primero es el más chico y más alejado de los dos, con un diámetro de 13 km, y se encuentra a 23.000 km. de Marte, mientras que el otro, tiene un diámetro de 25 km. y está a 6.000 km del planeta.

Recordemos que en la mitología griega, Ares era el dios de la guerra (en la romana era Marte), Afrodita (entre los romanos, Venus) era la diosa del amor y ahora los satélites Deimos y Fobos significan en griego respectivamente, las palabras: "Pánico" y "Miedo".

Ambos satélites fueron descubiertos el 8 y 10 de agosto de 1877 por el astrónomo Aspa May.

Ambos satélites están compuestos de rocas ricas en carbono e hielo y presentan en su superficie marcas de impacto de asteroides, por lo que bien pudieron haber sido destruidos por esos impactos.

Antes de concluir con Marte, corresponde decir que es el único planeta, excepto la Tierra, que presenta características tales que se puede suponer que existió alguna forma de vida, quizás hace.... millones de años, cuando la presencia de agua aún era abundante y algún desprendimiento de rocas desde su superficie agregó a su inercia la atracción gravitatoria de la Tierra y llegó hasta nuestro planeta, tal vez portando la simiente de la vida, después de unos cientos de millones de años esa simiente de la vida siguió latiendo en nuestros mares, se desarrolló, subió a los continentes, hizo su historia y ahora la inteligencia de esas vidas nos estará regresando a nuestro lugar de origen, Marte.

Pero no nos asustemos, ni reneguemos de esta teoría, por ahora es tan sólo una especulación científica, pero también podría ser una realidad, esperemos... el Universo es una caja de sorpresas, la mente del hombre es capaz de las más grandes hazañas, solo el tiempo nos dirá la verdad.

"Si estás observando con el telescopio,
desde tu terraza, según vayan mejorando
las condiciones de visibilidad, irán
aumentando las demandas de tu esposa
para que vuelvas a la cama."
Ley de Murphy

CAPÍTULO VI

SISTEMA SOLAR
LA TIERRA Y SU LUNA

" Tengo... Una terrible necesidad...
¿Diré la palabra?...
de Religión... Entonces salgo por
las noches y pinto las estrellas."
VINCENT VAN GOGH

PLANETA TIERRA

¡**El Planeta Azul**! La presencia de gran cantidad de agua superficial y de atmósfera le han dado ese color y nombre al **tercer planeta** del Sol, en orden a su distancia. La Tierra es uno de los planetas denominados rocosos y tiene la particularidad de reunir condiciones físico/químicas que han permitido el desarrollo, no sólo de vida, sino de vida inteligente, tal como nosotros la conocemos.

Sus principales parámetros son:
(valores redondeados para memorizar mejor)

Radio Ecuatorial	6.400 km.
Diámetro Ecuatorial	12.800 km.
Distancia media al Sol	15 x10 a la 7ª km.
Período de Rotación	24 horas (Día).
Órbita solar	365 días (Año); 29,8 km/seg.
Albedo	0,39.
Temperatura en superficie	15ºC (promedio).
Presión atmosférica	1.013 milibares.
Gravedad ecuatorial	9,78 m/seg.
Densidad media	5,52 g/cm3.

Volumen	$11x10^{11}$ km3.
Superficie	$5x10^{8}$ km2.
Velocidad de escape	11,18 km/seg.
Masa	6.000×10^{24} km.
Achatamiento Polar	1/127.*

La Tierra es **el más grande** de los planetas rocosos, lo cual hace que su importante atracción gravitatoria le permita retener una gran atmósfera de gases que dispersan la luz y absorben el calor solar. Esta retención es muy importante en cuanto a la existencia de vida en este planeta ya que permite una buena regulación térmica y evita el escape de los vapores de agua, como sucedió en Venus.

Su atmósfera está compuesta fundamentalmente de nitrógeno 77%, oxígeno 21%, vapor de agua 1%, argón 0,93 % y vestigios de dióxido de carbono, ozono y otros gases 0.03%.

El planeta Tierra es, hasta ahora y con muy pocas perspectivas de cambio, el único planeta solar en el que coexisten de manera estable los tres estados principales de la materia: sólido, líquido y gaseoso.

Justamente la existencia de gran cantidad de agua en estado líquido, que cubre el 70% de la superficie de la Tierra, regula la temperatura, manteniendo relativamente pocas variaciones entre los días y las noches, esto es debido a que las masas de agua tienen gran capacidad moderadora, de día absorbe parte de la energía recibida del Sol y la entrega a los continentes en las noches, en forma de calor.

Sin embargo, al alejarnos del ecuador hacia los polos, la temperatura irá disminuyendo, de tal manera que en los polos se formarán hielos permanentes, porque al llegar los rayos solares a esos lugares en forma muy oblicua, entregan mucho menos energía que en el ecuador, formando capas de hielo y nieve en lo que se ha dado en llamar **casquetes polares**, el del hemisferio sur es destacadamente de mayor superficie que el del norte.

La forma general del planeta Tierra no es exactamente esferoidal, ya

---

*Para hallar el valor del achatamiento polar, por ser la diferencia de los valores a usar relativamente pequeñas, se los deberá considerar no redondeados. Por lo tanto:

Radio Polar: 6.356,9 km.
Radio Ecuatorial: 6.378,4 km.
Diferencia (achatamiento) 21,5 km = 1/127.

que presenta la forma de un **geoide de rotación**, o sea que está ensanchada en el ecuador y achatada en ambos polos.

De la forma de la Tierra surge que la ciencia que estudia las topografías y medidas de todos los elementos que hay sobre ella se denomine **Geodesia.**

La Tierra, en su navegación dentro de la galaxia Vía Láctea y en relación con el Sistema Solar, está sometida a la dinámica celeste, por lo que presenta cuatro movimientos relativos, dos de ellos muy conocidos, uno es el que realiza para recorrer su trayectoria sobre la elíptica, su **órbita alrededor del Sol**, movimiento que le demanda 365 días, con exactitud 365 días, 6 horas, 9 minutos y 11 segundos, llamado **Movimiento de Translación**, en este movimiento el eje terrestre está inclinado respecto de la perpendicular al plano de la eclíptica en 23° 26′49′′.

Otro es el movimiento de **rotación sobre su eje**, que es de 24 horas (un día), que con exactitud es de: 23 horas, 56 minutos, 4 segundos con 1/10 de segundo.

Los otros son dos movimientos menores llamados **de precesión y de nutación.**

Para definir el movimiento de **precesión** debemos reocordar que la Tierra no es una esfera perfecta sino que presenta un ensanchamiento en el ecuador y un aplastamiento en los polos (geoide). El efecto gravitacional de la Luna y el Sol sobre esa porción de masa que significa el ensanchamiento ecuatorial hace que el eje de rotación terrestre (inclinado 23,5° respecto de la vertical) describa una circunsferencia en el espacio, como hace el eje de un trompo girando rápidamente, este movimiento se llama precesión y tarda 26.000 años en dar una vuelta.

La **nutación** es una ligera oscilación del eje terrestre causada por la influencia gravitacional de la Luna. Es una permanente oscilación o cabeceo del eje terrestre cuyo extremo va formando rulos a lo largo de la trayectoria que produce la precesión, superponiéndose ambos movimientos, lo cual equivale a decir que el eje de la Tierra, describe una circunsferencia durante 26.000 años y al mismo tiempo va describiendo rulos consecutivos, con una duración de 18,6 años cada uno.

Se ha visto que la densidad media de la Tierra es de 5,52 g/cm3, también se ha llegado a conocer que la densidad media de las rocas que forman la corteza es de 2,7 g/cm3, todo lo cual nos permite deducir que los materiales de las zonas más profundas de la Tierra deberán tener una densidad muy elevada, para poder ser balanceada con la densidad de la corteza y dar la media general de la Tierra, ya mencionada, de 5,52 g/cm3.

El razonamiento anterior nos permite decir que el interior más profundo de la Tierra es sólido y no líquido, como en siglos anteriores se pensaba. Este estado sólido del interior de la Tierra ya ha sido plenamente confirmado mediante el estudio de la propagación de las ondas sísmicas.

La Tierra esta formada por cinco capas concéntricas de diferentes espesores y composición, dos en la zona gaseosa: Atmósfera e Hidrosfera y tres en la zona sólida, que son: Corteza terrestre o Litosfera, la segunda capa denominada Manto y la tercera Núcleo.

Las tres capas sólidas están separadas por superficies de discontinuidad que reciben, precisamente, ese nombre: **discontinuidades,** las cuales han podido ser detectadas al observar los cambios bruscos producidos en las ondas sísmicas, al pasar por ellas.

El análisis de las ondas sísmicas revela que la Tierra está formada por varias capas. Un interior, el núcleo, dividido en núcleo interior y exterior; una capa intermedia, el manto, dividido a su vez en manto interior y exterior, y una capa exterior llamada corteza terrestre.

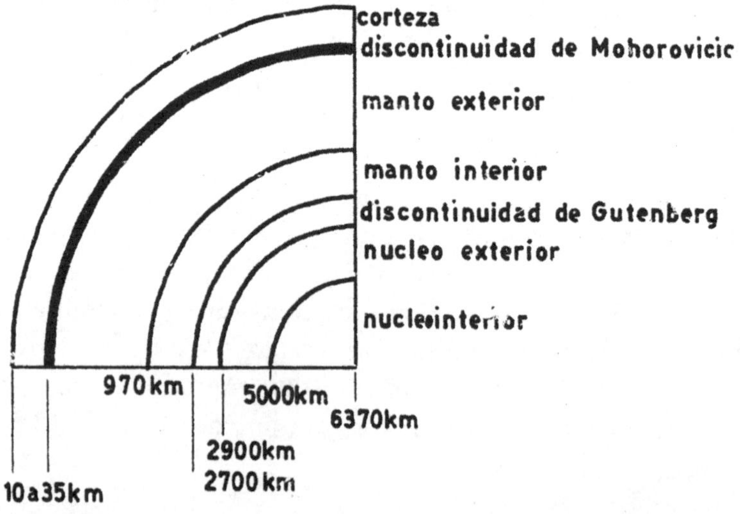

Volviendo a las diferentes capas sólidas tenemos: **Corteza Terrestre** o **Litosfera,** parte superior sólida de la Tierra, formada fundamentalmente por rocas basálticas y graníticas, en las cuales se encuentra, en diferentes proporciones, la totalidad de los elementos químicos estables conocidos, tiene una densidad de 3 a 3,5 g/cm3, esta capa llega a una profundidad de 35 km hasta la **discontinuidad de Mohorovicić**. La segunda capa, denominada **Manto,** se extiende hasta 2.900 km de profundidad, con una densidad de 5,10 g/cm3, llegando hasta la **discontinuidad de Gutenberg,** a partir de ésta se extiende la tercera capa o **Núcleo Terrestre,** desde los 2.900 km hasta el centro de la Tierra. Este Núcleo se divide en dos nuevas capas: la primera hasta los 5.000 km está formada por materiales en estado líquido muy denso, en un estado de fusión y por último el núcleo interno, hasta el centro de la Tierra, formado por materiales en estado sólido, de una gran densidad de 13 g/cm3., son aleaciones de hierro y níquel y en mucha menor proporción sulfuros y carburos metálicos.

El núcleo interior, cuya temperatura puede llegar a 6.600ºC irradia continuamente un intenso calor hacia la superficie, pasando a través de las capas concéntricas. La fuente de esa temperatura es la energía liberada por la fusión de los metales y otros elementos del núcleo. La mayor parte de esa energía es trasladada a la superficie por las **corrientes de convección** dentro del Manto.

Como ya se ha dicho, en la zona gaseosa se han determinados dos capas:

La **Hidrosfera,** que comprende todas las superficies con agua del planeta Tierra, océanos, mares, lagos, ríos y aguas subterráneas (los océanos tienen una profundidad media de 3.800 mts, mientras que en los continentes la altura promedio es de 800 mts sobre el nivel del mar) y la **Atmósfera** que es una masa de gases (aire) que recubre todas las superficies sólidas y líquidas de la Tierra, compuesta por un 75% de nitrógeno, 21% de oxígeno, 0,01% de anhídrido carbónico y el resto de gases raros. La presión de la atmósfera disminuye con la altura.

Para su mejor conocimiento, la atmósfera es dividida en varias capas, siendo las superiores las más ionizadas. Esta ionización es la que permite la reflexión de las ondas cortas de radio, posibilitando las transmisiones radiales a grandes distancias sobre el planeta, que actualmente ha comenzado a ser reemplazada por los satélites artificiales.

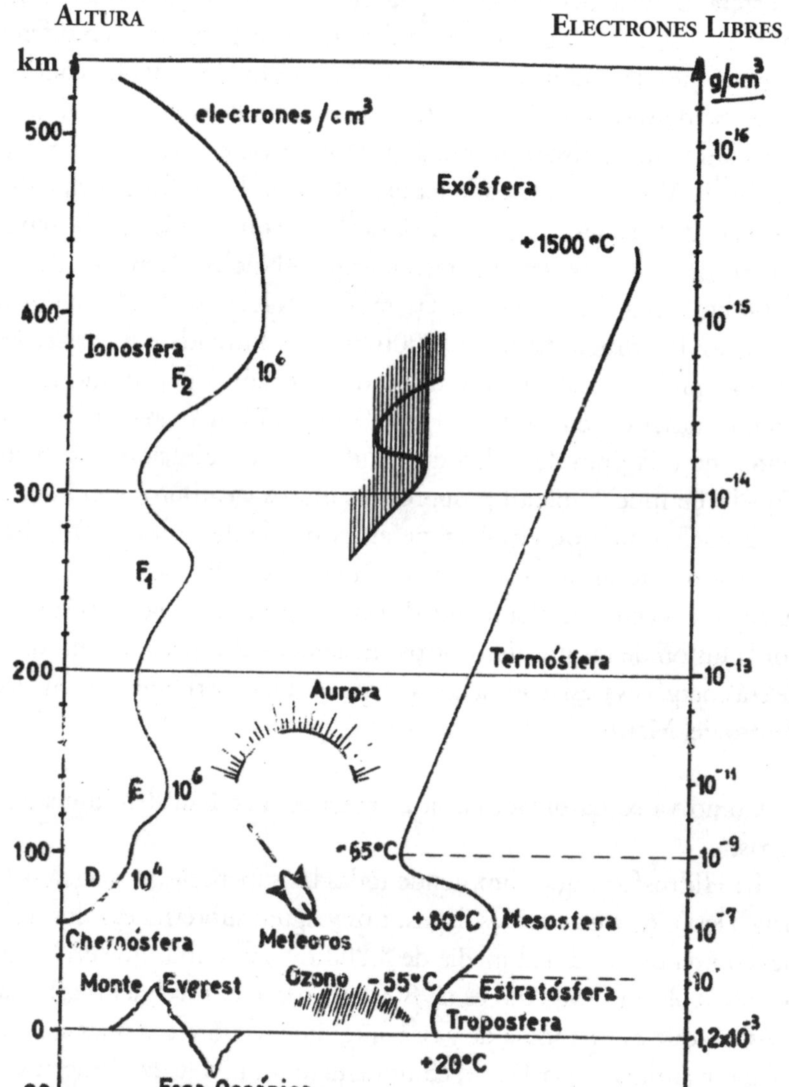

La ionosfera o capa superior se encuentra ionizada y está constituida por cuatro capas: capa D, capa E, capa F_1 y capa F_2.
La ionización se explica debido a la absorción de los rayos ultravioletas del Sol. La energía generada por la misma es utilizada para separar a los electrones de los átomos neutros.

Entre los 15 y 45 km se encuentra una capa de ozono que absorbe la luz ultravioleta y provoca un aumento de la temperatura en esa zona.

Hasta 30 km se estudia la atmósfera con globos aerostáticos y para mayor altura con cohetes y satélites.

Sobre la superficie y hasta los 12 km se encuentra la **troposfera** y desde los 12 hasta los 80 km la **estratosfera.**

La **ionosfera** o capa superior es la que se encuentra ionizada.

En el dibujo anterior se indican las variaciones de temperatura y el número de electrones libres (producto de la ionización), por centímetro cúbico, en función de la altura.

Continuando con la atmósfera de la Tierra diremos que el cielo visto, desde el nivel del mar, un día sin nubes, es de un hermoso color celeste, cambia de coloración con la altura, pasando de celeste a un azul más intenso, luego a los 8 km cambia a índigo, a los 13 a violeta subido, a los 20 a un gris violeta oscuro, a los 21 a un gris negro violáceo y a los 22 su color es un gris/negro. Esta variación es producto de la existencia de partículas flotando en la atmósfera que son las que reflejan y dispersan la luz: cuanto más cerca de la superficie de la Tierra se observa, mayor es la presencia de partículas y mayor la claridad de la masa de aire. Como ejemplo práctico, se puede imaginar una habitación cerrada y a oscuras con una pequeña rendija que deje filtrar un rayo de Sol, sobre el camino recorrido por el rayo se verán flotar pequeñísimas partículas y el resto de la habitación seguirá a oscuras; esto se produce porque la poca energía que ingresa no alcanza a excitar las partículas suspendidas que logra interceptar y por consiguiente no se propaga energía en otras direcciones dentro de la habitación y permanece a oscuras, si se ensancha la rendija o se aumente la energía ésta se dispersa por toda la habitación y la ilumina.

El planeta Tierra está circundado por un fuerte **campo magnético**, cuyas líneas de acción lo hacen parecer a un imán bipolo orientado casi paralelo al eje terrestre. El eje de ese bipolo, en la parte de su polaridad Sur, incide en la superficie terrestre en un punto llamado **Polo Norte Magnético**, situado actualmente a 74° Norte y 101° Oeste, mientras que la parte con polaridad Norte incide en un punto llamado **Polo Sur Magnético** situado actualmente a 69° Sur y 143° Este.

La dirección e intensidad del campo magnético terrestre, además de depender del lugar, sufre lentas variaciones periódicas, unas llamadas **variaciones seculares** se producen en períodos de alrededor de 700 años, además el campo magnético sufre otras variaciones muy rápidas e irregulares, llamadas **tempestades magnéticas**, que pueden ser anuales e incluso diarias. Estas tempestades magnéticas están vinculadas a partículas electrizadas emitidas por el Sol.

La intensidad del campo magnético terrestre no es uniforme, es mayor en los polos (0,63 gauss) que en el ecuador terrestre (0,31 gauss).

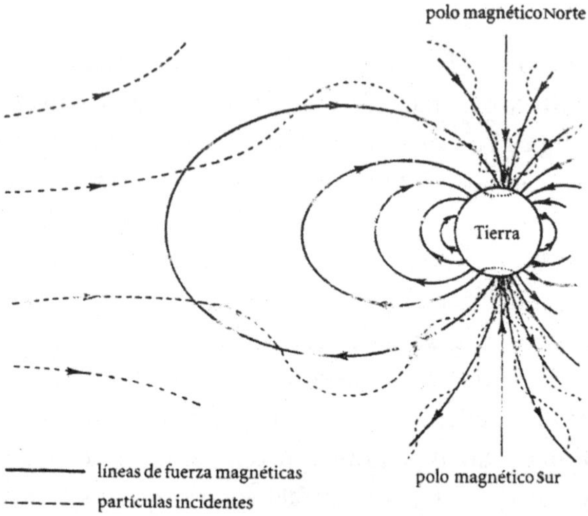

Las vicisitudes por las que atravesó la Tierra durante su larguísima historia de 4.500 millones de años es estudiada por los geólogos.

Por ser un tema muy amplio, que necesitaría, únicamente para dar nociones generales, de un libro entero, sólo diré que para determinar las edades geológicas de los elementos que componen la Tierra hay varios métodos, uno de los cuales es el radioactivo, que puede llevarse a cabo con los siguientes isótopos atómicos, según las circunstancias: por medio del Torio 23, del Uranio 238, del Uranio 235, el Rubidio 87, el Estronio 87 o el Potasio 40. En particular el estudio con Uranio 235 ha sido el sistema que permitió la determinación de la edad de la Tierra.

Otro método es el Cronológico (cronología relativa), basado en la sucesión de hechos que se reflejan en la observación de los fósiles de la flora y la fauna, los cuales permiten establecer tiempos geológicos.

En la Cronología Relativa, basada en métodos paleontológicos, se utiliza dos órdenes de subdivisión, uno con significado permanente, que ha permitido dividir la historia geológica de la Tierra en: Eras, Períodos, Épocas, Edades, Horizontes y Niveles. El otro, de significado estratográfico, responde a las formaciones rocosas que han tenido origen en los mismos lapsos, y permite la siguiente división: Grupos, Sistemas, Series, Planos y Zonas.

Teniendo en cuenta la composición química de las zonas accesibles de la Tierra como son la atmósfera y la hidrosfera y las capas superficiales de la corteza por estudios directos y además por la hipotética composición de las capas más internas, fundamentalmente por deducciones de los estudios de los movimientos sísmicos, se puede afirmar que nuestro planeta no es una muestra representativa del Universo. Se pueden enunciar dos conclusiones fundamentales: 1°) Los elementos más abundantes en el Universo, hidrógeno y helio, son muy escasos en la Tierra. 2°) Ciertos elementos pesados, cuantitativamente pocos abundantes en el Universo, se encuentran en concentraciones muy elevadas en nuestro planeta.

El Núcleo terrestre está formado esencialmente por hierro, níquel y cantidades reducidas de sílice, carbono y azufre. El Manto está esencialmente compuesto de silicatos. La composición media de la Corteza Terrestre, que sólo representa el 1% del total de masa terrestre, tiene predominio de sílice, oxígeno y aluminio.

Dejando de lado las dos envolventes fluidas que rodean la parte sólida de la Tierra, o sea la atmósfera y la hidrosfera, su estructura interna se conoce, en gran parte, gracias a los datos aportados por los estudios sismológicos.

Como es lógico suponer, los actuales conocimientos sobre nuestro planeta Tierra son muy amplios, muy variados y abarcan todas las ramas del saber.

Con la información ya vertida se ha dado cumplimiento al desarrollo de los principales puntos, a nuestro nivel, vinculados con la Astronomía y la Tierra.

Hidrografía, Orografía, Climatología, Presiones, Temperaturas, Biología, son materias que se ven a nivel de colegios secundarios y con más amplitud en primeros años de algunas carreras universitarias y en profundidad en carreras universitarias especializadas, con esto quiero decir que es mucho lo que se conoce, se ha investigado y se está estudiando en vinculación con nuestro planeta Tierra, para poder ser tratado en este libro que pretende ser sólo información científica sencilla, pues entendemos que existe poco material con esta intención. Con seguridad si algunos de los lectores quisieran profundizar el tema planeta Tierra, tiene mil formas de hacerlo.

CATARATAS: Foto de las Cataratas del Iguazú, la cual puede ser considerada un símbolo representativo del planeta Tierra ya que en ella se visualizan los tres elementos: Tierra, Agua y Aire, conjunción de elementos no existente, en la actualidad, en ninguno de los restantes Planetas del Sistema Solar.

LA LUNA: Satélite Terrestre

LUNA. (Nuestro único satélite). Foto tomada por los tripulantes de la nave APOLO XVII en su regreso a la Tierra.

¡Solitario espejo de plata! Desde muy pequeños fuimos acunados con canciones de la dulce Luna, en la niñez su luz nos acompañaba en nuestros ideales refugios, cuando jóvenes eran nuestros corazones los que vibraban bajo su brillante espejo nocturno en alas de un juvenil romanticismo, la luna, siempre la luna... hasta que llegó el hombre, se posó en ella, rompió su castidad... nos hizo saber que es un cuerpo frío, sin luz, que depende del Sol para ser visto y comprendimos que su conocimiento aleja la poesía de lo desconocido y vimos la realidad.

Ese cuerpo esférico que gira a 390.000 km de la Tierra fue conquistado por la ciencia y dejó escapar la musa inspiradora de muchos poetas.

La Luna es el único satélite del planeta Tierra, su distancia a la Tierra varía entre 357.600 km en el punto más cercano llamado perigeo y en el más alejado a 406.800 km., que es el apogeo, o sea una distancia promedio de 384.420 km, lo cual significa que la Luna es el cuerpo celeste más cercano a la Tierra, pues Venus que es el más cercano de los planetas, está a 40.000.000 km ($40x10^6$). Por este motivo la Luna ha sido el primer objetivo de la aventura espacial y el 20 de julio de 1969 el modulo lunar Águila, desacoplado del vehículo espacial norteamericano Apolo XI, alunizó en el Mar de la Tranquilidad y uno de sus tripulantes, Armstrong fue el primer hombre que puso el pie sobre la Luna. Con posterioridad y hasta la fecha, con tripulantes o no, diferentes sondas han alunizado, incluso recorrido pequeñas partes de la superficie lunar y ya se han recogido muchos kilos de material lunar, muestras que los científicos vienen analizando.

ROVER LUNAR: En las tres últimas misiones tripuladas a la Luna, sus astronautas contaron con un importante instrumento, que les dio gran agilidad de movimiento, se trata del Rover Lunar, pequeño equipo de transporte de cuatro ruedas, con capacidad para dos pasajeros, que les permitió el recorrido de varios km sobre la superficie lunar.

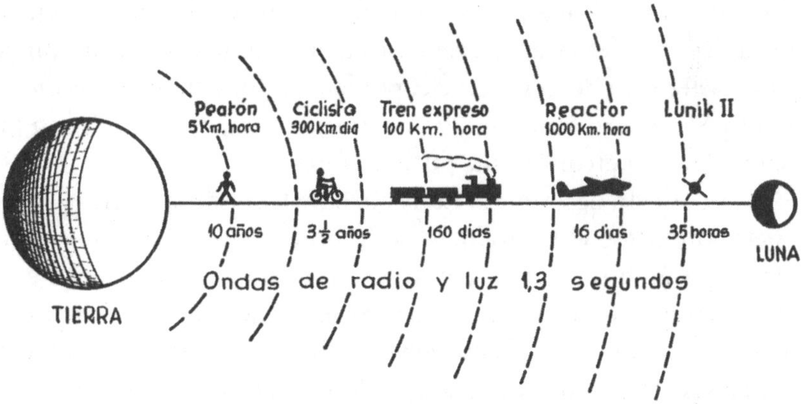

Para imaginarse lo que es la distancia de la Tierra a la Luna (la menor distancia astronómica que nos es dado comprobar desde nuestro planeta), compárese el tiempo que tardan un peatón, un ciclista, un tren expreso, un reactor y el Lunik II (que en 1959 cayó sobre la superficie de nuestra pálida Luna), con la luz, las ondas de radio y de radar (el primer contacto de radar con la Luna tuvo lugar en 1946), que emplean sólo 1,3 segundos en franquear el abismo de 384.400 km que nos separa de nuestro satélite natural.

Sus principales parámetros, redondeados a fin de mejor memorizar, son:

Radio ecuatorial	1.700 km.
Diámetro ecuatorial	3.400 km.
Distancia media a la Tierra	390.000 km.
Período de rotación s/su eje (día)	27 días y medio.*
Órbita alrededor de la Tierra	27 días y medio.*
Albedo	0,07
Temperatura superficial media	100ºC (de día)
Temperatura superficial media	00ºC (Bajo cero, noche)
Aceleración de la gravedad	1/6 de la terrestre
Masa	1/81 de la terrestre.
Velocidad de revolución	3.700 km/h.=1,03 km/seg.

Su aspecto parece muy brillante, sin embargo sólo refleja el 7% de la luz que recibe del Sol. Ese poder de reflexión, llamado albedo, es equivalente al del polvo de carbón.

En su superficie se pueden visualizar cráteres, de impacto y volcánicos, cadenas montañosas, llanuras (llamadas en la antigüedad mares), fracturas, cimas y fisuras lunares.

Por otra parte, es necesario admitir que la Luna no es un lugar acogedor, su pequeña masa y su reducida velocidad de fuga hacen que carezca de atmósfera y al carecer de ella, la luna no cuenta con ningún regulador térmico de su superficie, por lo cual sus temperaturas diurnas son muy elevadas y muy bajas las nocturnas; tampoco cuenta con protección contra meteoritos que pueden impactar.

No es correcto decir que la Luna gira alrededor de la Tierra, se puede aceptar porque eso es el producto de las observaciones, pero lo correcto es decir que ambos cuerpos se mueven en torno a un centro común de gravedad o baricentro y ese baricentro se encuentra en el interior del globo terrestre ya que la Tierra tiene mucha mayor masa que la Luna.

Las fases lunares son conocidas desde antiguo, sin embargo, pese a su sencillez, el motivo de las fases tardó en ser comprendido.

La luminosidad de la Luna depende de la luz reflejada del Sol, por lo tanto en un momento cualquiera sólo puede estar iluminada en una

* Esta igualdad es el motivo por que una cara de la Luna está siempre oculta, o sea que nosotros siempre vemos la misma.

mitad, el lado de la **noche lunar** no está iluminado, por lo cual es, desde la Tierra, invisible.

Al iniciarse el ciclo, la Luna está aproximadamente en línea entre el Sol y la Tierra, o sea que el lado nocturno lunar se dirige hacia nosotros, es la Luna Nueva (invisible) o sea está en **novilunio**; continuando su recorrido empieza a mostrar hacia la Tierra algo de su lado iluminado, que primeramente se ve como un gajo, pero va aumentando hasta mostrar una mitad iluminada (cuarto creciente). Y así sucesivamente se pasa a ver la faz iluminada totalmente y se está en **plenilunio** y luego cuarto menguante.

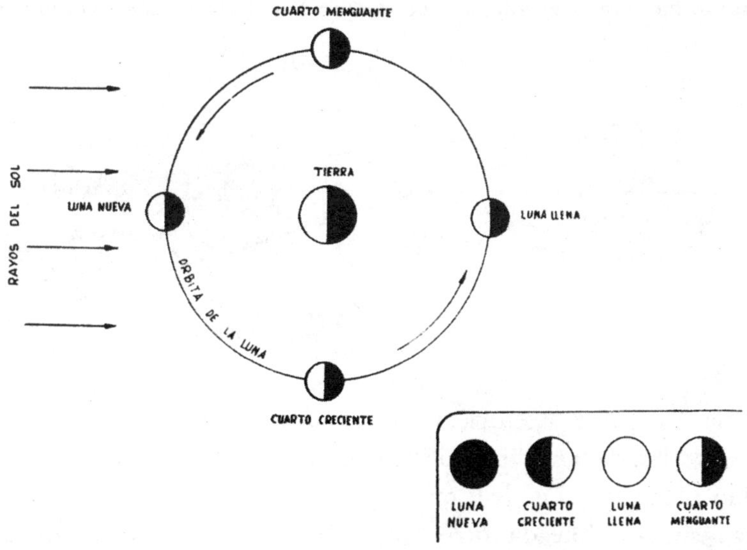

Explicación del mecanismo de las fases de la Luna. Cuando la línea Tierra-Luna se dirige al Sol, nuestro satélite nos presenta la parte no iluminada; está en fase nueva. Cuando dicha línea forma ángulo recto con la línea Tierra-Sol, se ve la mitad occidental del astro de la noche: se halla en cuarto creciente. Al estar en la misma línea en oposición al Sol, se ve iluminado todo el hemisferio visible de la Luna: está en fase llena. Y, finalmente, cuando forma ángulo recto con la línea Tierra-Sol, opuesto al primero, se advierte iluminada la mitad oriental de la Luna, o sea, se encuentra en cuarto menguante. A éste sigue la luna nueva, y así sucesivamente.

La línea de separación antedicha recorre la superficie de la Luna dos veces cada lunación, una vez de nueva a llena, línea de la mañana y otra de llena a nueva, línea de la noche. El estudio de la proyecciones de las sombras del relieve lunar sobre los valles, que se puede ir realizando día a día como si fuera los cortes de una resonancia magnética, ha permitido obtener abundante información del relieve lunar.

Es interesante comentar que: al observar con un largavista el borde del disco o limbo lunar, aparece totalmente liso, una línea curva pura; en cambio la línea que separa la zona iluminada de la oscura es muy irregular y rugosa: esto es debido a que los rayos solares marcan, con luces y sombras los picos y las crestas de su superficie, y al iluminar los valles recortan sus sombras sobre ellos.

ECLIPSES

Un cuerpo oscuro como la Tierra, colocado en la dirección de los rayos de una fuente luminosa como el Sol, produce un cono de sombra y una zona de penumbra.

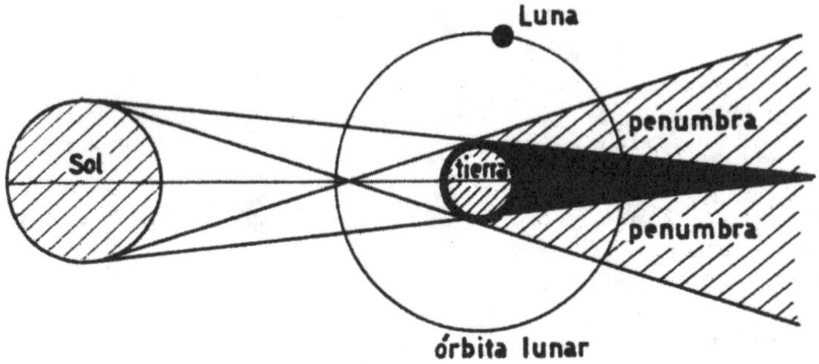

Si la Luna nueva estuviera exactamente alineada con la Tierra y el Sol se produciría un eclipse solar mensual, pero esto no ocurre cada mes debido a la inclinación de la órbita lunar. En las oportunidades en que la **Luna llena está alineada con el Sol y la Tierra**, la Luna se introduce en el cono de sombra proyectado por la Tierra, y tiene lugar **un eclipse lunar.**

Las características topográficas de la cara visible de la luna son observables a simple vista o con ayuda de pequeños binoculares. Se encuentran en ella las llanuras grises, llamadas aún como en la antigüedad "mares", aunque se sepa, desde hace siglos, que no contienen agua. El más importante es el Mare Imbrium (Mar de las lluvias), de forma redondeada y de 880.000 km^2 de superficie, otro de mucha mayor superficie pero de forma irregular es el Oceanum Procellarum (Océano de las tempestades) de 5.200.000 km^2, además los restantes "mares" más importantes son el Mar de la Serenidad, Mar de las Nubes, Mar de la Tranquilidad y Mar de la Crisis con una superficie de 220.000 km^2.

Entre las cadenas montañosas se pueden enumerar: los Apeninos, con un pico máximo de 6.000 m de altitud, los Alpes, el Cáucaso, las montañas Leibniz, con el pico de más altura hasta ahora encontrado en la Luna, que es de 9.200 m de altura.

Todo el panorama lunar está cubierto de elevaciones, denominadas cráteres, hay miles y miles de cráteres con dimensiones variables, desde 250 km de diámetro hasta cráteres muy pequeños, apenas perceptibles, que se encuentran muy agrupados en los altiplanos, algunos están en los mares, en los valles y en las crestas de las montañas. En general son como un plato sopero, con un reborde de poca altura, su fondo plano está ubicado a mayor profundidad que su entorno y con un declive interior muy suave, algunos presentan, en la zona central del fondo, grupos de ondulaciones más o menos destacables.

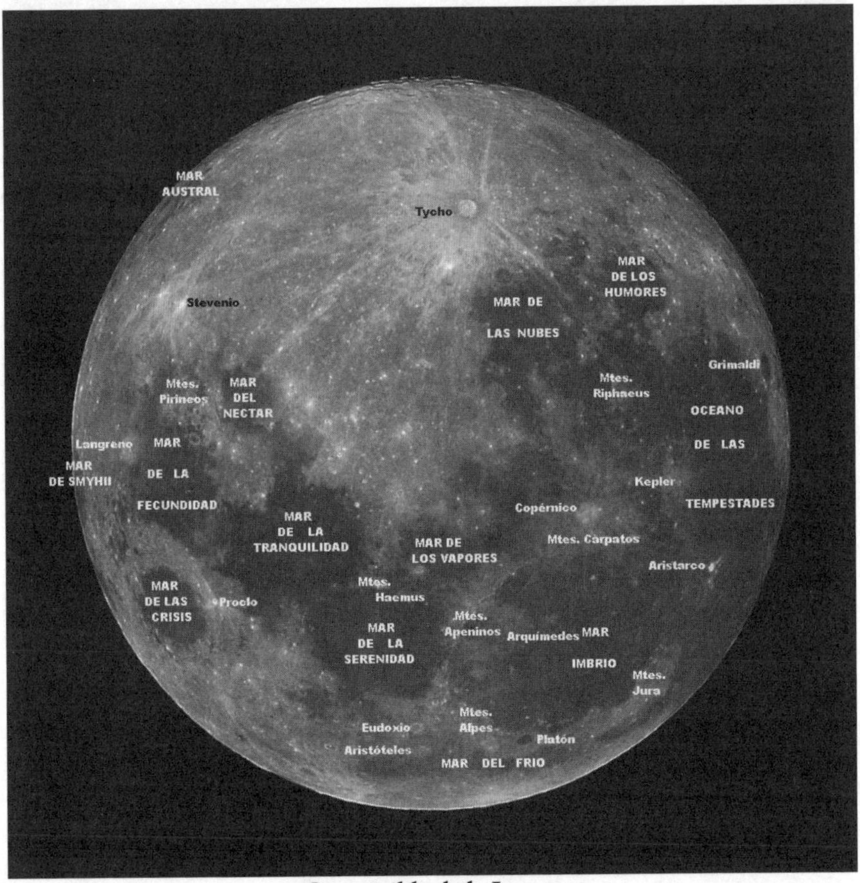

Cara visible de la Luna.

Las causas que han dado origen a los cráteres lunares se pueden dividir en dos; en el primer caso, que es la mayoría, son **cráteres de impacto** producidos, en épocas remotas, por meteoritos, y el resto son de **origen volcánico**, pero no de un volcánico explosivo, sino de un proceso lento de levantamiento y recesión, que ha ido construyendo en forma gradual un cráter de paredes elevadas y fondo deprimido.

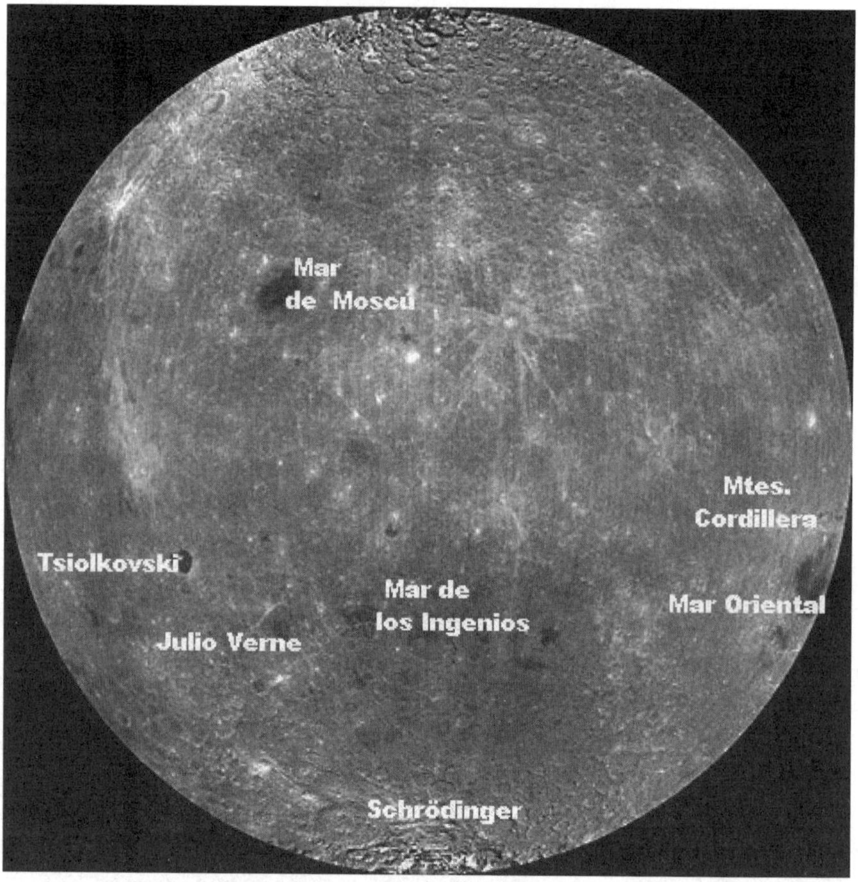

Cara no visible de la Luna.

La superficie general de la Luna presenta características polvorienta y de pequeñas rocas sueltas y areniscas. La presencia del hombre en su superficie en 1969 permitió constatar esta información. La falta casi total de atmósfera la ha transformado en un cuerpo celeste completamente árido, con una atmósfera formada, en su mayor parte, por gas argón.

Hemos dicho que el lado visible de la Luna puede ser observado a simple vista o, con mayores detalles, con un anteojo largavista, pero también sabemos que el lado visible de la Luna es permanentemente el mismo que el otro lado, el no visible para nosotros, debería ser totalmente desconocido, esto no es así gracias al constante esfuerzo de los científicos quienes han encontrado los métodos para poder "verlo". Primero fueron los rusos quienes en 1959 lanzaron tres vehículos espaciales hacia la Luna, los Lunik, I, II y III, especialmente este último (18 de julio de 1959) que sirvió para fotografiar el lado invisible de la Luna, pudiéndose, de esta manera, constatar que la presencia de "mares" era menor que en la cara visible, uno de ellos, bautizado con el nombre de Mar de Moscú, tiene menos de 310 km de diámetro, existiendo algunos otros mayores, como el Mare Desiderif (mar del Deseo). Posteriormente los americanos lanzaron la serie "Lunar Orbiter", entre el 10 de agosto de 1996 y el 1° de agosto de 1997, que con mejor calidad fotográfica completaron la tarea de los soviéticos, pudiéndose obtener el trazado cartográfico, casi completo, de toda la superficie lunar. Se debe destacar que el Lunar Orbiter logró obtener la primera fotografía de la Tierra tomada desde un cuerpo celeste y además fotografiar 5 millones de km2 de superficie lunar. Posteriores viajes, con equipos cada vez más sofisticados, han permitido obtener hasta el día de hoy una cantidad abrumadora de información sobre la Luna. Se ha contado con varias variantes de soluciones técnicas, se han enviado equipos que sobrevolaron la Luna fotografiando y tomando información química/física, han alunizado sondas no tripuladas llevando completos laboratorios que actuando en forma automática, en algunos casos, o teledirigidos desde la Tierra en otros, situaban y dirigían las cámaras convenientemente para obtener el foco y calcular la exposición, tomar las fotografías, codificarlas y enviarlas a los centros de seguimiento en la Tierra. Otros equipos llevaban brazos robóticos para efectuar pequeñas excavaciones, sacar material, analizarlo, codificarlo y enviar la información.

En cuanto a los movimientos de nuestra Luna, se puede decir que son los clásicos de los cuerpos celestes: **Rotación** sobre su eje, **Traslación** alrededor del Sol y **Libración**, pero por ser satélite se debe incorporar un movimiento complementario, que es **la traslación alrededor**

de la Tierra, justamente es este movimiento el que al ser del mismo período de tiempo que el de rotación, hace que desde la Tierra siempre se vea la misma cara de la Luna. El movimiento de rotación sobre su eje (mes lunar) le demanda 27,32 días para completarlo, al igual que su movimiento de traslación alrededor de la Tierra. En cambio, el de traslación solar, una revolución relativa al Sol, es completada en 29,53 días, es llamado "mes sinódico" y esta diferencia de algo de más de dos días se debe al excedente de tiempo que necesita la Luna, en su giro alrededor de la Tierra para poder llegar a alcanzar dos fases iguales seguidas. La Luna se traslada alrededor de la Tierra en sentido directo hacia el este como el Sol, que también se mueve en igual tiempo pero con diferencia de un grado, la salida de la Luna respecto al Sol atrasa en cincuenta minutos diarios.

El **movimiento de Libración**, o sea el movimiento de la Luna en su propia órbita, se traduce en un desplazamiento de oeste a este, pero su movimiento aparente es inverso o sea de Este a Oeste, por el movimiento rotatorio terrestre.

Este efecto, o movimiento de Libración en longitud, es lo que permite en período de un mes, que desde la Tierra se pueda observar un 59% de la superficie lunar, en lugar del 50% teórico, además existe el movimiento de libración en latitud, como efecto de la inclinación de la órbita lunar en 5º respecto al plano de la eclíptica.

Consideramos que se merecen un breve párrafo aparte las diferentes teorías sobre la formación lunar.

Los estudiosos del tema han desarrollado cuatro principales teorías, cada una de ellas con adeptos y detractores en el mundo científico.

A) La Luna podría haberse tratado de un astro solitario que hasta su época de incorporación satelital no hubiese sido atrapado por la atracción gravitatoria de ninguno de los grandes planetas y al pasar cerca de la Tierra, que recientemente finalizaba su formación, quedó aprisionado en su órbita.
B) En el período de formación y consolidación de los planetas se formaron la Tierra y la Luna, naciendo de la misma masa de materia que giraba alrededor del Sol.

C) La Luna se formó por un desprendimiento, en una zona de debilitamiento en la masa terrestre aún en formación, producto de la fuerza centrífuga, se supone que dicha zona correspondería a lo que hoy es la cuenca del océano Pacífico. Este masa de materia se desprende llevando consigo una parte del momento angular del todo, éste continúa actuando formando una esfera y perdiendo su fuerza de expulsión a medida que la acción gravitatoria lo va frenando, hasta que llega al estado de equilibrio y entra en órbita satelital.

D) Estando en formación el planeta Tierra, experimenta un fuerte impacto con un gran cuerpo celeste, el mismo produce un desprendimiento de materia, en forma de masa plástica, que siguiendo con su proceso evolutivo terminó formando la Luna, sin haber podido escapar a la atracción gravitatoria terrestre, entrando a circundarla como satélite.

Existen otras teorías con menor aceptación, pero ésta es, hoy por hoy, otras de las incógnitas en investigación.

"Las fotos guiadas perfectamente, estarán desenfocadas...
las fotos perfectamente enfocadas tendrán rotación del campo...
las fotos perfectamente enfocadas, guiadas y expuestas,
serán estropeadas por el laboratorio de revelado."
Ley de Murphy

CAPÍTULO VII

SISTEMA SOLAR
PLANETAS GASEOSOS

"Hay dos maneras de difundir la luz,
...ser la lámpara que la emite (EL SOL)
o el espejo que la refleja (PLANETAS)"
LIN YUTANG

Hemos partido desde el Sol, recorrimos los planetas rocosos: Mercurio, Venus, Tierra (con su luna) y Marte, estamos a más de 600 millones de km del Sol, pero pasando el planeta Marte y antes de llegar a Júpiter, se interpone un gran **anillo de asteroides**, de 300 millones de km de ancho, el cual forma una verdadera barrera cósmica que separa los planetas rocosos y pequeños de los planetas gaseosos y algunos mucho más grandes como Júpiter y Saturno. De este anillo nos ocuparemos más adelante, sigamos ahora con:

JÚPITER

PLANETA JÚPITER: Las bandas que se observan en la foto corresponden a diferentes corrientes gaseosas.

El gigante del Sistema Solar.

Con relación a su distancia al Sol, es el quinto planeta solar, con una distancia media de 780 millones de km.

Es el de mayores dimensiones entre todos los planetas Solares, su masa equivale al 71% de la masa total del Sistema Planetario Solar, con un diámetro ecuatorial de 140.000 km, que equivale a 11,2 veces el diámetro de la Tierra, el diámetro polar es de 130.000 km. Esta diferencia entre el diámetro ecuatorial y el polar se debe a dos factores, uno es la gran velocidad de rotación sobre su eje que produce el aumento en el diámetro ecuatorial y el otro es la volatilidad de su superficie gaseosa, que produce un aplastamiento en los polos.

Recorre la órbita solar en 12 años terrestres, con una velocidad promedio de 13 km por segundo, por lo tanto el año de Júpiter es 12 veces más largo que el terrestre.

Posee una importantísima velocidad de rotación sobre su eje, completando una vuelta prácticamente en 10 horas. O sea el día de Júpiter es menor que la mitad de un día terrestre.

Júpiter tiene un volumen de 1300 veces el volumen de la Tierra, pero su masa es tan solo 300 veces más que la de esta, por lo cual, pese a ser mucho más grande en volumen, su densidad media es muy baja, 1,33 gs./cm3 que supera por poco la densidad del agua y es cinco veces inferior a la densidad de la Tierra.

La temperatura media superficial es muy baja, ciento setenta grados centígrados bajo cero.

La superficie de Júpiter, como la de Venus, no es visible desde la Tierra por estar todo el tiempo cubierta de nubes de gases, estos gases se pueden clasificar en tres capas como veremos más adelante. La gran diferencia entre ambos planetas, es que en Venus una vez traspasada la capa de nubes/atmósfera, de 80 km de espesor que lo rodea se encuentra una superficie sólida, rocosa; por el contrario en Júpiter no se puede asegurar un límite preciso entre una superficie sólida y la atmósfera.

Júpiter posee un núcleo de hierro de unos 3.000 km de diámetro con una temperatura de 30.000ºC, el cual es rodeado por hidrógeno metálico de unos 30.000 km de espesor y a 10.000ºC, más hacia la superficie y rodeando ese anillo de hidrógeno metálico, hay una capa de 25.000 km de hidrógeno en estado líquido, y por último una capa de hidrógeno y helio en estado gaseoso, con cristales de amoníaco e hidrosulfuro de amonio, esta capa es de unos 1.000 km de espesor y constituye la verdadera atmósfera del planeta.

Esta constitución del interior de Júpiter, con su núcleo de hierro, el anillo que le sigue de hidrógeno metálico y siendo ambos elementos muy buenos conductores de la electricidad, genera un enorme campo magnético, que es 4.000 veces más intenso que el de la Tierra.

Es este gran campo magnético quien produce enormes líneas de radiación, compuestas por electrones y protones de muy alta energía, que llegan hasta 10.000.000 de km. de la superficie emisora (esta medición se obtuvo por medio de la onda Cassini, durante su viaje hacia Saturno).

Las nubes de gases que recubren a Júpiter, pueden ser divididas en tres capas, una superior de amoníaco, una media de gases de azufre y la de más abajo, como una atmósfera superficial de hielo y agua.

En una observación telescópica, se puede ver que las nubes externas se presentan formando anillos de diferentes colores paralelos al ecuador llamados bandas que son el producto de corrientes de vientos estacionarios. Resultan nítidamente visibles doce bandas, seis en cada hemisferio. Esta ordenada morfología es permanente y guarda estrecha relación con la elevada velocidad de rotación del planeta. La estabilidad de la estructura no excluye un gran dinamismo dentro de las bandas, sobre todo en sus bordes donde se han captado movimientos ascendentes y descendentes de las nubes, con apariciones y desapariciones de formaciones coloreadas en un plazo de pocas horas.

Júpiter presenta en su cara visible y debajo de la línea del ecuador una gran mancha roja, de forma elipsoidal con el diámetro mayor más grande que el diámetro terrestre, se supone que esta mancha roja es un ciclón de enormes dimensiones, la misma fue descubierta hace trescientos años, presentando desde entonces algunas variaciones, salvo dos períodos en que desapareció completamente, esto fue entre los años 1888-1916 y 1938-1944.

Esta espectacular estructura de la atmósfera de Júpiter, que quiebra la notable simetría de los dos hemisferios, esta situada a unos 22° de latitud sur, fue observada por primera vez en 1664, desde entonces, en el transcurso de estos tres siglos y medio, ha sufrido cambios de forma, de color y de dimensiones, variando en su extensión entre 25.000 y 40.000 km, se ha detectado que está formada por un banco de nubes frías que se eleva como un enorme hongo sobre el resto de la atmósfera. En su interior los gases giran vertiginosamente en sentido anti horario, por lo cual es deducible que se trata de una zona de altas presiones.

Este planeta, cuarto por su brillo aparente en la esfera celeste, después de la Tierra, la Luna y Venus, fue descubierto en la antigüedad, justamente por ese brillo que lo hacía visible a simple vista. Ese gran brillo lo asemeja a una estrella y esto pudo haber ocurrido, ¿pudo Júpiter haber sido una estrella roja de poca luminosidad? ¡sí!, si durante su formación hubiera logrado una mayor condensación de su masa y esa mayor masa generaría grandes presiones internas produciendo el inicio de reacciones termonucleares, y siguiendo posteriormente, como ya se ha visto, todas las etapas en la formación de una estrella, hubiera obtenido brillo propio, provocado por la incandescencia de su núcleo. Debemos agradecer que no fue así, pues si Júpiter hubiese sido una estrella, se hubiera producido un importante desequilibrio dentro del Sistema Solar, cuyas consecuencias respecto a la existencia de vida en el planeta Tierra no son previsibles.

De todas maneras, actualmente Júpiter irradia al exterior el doble de la energía que recibe del Sol, esto se produce por la suma de las dos fuentes calóricas que actúan sobre él, una externa, que es la acción del Sol que reflejada en el planeta produce radiación, y la otra interior, que es la alta temperatura en su núcleo que aún hoy llega a unos 30.000ºC.

La influencia gravitatoria recíproca entre Júpiter y Saturno, debido al gran tamaño de ambos, provoca que las velocidades de rotación aumenten y disminuyan recíproca y alternativamente durante períodos de 900 años.

Júpiter, por su estado gaseoso, no gira como un cuerpo rígido; al igual que el Sol tiene diferentes velocidades de rotación en los polos que en el ecuador, habiendo una diferencia de 30 minutos diarios entre ambas.

En 1979 las sondas Voyager I y II permitieron conocer un sistema de leves anillos que circundan a Júpiter al nivel de su ecuador. Este sistema está formado por un anillo principal plano y otro en su interior, muy tenue, similar a un halo. En 1998 la sonda Galileo descubrió dos anillos interiores más, uno dentro del otro, estos anillos son producto de la acumulación de polvos que provienen del choque de meteoritos contra las lunas más cercanas a Júpiter.

La gran atracción gravitatoria de Júpiter causó, en 1992, la fragmentación del Cometa Shoemaker-Levy 9 en veintiún fragmentos que impactaron, en 1994, sobre la superficie de Júpiter, no todos juntos sino en forma escalonada durante una semana, atravesando la densa atmósfera de Júpiter a velocidades superiores a los 200.000 km por hora; la tremenda energía de cada uno de los fragmentos al impactar se transformó en calor a través de grandes explosiones, generando enormes bolas de fuego, algunas de mayor tamaño que la Tierra. Se puede decir, en forma creativa, que de haberse producido esos impactos todos juntos hubieran desarrollado más energía que la detonación instantánea de todas las armas atómicas que hay en la Tierra.

Júpiter presenta, hasta la fecha, 63 satélites, cuerpos que giran a su alrededor, de éstos hay cuatro que fueron descubiertos por Galileo en el año 1610, son los llamados Galileanos: Calisto, Europa, Ganímedes e Io, el resto son conocidos como satélites exteriores y se suponen sean asteroides atrapados por su elevada gravedad y que por su distancia y poco tamaño se hace dificultoso verlos mediante el telescopio.

Durante todo el año 2003, físicos de la Universidad de Cambridge, descubrieron 21 de esos 62 satélites; tantos descubrimientos en tan poco tiempo hacen suponer que existe una fuerte posibilidad de otros descubrimientos futuros.

Es Ío el satélite más cercano, está a unos 420.000 km de Júpiter, tiene un diámetro de 3.700 km, una tenue atmósfera gaseosa y presenta varios volcanes en actividad, los cuales elevan sus columnas de lava y roca hasta 300 km de la superficie, es posible que las columnas de lava alcancen esta gran altura debido a la poca capacidad de atracción gravitatoria que posee Io.

El satélite Europa tiene un diámetro de 3.100 km y gira a una distancia de 670.000 km de Júpiter. Presenta una superficie llana, sin relieves, ni cráteres, y está formada en su totalidad por hielos. La sonda Galileo es la que más veces ha suministrado información de esta luna de Júpiter; los datos suministrados sobre la variación del campo magnético es lo que ha permitido, casi confirmar, la teoría de la existencia de un gran mar de agua salada bajo la superficie del satélite Europa. La ratificación de este hallazgo sería precursor de encontrar alguna forma de vida, sobre o debajo de la capa de hielo superficial que recubre al satélite; esto, cuya confirmación sería un éxito astronómico muy importante, se podría producir dentro de poco, cuando se pose sobre la capa superficial de hielo una sonda espacial, o mejor aún cuando pueda ser lanzado un pequeño submarino a control remoto que, penetrando la capa de hielo, pueda navegar por el mar subterráneo de este satélite de Júpiter, Europa.

A 1.100.000 km de Júpiter se ha encontrado a Ganímedes, el más grande de sus satélites, es más grande que Mercurio y Plutón, y tiene un diámetro de 5.300 km. Su corteza es una gruesa capa de agua congelada.

La sonda Galileo permitió conocer que este satélite tiene su propio campo magnético, interactuando con el enorme campo magnético del planeta Júpiter. En 1995, por medio del Telescopio Espacial Hubble, se pudo detectar la presencia de gas ozono en la atmósfera de Ganímedes. Este ozono surge como desprendimiento del agua subterránea cuando esta agua es bombardeada por los iones activados al pasar por el gran campo magnético del planeta, los cuales penetran la corteza congelada de la superficie del satélite y actúan sobre el agua transformándola en ozono.

Más lejos aún, a 1.900.000 km se encuentra Calisto, con un diámetro de 4.800 km, casi el mismo tamaño de Mercurio. La sonda Galileo demostró que no posee campo magnético alguno y también se vio la poca existencia de actividad volcánica en su superficie. Se nota de las observaciones, que su superficie ha sufrido algunos procesos geológicos recientes, que la han alisado redondeando los bordes de los cráteres que han llegados a ser casi borrados.

Luego de los satélites Galileanos, que se acaban de considerar, surgen una pléyade de satélites más lejanos y de mucho menor diámetro: Leda de 16 km, a 11.100.000 de distancia, Himalia de 190 km de diámetro, orbitando a 11.500.000 km del planeta, Lisitea de 36 km a 11.700.000 km, Elara de 76 km a una distancia de 11.800.000 km y así se podría seguir enumerando los 63 satélites de Júpiter, que son los conocidos hasta hoy.

SATURNO

¡El señor de los Anillos!, conocido así por haber sido el planeta con anillos primeramente descubierto.

Saturno, es el sexto planeta del Sistema Solar por su distancia al Sol, que es de 1.400.000 km y el segundo por su tamaño, ya que tiene un diámetro de 120.000 km, y al igual que Júpiter posee una gran velocidad de rotación sobre su eje, la cual produce un diez por ciento de aplanamiento en los polos.

En su superficie reina una temperatura de 170º C.bajo cero.

Los vientos en Saturno son muy elevados, llegando a los 500 km por hora y actúan sobre las nubes de superficie formando bandas de diferentes colores, pero no tan diferenciados como en Júpiter, presentando en general un color amarillento.

PLANETA SATURNO:
Se pueden observar muy claramente sus anillos, distinguiéndose su finura y simetría, también se observan algunos de sus satélites.

La densidad media del planeta es de 0,13 gr. por centímetro cúbico, menor que la del agua que es de un gramo por centímetro cúbico, lo que da una idea de la liviandad de Saturno.

El día es de 10 horas con 39 minutos y el año 29,5 años terrestres.

La atmósfera está compuesta de hidrógeno (94%), helio, metano y amoníaco.

Tiene una órbita muy poco excéntrica.

La característica principal y más conocida de Saturno son sus anillos, pero éstos no son dos o tres o cuatro o cientos, en realidad son miles de anillos. No forman una línea uniforme ni compacta, sino que están compuestos de miles de millones de trozos de roca y de hielo que giran a enorme velocidad alrededor del ecuador del planeta, millones de estos cuerpos tienen el tamaño de un grano de arena, otros de pocos centímetros, otros de fracción de metro, y algún porcentaje de mayores dimensiones, 50/60 mts.

Los anillos se ven separados por huecos negros, uno de los cuales ha sido llamado la "división de Cassini" desde que esos huecos fueron descubiertos, pero ahora se ha detectado un error, pues no son espacios huecos, por el contrario son llenos de material polvoriento pero más oscuro y al ser menos reflectante que el resto no resultan visibles y por eso parecen huecos.

En realidad, en todo el material que forman los anillos de Saturno, la fuerza centrífuga generada ha producido el efecto de un clasificador de partículas, colocándolos en sus distintas y respectivas zona de los anillos de acuerdo a la clasificación por peso.

El total de los anillos tienen un diámetro de 280.000 km, más del doble del diámetro saturnino y un espesor de 15 km. Reunida la materia del total de los anillos, se podría formar una bola de casi el tamaño de la Luna terrestre.

Saturno tiene, al menos, treinta y ocho satélites conocidos, el más grande e importante es Titán, que mide 5.100 km de diámetro y por su tamaño es el segundo satélite de todo el Sistema Solar.

Titán tiene una atmósfera densa, provista de abundante nitrógeno, oxígeno y compuestos orgánicos, esta composición hace que Titán sea, en cierto aspecto, semejante a como fuera la Tierra en un tiempo (astronómico) pasado, lo cual puede hacer presumir la existencia de vida en el satélite Titán, en un futuro astronómicamente lejano.

Al contrario de Júpiter, Saturno no tiene una lista de satélites grandes, salvo el importante Titán, sí tiene una segunda línea de satélites más chicos de 400 a 1.500 km, como son: Tethys, Dione, Rea, Mimas, Encélado y Jápeto, a los que le siguen una larga lista de cuerpos más pequeños (62).

Saturno es el último planeta visible a simple vista, no así sus satélites.

URANO (Sexta magnitud)

Anillos de Urano.

Fue descubierto en 1781 por el astrónomo inglés Willian Herschel. Este descubrimiento duplicó el tamaño del Sistema Solar conocido, pues hasta ese entonces el último planeta conocido era Saturno y distaba 1.400 millones de km del Sol y Urano dista 2.800 millones o sea justo el doble de distancia.

Es el séptimo planeta por su distancia al Sol y el tercero por su tamaño.

Urano es un planeta gaseoso de 50.000 km de diámetro, con una atmósfera rica en metano, que es un gas que absorbe los rojos y refleja fuertemente los azules, por eso la coloración de la tranquila atmósfera de Urano es azulada/verdosa.

Una característica, propia de Urano, es que su eje de rotación está muy inclinado con respecto al plano de traslación, girando prácticamente acostado sobre su órbita. Esta inclinación hace que se produzca una rara situación, como es el hecho de que sus polos estén, alternativamente, expuestos a los rayos directos del Sol.

Urano cuenta con un sistema de anillos bastante finos, que fueron descubiertos hace tan sólo dos décadas; al principal anillo se lo llama Epsilon y está compuesto de enormes trozos de hielo, los restantes anillos son muy delgados y los forman polvos, granulados y trozos de roca de menos de 100 mts.

La distancia media de Urano al Sol es de 2.800 millones de km, tiene un día (una rotación sobre su eje) de 18 hs. Y un "año" (órbita alrededor del Sol) de 84 años.

Su temperatura superficial es de 210ºC bajo cero.

Tiene un gran campo magnético, con una inclinación respecto a su eje de 60º.

Se le conocen 30 satélites, siendo los principales:

Ariel, de 1.400 km de diámetro, se observó que ha sufrido gran actividad geológica y dista de Urano 190.000 km.

Umbriel, de 1.200 km de diámetro y a 270.000 km del planeta.

Titania, de 1.600 km de diámetro y a 440.000 km. Da un giro cada 8 ½ días.

Oberón, de 1.700 km de diámetro, el más grande de los satélites de Urano, a 590.000 km de distancia, girando una vuelta en 13 ½ días, con su superficie helada cubierta de cráteres.

Miranda, de 470 km de diámetro, a una distancia de 130.000 km, su superficie presenta un paisaje muy irregular, daría la impresión de haber sido destruida más de una vez y sus restos haber vuelto a integrarse, lo cual da una apariencia de paisaje caótico.

Luego se encuentran diez satélites más, con diámetros menores de 170 km y a distancias entre 45.000 a 80.000 km de la superficie de Urano, el resto conocido son más pequeños.

Recientemente, a fines del año 2005, se han localizado dos nuevos satélites y dos débiles anillos más de Urano, este hallazgo fue realizado con la ayuda del telescopio espacial Hubble y con fotos del anterior viaje de la sonda Voyager II, los satélites han sido llamados Mab y Cupido, también han dejado trascender que los satélites forman parte de un sistema inestable y caótico y parecería que ese sistema satelital sufrirá, en un plazo de millones de años, interferencia entre ellos, por el cruce de sus órbitas actuales.

NEPTUNO

PLANETA NEPTUNO:
Más del 3% de su atmósfera es gas metano, lo cual le da una tonalidad azul.

El gran mar del espacio, su color azul/verdoso así lo asemeja.

Hasta ahora hemos estudiado los planetas rocosos y de los gaseosos a Júpiter y Saturno, todos ellos han sido descubiertos mediante el ojo humano, los más cercanos a simple vista y los otros con telescopio, pero he aquí la importante diferencia del medio usado para el descubrimiento de Neptuno, que fue la inteligencia y el razonamiento.

En efecto, no sería excesivo decir que el hallazgo de Neptuno se debió a las matemáticas. Pasaremos a explicar: después del descubrimiento de Urano, varios astrónomos notaron ciertas irregularidades en lo que se suponía debería ser su órbita correcta y razonaron que esas anomalías se debían a la influencia gravitacional de un gran cuerpo, no conocido aún. El astrónomo francés Urban Le Verrier y el inglés John Adams, en forma separada pero juntos en el tiempo, informaron la posible posición matemática de ese elemento desconocido y fue en 1846 el alemán Johann Galla, sobre la base de esa posición matemática, deducida por Le Verrier y Adams, quien logró ubicarla en el firmamento y hallar el cuerpo que, posteriormente, sería llamado Neptuno.

Este planeta tiene una atmósfera rica en hidrógeno, helio, vapor de agua y gas metano; en su interior es roca fundida con agua, metano y amoníaco líquido.

Neptuno se encuentra a 4.500 millones de km del Sol, 30 veces más lejos que la distancia Tierra-Sol, esta distancia podrá ser mejor entendida si se considera que una nave interplanetaria debería hacer un viaje de doce años terrestres para llegar a ese planeta y una vez en él enviar un mensaje a la Tierra que demoraría 4 horas en llegar hasta ésta.

El diámetro de Neptuno es de 48.000 km y forma parte de los planetas gigantes, es gaseoso con predominio de gas metano, que es el motivo de su coloración azul/verdoso, coloración que justamente dio origen a su nombre, porque sus descubridores lo asemejaron a un gran mar y Neptuno era el dios de las aguas.

La temperatura en su superficie es del orden de los 200ºC bajo cero.

En el año 1989 la nave Voyager II pudo medir e informar, a los controles en la Tierra, que los vientos existentes en la superficie neptuniana alcanzaban los 2.500 km/hora, esta velocidad fue establecida durante la observación de una tormenta cuya área de acción era más grande que la Tierra.

El día de Neptuno, tiempo de rotación sobre su eje, es de 16 ½ horas y el año, tiempo de una órbita alrededor del Sol, es de 165 años terrestres.

Neptuno tiene un sistema de anillos pequeños, concéntricos al nivel de su ecuador, tenues y muy delgados; se supone que su formación se debe a desprendimientos de materiales y polvos de los satélites exteriores impactados por meteoritos, que fueron atraídos por la gran masa de Neptuno y distribuidos en forma anillar como producto del accionar de la fuerza centrífuga generada por sus giros.

Neptuno presenta veintisiete satélites conocidos, uno de ellos el más grande y llamado Tritón tiene el privilegio de ser el lugar más frío hasta ahora conocido de todo el Sistema Solar, con una temperatura de 260ºC bajo cero, muy cercano al cero absoluto, siendo a la vez uno de los satélites más grandes del sistema con un diámetro de 2.700 km a una distancia de su planeta de 330.000 km, empleando en ese giro seis días terrestres, además Tritón es el único satélite grande que gira en sentido contrario al giro de su planeta. El resto son cuerpos de 150 km de diámetro o aún menos, de los cuales es interesante destacar Nereida que ha sido encontrado girando a 5.500 millones de km del planeta.

PLUTÓN (planeta enano)

El planeta degradado.

Fue el noveno planeta, cuya órbita elíptica muy alargada es casi todo su trayecto la más alejada del Sol, siendo además muy pequeño, tan solo 2.200 km. Nunca fue visitado por naves espaciales, por eso no hay buenas imágenes de él y se conocen pocos datos.

En el año 2007 la Asociación Mundial de Astrónomos, luego de varios años de estudios, decidió anular la designación de Planeta y llevarlo a la categoría de **Planeta Enano**.

Su diámetro, es de 2.200 km. La distancia media al Sol es de 5.900 millones de km.

El día es de 6,4 días terrestres, y su rotación retrógrada. El año de Plutón es de 248,5 años terrestres.

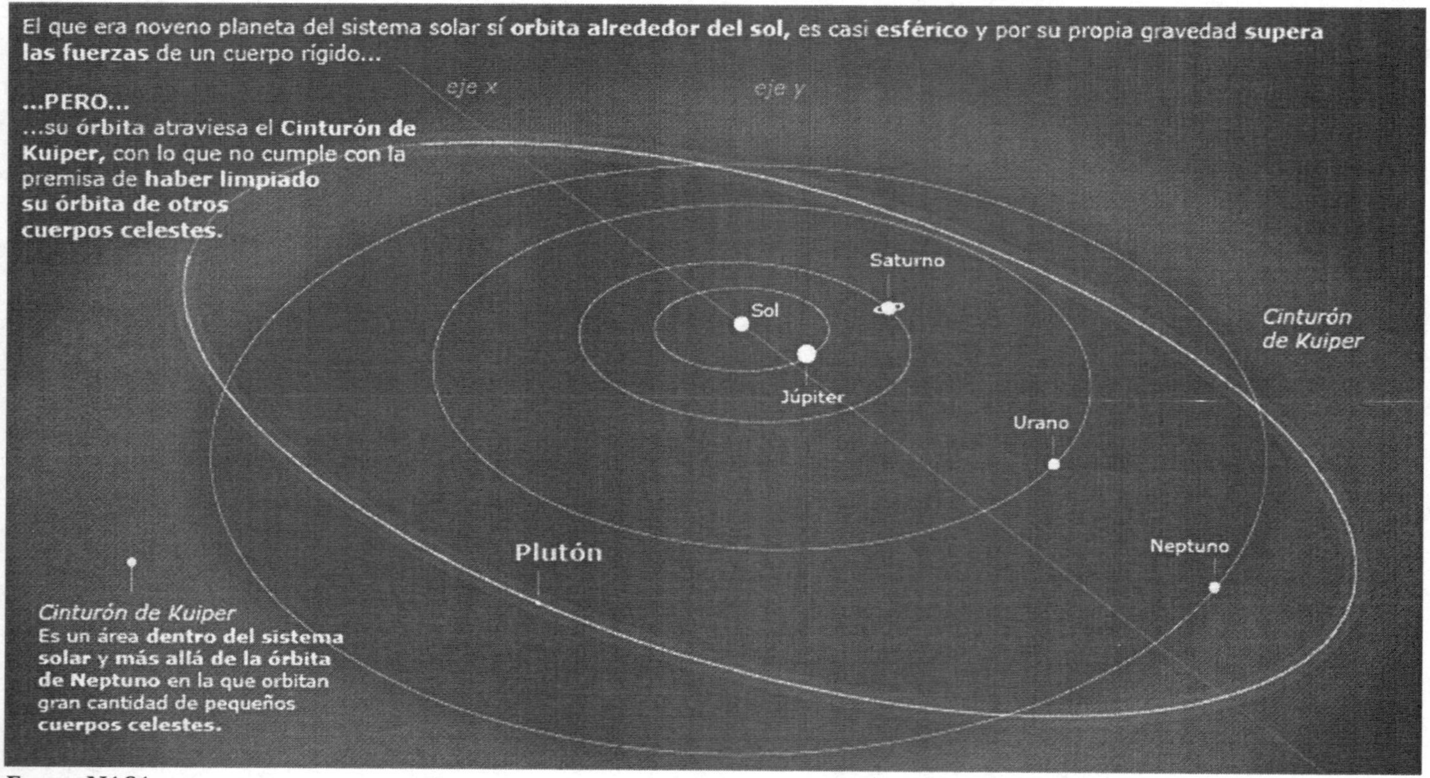
El que era noveno planeta del sistema solar sí orbita alrededor del sol, es casi esférico y por su propia gravedad supera las fuerzas de un cuerpo rígido...
eje x
eje y
...PERO...
...su órbita atraviesa el Cinturón de Kuiper, con lo que no cumple con la premisa de haber limpiado su órbita de otros cuerpos celestes.
Saturno
Sol
Júpiter
Cinturón de Kuiper
Urano
Plutón
Neptuno
Cinturón de Kuiper
Es un área dentro del sistema solar y más allá de la órbita de Neptuno en la que orbitan gran cantidad de pequeños cuerpos celestes.

Fuente NASA

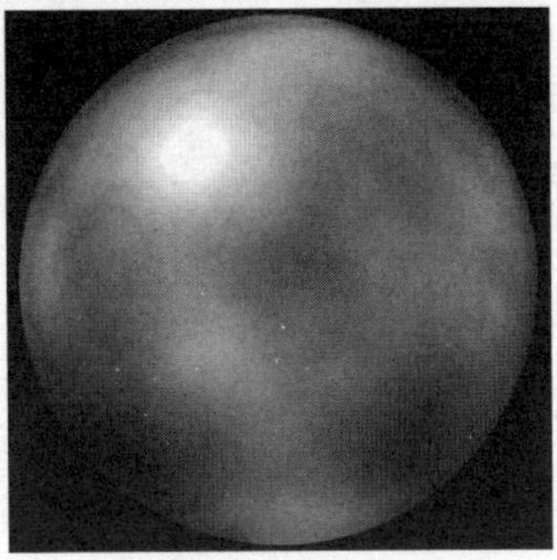

Posee una atmósfera muy tenue de nitrógeno y metano.

La temperatura superficial es de 230ºC bajo cero, recibe como máximo del Sol, una milésima parte de la luz y el calor que recibe la Tierra.

Plutón tiene tres satélites, en comparación es muy grande pues tiene 1.100 km de diámetro. En estos días se han detectado dos nuevos cuerpos que aparentemente rotan en torno a Plutón y parecerían ser satélites de este (2006 años).

En 1992 se descubrió un objeto más distante aún, y desde entonces se han encontrado cerca de 400 objetos en la zona Neptuno-Plutón y bastante más lejos también, se los llama objetos transneptunianos y forman un anillo conocido como "Cinturón de Kuiper".

A estos objetos se los ha hallado a una distancia de 7.000 millones de km del Sol y se supone que debe haber más a mayor distancia.

"Con la única excepción de los eclipses
solares totales, los diez acontecimientos astronómicos
más interesantes del año ocurrirán cuando
el Sol esté sobre el horizonte,
a menos que esté lloviendo."
Ley de Murphy

CAPÍTULO VIII

ASTEROIDES Y COMETAS

Con lo explicitado sobre planetas rocosos y gaseosos, la Tierra y su Luna, junto con el capítulo sobre el Sol, he brindado una conceptual noción sobre los más importantes habitantes de nuestro Sistema Solar que siguen un movimiento armónico y previsible. Sin embargo, además de los planetas con sus satélites, el cinturón de asteroides y el cinturón de Kuiper, existen otros cuerpos que no se mueven en forma ni tan armónica ni tan previsible. Son los asteroides y los cometas que paso a describir, además de una zona muy alejada, pero dentro del Sistema Solar, llamada "Nube de Oort".

ASTEROIDES

Los asteroides son cuerpos rocosos o rocosos/metálicos, que giran en órbita solar, pero por su reativamente escaso volumen son atraídos fácilmente por la gravedad de los diferentes planetas, con los que chocan, siendo absorbidos por los gaseosos o produciendo importantes impactos sobre los rocosos, algunos siguen su curso o impactan entre sí, fragmentándose y perdiendo masa.

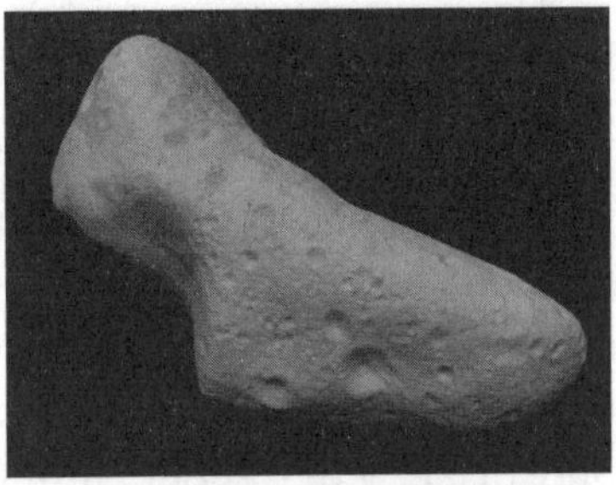

Asteroide Eros.

En general, no son esféricos sino irregulares, fríos, sin agua ni atmósfera, son pequeños, del orden de cientos de metros a pocos kilómetros, hay muy pocos de decenas de kilómetros y algunos pueden alcanzar los 200 km o poco más.

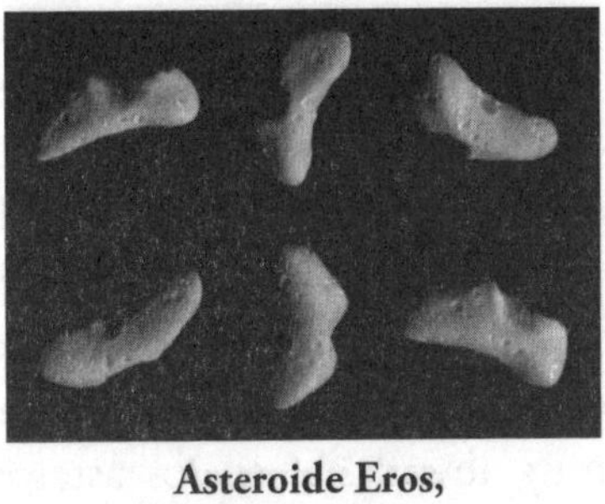

Asteroide Eros, seis vistas parciales.

Para recorrer su órbita alrededor del Sol, tardan de 3 a 4 años terrestres.

Los asteroides no fueron conocidos desde la antigüedad, como lo fueron los planetas más cercanos al Sol; por el contrario, recién hace 200 años que se descubrió el primero, llamado Ceres, que a la postre resultó ser el más grande conocido hasta ahora; su lado mayor llegaría a los 1.000 km.

El hallazgo de Ceres se produce un poco por casualidad, ya que al inicio del 1800 los astrónomos estaban buscando el que debería ser el quinto planeta, o sea el que cubriera la gran distancia, aparentemente vacía, que existía entre Marte y Júpiter, pero, antes de que éstos lo lograrán, fue un monje italiano quien, trabajando en el observatorio de Sicilia se les adelantó y el 1° de enero de 1801 detectó un pequeño punto de luz y lo llamó Ceres. Los astrónomos continuaron con la búsqueda y se fueron encontrando otros asteroides como Vesta, Palas, Juno, entre los más grandes.

En años siguientes se encontraron muchos más, siempre en una zona anillar entre Marte y Júpiter en lo que se llamó "cinturón de asteroides"; hoy se conocen tentativamente 1.000.000 de asteroides.

Hay asteroides con órbitas reducidas que se acercan mucho a la órbita de la Tierra o directamente la cruzan, éstos son peligrosos por la probabilidad de impacto sobre la Tierra, son los llamados "abordadores de la Tierra" y hasta hoy se conocen cerca de 400, aunque posiblemente sean muchos más.

Estos últimos años varias sondas espaciales han pasado cerca de asteroides y los han fotografiado, llegando, en el año 2001 la nave Near Shoemaker a descender en uno de ellos.

Hace 65.000.000 de años un asteroide cayó cerca de la Península de Yucatán, en Méjico; el impacto fue enorme, provocando una devastación global, que habría sido la causa de la extinción de los dinosaurios, entre otras tantas especies de aquel entonces.

En excavaciones posteriores, realizadas en diferentes lugares del mundo, al llegar al estrato geológico correspondiente a la época de extinción de los dinosaurios se halló gran cantidad de iridio, que es un material muy abundante en los asteroides. Esto ha hecho suponer que se habría producido una eyección de materiales terrestres hacia la atmósfera, sembrando un manto de cenizas y rocas, que oscurecieron el cielo por muchos meses. Este hecho causó la muerte masiva de las plantas, luego murieron los herbívoros y finalmente los carnívoros.

Fue un hecho trágico, pero mirando en positivo también fue el hecho que permitió que hoy estemos nosotros acá; de no haberse producido ese gran impacto, probablemente hoy el mundo estaría dominado por los dinosaurios.

La historia podría repetirse, pero no debemos entrar en temores, los astrónomos ya lo saben. Todas las noches, en diferentes lugares del mundo, hay varios telescopios "patrullando" el cielo, controlando la presencia de asteroides potencialmente peligrosos.

En concordancia con lo dicho anteriormente es muy importante destacar que existe un Comité Internacional, llamado LI.N.E.A.R. (Lincoln Near - Earth Asteroid Research), que es el ente mundial encargado del seguimiento y la detección automática de objetos cercanos a la Tierra. Su finalidad no es solamente el seguimiento y detección de asteroides u otros objetos peligrosos para la Tierra, sino que están capacitados para ejercer acciones de destrucción o cambio de rumbo de aquellos objetos que se prevean peligrosos para nuestro planeta.

COMETAS

Existe una diferencia particular e importante entre los asteroides y los cometas, los primeros deben ser descubiertos, en cambio los segundos se ponen solos en evidencia.

Hale-Bopp.

A los cometas se los ve llegar y pasar mostrando su larga cola, todo lo cual constituye un bello espectáculo astronómico. En la antigüedad, la presencia de los cometas producía temores, se creía que eran mensajes del cielo y generalmente portadores de malos augurios.

En Europa, recién en 1440 se observó que las colas de los cometas siempre iban en dirección contraria al Sol, en cualquier dirección que corriera el cometa. Se ha interpretado que esto es debido al viento solar.

Aristóteles consideraba los cometas como fenómenos atmosféricos, pues la Tierra, la Luna, los planetas y las constelaciones siempre eran iguales y no podían cambiar en cambio los cometas aparecían y desaparecían cuando querían en cualquier lugar.

A mediados del siglo XVI, el astrónomo danés Tycho Brahe, abortó la idea de Aristóteles sobre que los cometas eran fenómenos atmosféricos y comprobó que los cometas eran objetos astronómicos, ya que se desplazaban mucho más allá de la Luna.

En 1682 Halley, otro gran estudioso, realizó varios registros observacionales sobre un cometa que se comportaba en forma similar a uno visto en los años 1607, 1531 y 1436; esto lo llevó a pensar que se trataba del mismo objeto y dedujo que el período orbital era de 76 años, prediciendo su retorno para el año 1758 y así fue: en las Navidades de 1758 resplandeció nuevamente en el cielo europeo el que desde entonces se denomina Cometa Halley.

Los cometas están formados por gases congelados, roca y polvo, formando una amalgama sumamente desprolija. Desde el año 1949, por sugerencia del astrónomo estadounidense Fred Whipple, se los suele llamar "bolas de nieve sucia".

Normalmente los cometas son cuerpos helados y oscuros pero, a medida que se acercan al Sol, su superficie se calienta y parte de los gases se sublima liberando gran cantidad de polvo. Este polvo suelto forma la coma, o cabellera, que no es más que una gigantesca nube en torno al núcleo rocoso del cometa.

La acción del "viento solar" sopla esta nube y se forman las colas de los cometas que son muy difusas pero extraordinariamente largas, pueden llegar a medir cientos de millones de km.

A diferencia de los planetas, las órbitas de los cometas son elípticas pero muy alargadas cruzando el plano del Sistema Solar formando los más variados ángulos y algunos hasta en forma perpendicular.

Los cometas, por la duración de su período de regreso, se clasifican en "periódicos", que en general tardan menos de 200 años en dar una vuelta al Sol, y a los otros se los llama "no periódicos", llegando al milenio en recorrer sus órbitas. Los cometas perecen tener su origen en la llamada "nube de Oort" y posiblemente algunos en el Cinturón de Kuiper.

Recorriendo la lista de los grandes cometas del siglo XX, se puede enumerar:

Halley (1910 y 1985), Arend-Roland (1957), Ikeya-Seki (1965), Bennett (1970), West (1976), posiblemente el más espectacular del siglo pasado reciente, Hyakutake (1996), Hale-Bopp (1997).

CINTURÓN DE KUIPER Y NUBE DE OORT

El cinturón de Kuiper es una región del Sistema Solar, que se puede ubicar a una distancia del Sol entre 30 y 80 veces la distancia Tierra/Sol, conteniendo millones de objetos pequeños y congelados, otro dato más claro sobre su ubicación es decir que se encuentra después de la órbita de Neptuno.

Dada la pequeñez de sus componentes y pese a su mediana distancia a la Tierra, es una zona aún no muy estudiada, pero se estima que de ella surgen algunos cometas en poca proporción. Estos cometas serían el producto de choques entre esos pequeños cuerpos por el cruce de sus órbitas: se rompe la atracción gravitacional que los mantenía en ese estado y toman una nueva órbita alrededor del Sol mucho más alargada, llegando a cruzar las órbitas planetarias, a veces acercándose al Sol y a la Tierra, transformándose en cometas visibles desde ésta.

La Nube de Oort es una teoría que presupone la existencia de una capa esférica de cometas situada hacia la mitad de la distancia entre el Sol y la heliopausa. Aún no está muy estudiada y sin ratificación testimonial fehaciente.

Esta capa sería un reservorio de cometas, que envuelve todo el Sistema Solar, como si fuera una cáscara esférica y lleva ese nombre porque a mediados del siglo XX fue el astrónomo holandés Jan Oort quien propuso su existencia.

En muy pocos años, el hombre ha pasado de mirar al cielo sólo con sus ojos y su espíritu, a los telescopios cada vez más sofisticados y eficientes, y luego a la espectrografía de la radiación. Llegando, por fin, a "ver" lo invisible por medio de la atracción gravitatoria.

Antes de concluir el Siglo XX se salta de un espacio de pocos miles de años luz, llegando casi al momento de la Gran Explosión, ampliando el Cosmos conocido, desde nuestro "pequeño" Sistema Solar hasta casi 15 mil millones de años luz.

La inteligencia, capacidad, creatividad, tesón, sentimientos humanistas y ¿por qué no? Fe... fe religiosa, fe espiritual, fe material, fe en el propio hombre... han hecho posibles estos portentosos avances tecnológicos, que nos están permitiendo empezar a navegar por la profundidad del Universo, conociendo lentamente sus muy guardados secretos.

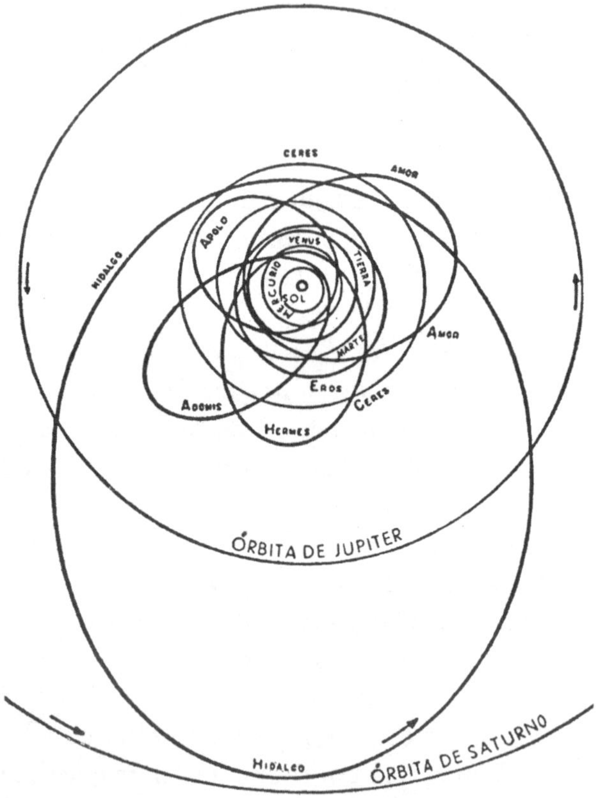

No todos los asteroides siguen órbitas de poca excentricidad: algunos como los que figuran en el presente grabado, las tienen muy alargadas. Así vemos que la del llamado Hidalgo casi alcanza la órbita de Saturno. Por otra parte, la de Ícaro, que no está representado en el grabado, tiene un perihelio dentro de la órbita de Mercurio: es decir, que es el astro que se acerca más al Sol, salvo algún cometa.

El *Meteor Crater*, en Arizona, tetimonio de un colosal impacto meteórico que debió tener lugar hace unos 70.000 años.
En el transcurso de un día penetran en la atmósfera terrestre 24 millones de meteoritos. En su gran mayoría se desintegran antes de caer sobre la Tierra. Entre los que alcanzan nuestro suelo tienen gran importancia los formados por condritas carbonáceas, objeto de cuidadosos estudios para determinar la existencia de vida en otros planetas. Condrita de Paragould, hallada en Arkansas (Estados Unidos).

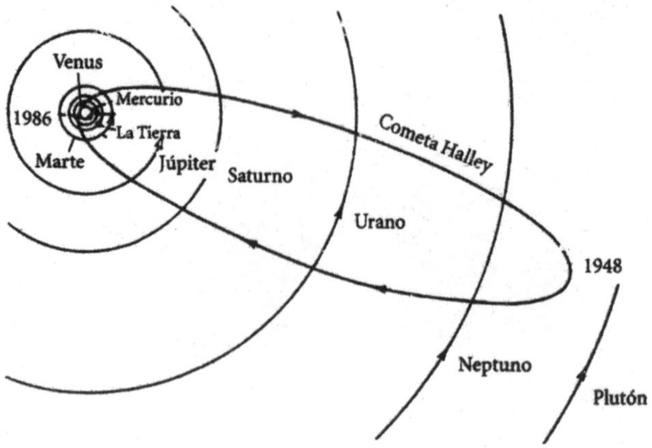

El cometa Halley.

"Al hacer una fotografía astronómica,
la importancia y dificultad de conseguir
la imagen son directamente proporcionales a la
posibilidad de que un avión, con sus luces parpadeando,
cruce a través del campo visual que se está fotografiando."
Ley de Murphy

CAPÍTULO IX

LOS MUCHOS MUNDOS DEL MULTIVERSO

Con la colaboración de la
Licenciada SANDRA RYAN.

El viaje de recorrido por nuestro Universo Visible, desde el Big Bang hasta el Sistema Solar ha llegado a su fin y creo que se puede dar por cumplida la intención de este libro, (escrito tratando de usar terminología y ejemplos sencillos (dentro de lo posible) a fin de poder ser entendido por lectores no necesariamente iniciados en estos temas.

Pero ahora, finalizado el viaje, considero importante tratar (en esta segunda edición) un tema (MULTIVERSOS) que deja abiertas varias incógnitas, con la intención de que al lector, si se ha compenetrado y entusiasmado con la incursión por nuestro Universo, se le despierte el deseo de seguir avanzando en sus conocimientos; fundamentalmente por ese motivo voy a desarrollar resumidamente un tema que necesariamente debe tener un vocabulario más técnico y una narración más abstracta, tal como son los conceptos actuales sobre la Teorías de los Multiversos, las cuales se basan en modelos matemáticos que no ha sido posible demostrar en la realidad, por ensayos físicos u observación directa (totalmente imposible), pero que continúan en profundo estudio por numerosas corrientes de investigación en el mundo.

Daré tres conceptos básicos, extractados del artículo de Alejandro Jenkins y Gilad Pérez en el N° de Marzo 2010 de *"Investigación y Ciencia".*

I) A partir el vacío primordial que dio origen a nuestro Universo, podrían haber surgido muchos otros Universos, con sus propias leyes físicas. **II**) Suponiendo la existencia de ellos, varios o todos podrían contener estructuras complejas, incluso vida. **III**) De lo anterior se puede inferir, que posiblemente "Nuestro Universo", no esté tan equilibrado para la aparición de vida, como se cree.

Para comenzar a hablar de **Multiverso** es preciso primero establecer nuestro universo "conocido" en el contexto de los actuales conocimientos que se tienen dentro de las varias disciplinas, desde lo más pequeño, materia de la que se ocupa la física cuántica, hasta las grandes escalas cosmológicas y sus varias teorías e interpretaciones. Mucho es lo que se ha avanzado en cuanto a la explicación de cómo y por qué vemos las estructuras que nos rodean, y al mismo tiempo que se develan estos interrogantes, vastos campos aún por comprender aparecen desafiantes en el camino de los científicos y también de los filósofos.

La teoría de Multiversos no es tan fantástica como su nombre puede indicar. De hecho surge como consecuencia natural de las más avanzadas teorías en campos fundamentales de la física y la cosmología. El Multiverso no es un modelo de Universo, sino un derivado de teorías que pretenden presentar una explicación más completa, unificadora y escalable de los elementos y leyes que forman desde la materia en sus constituyentes más ínfimos hasta los grandes cuerpos y fuerzas que pueblan el espacio conocido. Como toda teoría se pone a prueba mediante la comprobación de sus postulados y predicciones y en esto radica el principal desafío para aceptarla. En lograr obtener evidencia que valide la existencia de universos paralelos al que conocemos, lo cual no ha sido materializado aún.

La mecánica cuántica presenta una visión donde las partículas no son elementos estáticos y de posición fija, sino que más bien existen con distintas probabilidades en diferentes estados y ubicaciones al mismo tiempo. Algunos de estos estados o ubicaciones son más probables que otros y en todos los casos la acción del observador y su medición del sistema define instantáneamente las propiedades de velocidad y ubicación de las partículas que antes de la observación aún eran probabilidades. Pero ¿qué pasa con todos los otros estados que existían antes de ser observados con distintas probabilidades?

Las fuerzas que rigen las leyes que conocemos de la física han resistido durante mucho tiempo la posibilidad de contar con una teoría unificadora que permita bajo el mismo conjunto de entidades y ecuaciones explicar la existencia de las cuatro fuerzas fundamentales de la naturaleza. Se ha podido brindar teorías que integran hasta tres de estas fuerzas. Desde los años 80 y 90 se ha desarrollado un conjunto de teorías de supercuerdas (5 de ellas reunidas como Teoría M), que matemáticamente permite dar una visión integral de todas las fuerzas que hoy reconocemos, pero para ello requieren de la existencia de un espacio-tiempo de 11 dimensiones. Nuestro mundo cotidiano no se rige con la superposición de probabilidades de la mecánica cuántica, ni tenemos posibilidad de percibir más de las tres dimensiones espaciales y una temporal, por lo que el concepto de dimensiones mayores a las conocidas resulta difícil de imaginar, fuera de las abstracciones matemáticas.

Y por otro lado a niveles de las grandes escalas hay incógnitas aún por explicar en relación al pasado y futuro de nuestro universo conocido, como así también respecto a su origen. Hoy sólo podemos describir con precisión mediante los términos actuales de la física una ínfima parte de lo que nos rodea. Solo el 4% del universo está formado por materia conocida, el resto está conformado por materia oscura (23%) y energía oscura o negativa (73%) de las cuales no conocemos su composición ni origen, sólo podemos inferir su presencia a partir de la observación de las consecuencias.

Todo esto nos lleva a considerar la hipótesis de varios universos con existencia paralela al nuestro, no ya como un ejercicio abstracto, sino como una explicación a las actuales incógnitas que aparecen en los distintos ámbitos de la ciencia recién descriptos.

Podemos considerar que existen tres variantes de Universos Paralelos: **el hiperespacio, el multiverso, y los universos cuánticos.**

El Hiperespacio consiste en considerar las dimensiones extra a las que percibimos y que formarían parte de la materia, con la mismas características y constantes de nuestro Universo, sólo que estas dimensiones adicionales estarían tan finamente enrolladas que son muy difíciles de detecta con los instrumentos actuales y la energía con que contamos. Una posible evidencia puede aparecer del estudio del fondo cósmico de microondas, actualmente en evaluación, que presenta una polarización no predicha por el modelo estándar de cuatro dimensiones.

El Multiverso surge como la posible existencia de universos que nacieron o no junto con el nuestro pero que contienen otras características, ya sea porque las constantes que los definen toman valores distintos a los nuestros y por lo tanto derivan en condiciones poco amigables para la generación de estrellas, planetas y la vida misma tal cual la concebimos, o bien porque representan "grumos" dentro de la homogeneidad conocida del espacio tiempo. Estos Multiversos tienen a su vez tres grandes clasificaciones:

-Un universo que está más allá de lo que podemos observar. Actualmente tenemos una capacidad de observación de 13.700 millones de años luz en cada dirección que escudriñemos el espacio. Podemos suponer que el espacio y el tiempo se extienden más allá de estos límites, y que presentan características similares a las que tenemos en nuestro universo observable. Este tipo de Universo habría surgido junto con el nuestro y compartiría las mismas constantes y ajustes finos de dichas constantes que definen el comportamiento de la física que conocemos, sólo que está a 42.000 millones de años luz en cada dirección por lo que resulta mucho más allá de nuestras posibilidades de observación actual (13.700 millones de años luz en cada dirección), y sería el supuesto frente donde estarían llegando, en estos momentos, las primeras formaciones de masa/energía del Big Bang.

-Universos dentro de nuestro propio universo, en regiones inhomogéneas respecto de las propiedades físicas que gobiernan el resto del espacio tiempo conocido, es decir donde los parámetros físicos no son iguales al resto del universo que conocemos, Estos grumos podrían explicar algunos desequilibrios, como el de la preponderancia de materia respecto de la antimateria que observamos. O podrían haber sufrido el efecto de expansión inflacionaria a un ritmo distinto que nuestra región, y por lo tanto, tener características diferentes de densidad, estadio de evolución, etc.

-Universos burbuja que coexisten con el nuestro, y que eventualmente podrían colisionar entre sí. Una teoría postula que el Big Bang se originó como el choque de estos universos burbuja. La interacción entre estos universos es muy difícil de detectar. Una posible prueba es la presencia de lo que se suele llamar "materia oscura" cuya existencia se ha medido, pero no se puede determinar aún como está compuesta o cuál es su naturaleza. Esta teoría postula que representa la fuerza de gravedad inducida por galaxias equivalentes de un multiverso cercano de mayores dimensiones que hace "sombra" en el nuestro, como membranas paralelas, siendo la gravedad la fuerza de intercambio entre estos Multiversos. Este tipo de universos burbuja ofrecen una explicación a la interpretación de la condiciones extraordinarias que existen en nuestro universo para la presencia de la vida como la conocemos, ya que en estos universos podrían darse todos los valores posibles y variantes de condiciones físicas, y el nuestro sería una de esas posibles combinaciones de valores aptos para el desarrollo de este tipo de vida. Otros universos podrían ser poco amigables para la presencia de vida, o bien desarrollarla en términos que no podemos imaginar aún.

Los universos cuánticos basan su existencia en el principio de incertidumbre que rigió a nivel atómico los primeros instantes de existencia de nuestro universo. Según el principio de incertidumbre el hecho de medir u observar una partícula fija su posición o fija su velocidad, pero no ambas en un mismo instante. Pero antes de eso todas las posiciones y velocidades existen en paralelo con distinta probabilidad. El universo primitivo fuertemente dominado por la mecánica cuántica de partículas primigenias, al no tener un observador que colapsara los posibles estados en uno único, permitió que los distintos universos se desarrollaran en paralelo de cada uno de los estados posibles de sus partículas.

Ninguno de estos postulados completa el cuadro de incógnitas que se plantea en cada caso. Una variante de universos cuánticos es la que, basada en la mecánica cuántica aplicada a objetos cosmológicos, postula que estos universos se originan de la evaporación de agujeros negros (singularidad) que van emitiendo radiación hasta finalmente agotar su "combustible" y desaparecer como si se evaporaran. La información que almacenaban se "conserva" en otros universos que surgen a partir de la desaparición de esta singularidad. Nuestro mismo universo podría estar alojado en un agujero negro y haberse originado desde la implosión que engulló la materia de otros universos, y que sobrevivió como resultado de una selección natural a nivel cosmológico. En este caso se llama a esta estructura **universos padre e hijos** para indicar que uno desciende de otro universo y así considerar cierto orden respecto de su procedencia.

¿Qué teorías son entonces las que apoyan la existencia de Multiversos?

Por un lado las teorías de cuerdas (M), como teoría unificadora de las fuerzas fundamentales, matemáticamente predicen (para poder incluir la gravedad en el modelo) hasta 11 dimensiones en nuestro espacio tiempo. Los Multiversos que representan estas dimensiones extras facilitan la manipulación de la enorme cantidad de estados que derivan de esta teoría unificadora.

La mecánica cuántica presenta principios tales como el de incertidumbre o la paradoja de Schrödinger, donde todas las historias posibles de los estados podrían existir en universos paralelos y por lo tanto no "desaparecen" al ser observados.

Las teorías cosmológicas de evolución de universos a partir de la medición del ritmo inflacionario. La teoría más ampliamente aceptada es el Big Bang, que da una explicación de cómo evolucionó el universo a partir de los 10 picosegundos de existencia. Pero no explica (ni lo pretende) cómo se originó el universo, qué hubo antes de nuestro espacio-tiempo (esta expresión si bien es grafica, es poco exacta ya que el tiempo mismo se creó junto con el universo). Algunos científicos aventuran la idea del Big Bounce, donde la creación de este y otros universos van "rebotando" periódica e infinitamente sin colapsar en forma definitiva, y por lo tanto algunas variables o características sobreviven y son heredadas entre las distintas generaciones de universos.

¿Qué evidencias existen que permitan dar verosimilitud a estas **teorías?** Hay varias incógnitas que se podrían explicar a partir de estas teorías, por ejemplo:

Si todo surgió de una singularidad, entonces esa singularidad debería haber tenido un momento cero, un espín de rotación cero, y las fuerzas equilibradas de tal forma que se anularan mutuamente. Sin embargo actualmente se observan varias asimetrías como:

-Asimetrías entre la cantidad de materia y antimateria observada. Hay mucha más materia que antimateria en lo que hasta ahora pudo constatarse de nuestras observaciones. La antimateria faltante podría estar alojada en un anti universo paralelo originado desde la misma singularidad que el nuestro.

-Asimetría de la flecha del tiempo. No hemos observado en forma fehaciente que el tiempo transcurra en sentido negativo, hasta el momento los fenómenos estudiados responden a una dirección única de avance en el tiempo, si bien la física de partículas no da un lugar preferencial a una dirección respecto de la otra. Este balance podría darse a partir de la coexistencia de universos con otra flecha del tiempo que compense la que experimentamos,

-Sonda WMAP y satélite Planck. Observaciones detalladas de las detecciones de la sonda WMAP sobre el fondo de microondas cósmico (los ecos de la gran explosión que sucedió en los comienzos de nuestro espacio-tiempo), detectan una leve asimetría, como un resplandor que podría deberse a la interacción con otros universos adyacentes, o ser rastros de colisiones pasadas con otros universos. Estas irregularidades parecen estar alineadas a lo largo de un eje del mapa cósmico. Nuevos datos al respecto podría también aportar el satélite Planck.

-Espín o momento angular asimétrico – Se ha observado que las galaxias y las estrellas tienden a rotar en una dirección preferida a nivel cósmico. La distribución de rotación debería ser aleatoria, pero se ha observado una dirección preferida de rotación hacia la izquierda en las galaxias del hemisferio norte, y hacia la derecha en las del cielo sur. La orientación de norte-sur parece responder al mismo eje mencionado antes respecto de las irregularidades del fondo de microondas. Lo que refuerza el argumento anterior.

-Teoría inflacionaria – ¿Por qué se expande el universo? Lo hace en forma no constante pero si acelerada, es decir que la fuerza de gravedad es contrarrestada por otra fuerza repulsiva que aleja a las galaxias entre sí a un ritmo acelerado. ¿Cuál es la fuerza que genera esta inflación? Energía Negativa Antigravitatoria, esta fuerza cuyo origen, valor y composición se desconocen puede ser el análogo entre universos a lo que es la fuerza gravitatoria entre planetas, es decir una fuerza que relaciona objetos más allá de nuestra propia isla-universo.

-Principio **Antrópico**- El Universo es como lo vemos porque existimos nosotros que lo observamos, Si fuera distinto no estaríamos como observadores para dar testimonio de su existencia. Sin embargo hay vastas regiones del universo que existen sin tener al parecer una consecuencia directa en nuestra observación, o sin representar un requerimiento para nuestra propia existencia. Entonces ¿para que existen? Una posible respuesta es que existen simplemente porque pueden existir, es decir su probabilidad es distinta de cero y así extrapolándolo a la posibilidad de existencia de otros Universos. En definitiva, nuevos horizontes se atisban en los próximos años para verificar la viabilidad de estas hipótesis. En todos los casos, se trata de posibilidades asombrosas que cambiarán nuestra forma de concebir el mundo, el universo y nuestra existencia misma.

Lo importante, no dejar de preguntarnos sobre las maravillas que nos rodean.

CAPÍTULO X

TELESCOPIOS:

Con la colaboración especial
del Profesor Pablo Ingrassia

Un telescopio consiste en dos partes esenciales: el **objetivo**, que forma una imagen del objeto del mismo modo que lo hace el cristalino del ojo, y un **ocular**, que le permite al ojo ver esta imagen.

El telescopio visual tiene dos funciones: aumentar la cantidad de luz recogida para concentrarla en la retina del ojo, y magnificar la imagen que cae sobre la retina para percibir los detalles de la imagen.

La distancia entre la superficie óptica y la imagen que forma un objeto distante se llama distancia focal del telescopio.

El tamaño de la imagen es proporcional a la distancia focal: a mayores distancias focales, mayor será el aumento.

Difracción: Si se hace pasar un rayo de luz a través de una pequeña abertura, puede verse que el rayo, luego de atravesar el agujero, comienza a abrirse, y a menor abertura más se abrirá el rayo luminoso.

No es necesario que haya agujeros muy pequeños para provocar la expansión; (no entiendo que puso el corrector) la abertura del objetivo de un telescopio relativamente grande causará una difracción apreciable.

La causa de la difracción reside en la naturaleza ondulatoria de la luz. La cantidad de difracción depende de (símbolo agregar), donde (símbolo agregar) indica la longitud de onda y **d** el diámetro de la abertura.

El diámetro de un telescopio define una abertura para la luz, y por lo tanto produce algo de difracción en forma de anillos, conocidos como **anillos de difracción.**

Telescopio Refractor:

Es un tipo de telescopio formado por una lente ubicada en un extremo de un tubo delgado (objetivo). Dicha lente presenta un radio de curvatura típico que hará que los rayos luminosos se refracten (desvíen) al atravesarla, y se concentren en un punto interior del tubo óptico (foco), definiendo así la distancia focal del telescopio.

El telescopio refractor fue el primer telescopio utilizado con fines astronómicos. Galileo fabricó uno con una lente de 30 mm de diámetro, en el año 1609.

Si bien el telescopio refractor es el más conocido por su aspecto, es muy buscado por quienes se inician en la observación astronómica; pero presenta alguno defectos ópticos que merecen ser analizados, y que se conocen como **aberraciones.**

La aberración que más afecta a una lente es la **aberración cromática**. Esta aberración se debe a la variación del índice de refracción con la longitud de onda. El resultado es que una imagen producida por luz azul se forma (enfoca) más cerca de la lente que otra producida por luz roja. El resultado es un astro brillante que se ve con una aureola de color en contorno de la imagen obtenida.

Otro tipo de aberración es la **aberración esférica**. El foco de los rayos provenientes del borde de la lente se encuentran más próximo a la misma que el de los que pasan cerca del centro. Al igual que la cromática, la aberración esférica es menor en una lente de distancia focal más larga. Tanto la aberración cromática como la esférica pueden reducirse considerablemente mediante una combinación de dos lentes que tienen vidrios de diferente composición. Si se combina una lente convergente de **vidrio crown** con una lente divergente de **vidrio flint,** las aberraciones se mejoran notablemente.

Los telescopios refractores que utilizan este sistema óptico de corrección se denominan **telescopios acromáticos refractores**. Sin embargo la aberración cromática no se anula para todas las longitudes de onda sino sólo para una gama estrecha. La gama a la cual la distancia focal permanece casi constante es elegida para que coincida con la región de máxima sensibilidad del ojo, es decir, en el verde (5.500 Angstroms).

<u>Telescopio Refractor:</u>

Es otro tipo de telescopio que utiliza espejos curvos en lugar de lentes. Fue inventado por Newton en 1668. La mayoría de los telescopios astronómicos son del tipo reflector. Para una misma abertura es mucho más económico construir un espejo que una lente.

Se utiliza un espejo cóncavo de forma esferoidal o paraboloidal. Una propiedad del espejo parabólico es que los ratos de luz que inciden paralelamente a su eje se reflejan en un foco común que se halla más cerca del espejo que en los casos de espejos esféricos, en donde además los rayos que se reflejan en los bordes, hacen foco en puntos distintos a aquellos rayos que se reflejan en zonas cercanas al centro del espejo. Así se elimina algo de la aberración esférica. Otra ventaja de un espejo reflector es la ausencia de aberración cromática. Sobre el eje del telescopio, a un ángulo de 45º se coloca un espejo plano auxiliar llamado **espejo secundario.** Su tamaño debe ser tal que no obstruya mucha de la luz incidente (alrededor de 10%). Otro10% de la luz se pierde por la absorción en la superficie del espejo.

El espejo secundario desvía el foco al costado del tubo del telescopio, en forma perpendicular al eje. Este espejo está sostenido al tubo del telescopio por una **araña** de tres o cuatro brazos. A pesar de que esta estructura obstruye una ínfima cantidad de luz, produce rayos alrededor de las imágenes estelares.

La coma es una aberración generalmente importante para las imágenes que se apartan un pequeño ángulo del eje del telescopio. El nombre surge del aspecto característico en forma de cometa de las imágenes estelares que obtienen en los bordes del campo de visión.

La aberración resulta de la diferencia de magnificación producida por diferentes zonas de una lente o espejo. Por ejemplo, la zona central de una lente magnifica menos que la zona exterior.

Dentro del grupo de los telescopios reflectores se encuentran los Newtoniamos, como ya se describieron, y los Cassegrain, cuya diferencia se encuentra en que el espejo primario posee una abertura central pequeña. El espejo secundario no es plano sino hiperbólico, y no está a 45º (grados) sino directamente apuntado al agujero del espejo primario. Es así que el foco se produce detrás del espejo primario, por lo tanto la manera de observar es similar a la utilizada en telescopios refractores. Pero la imagen formada por un espejo esférico cóncavo de un objeto en el infinito tiene excesiva aberración esférica. Los rayos interceptados por el espejo en zona cercana a su borde se enfocan más cerca del espejo que aquellos interceptados cerca de su centro.

Telescopio Catadióptrico:

En 1930, Bernhard Schmidt descubrió una manera de corregir la aberración esférica. Agregó una delgada lente esférica de corrección en el centro de curvatura del espejo.

La lente era casi plana, pero de forma tal que producía justo la corrección necesaria para la aberración esférica introducida por el espejo. Así nació el **telescopio Schmidt- Cassegrain.** La imagen formada por este tipo de telescopios es excelente, aunque no perfecta. La lente correctora tiene la forma apropiada para eliminar la aberración esférica para solamente una longitud de onda de luz. Para otras longitudes de onda queda un margen de aberración.

Además, también ha un leve desplazamiento del foco del sistema con color, es decir, la placa correctora introduce aberración cromática y algo de coma.

No obstante, la lente tiene la forma correcta para eliminar la aberración esférica de la luz que entra perpendicularmente a la placa.

En los años que siguieron al invento de Schmidt, los diseñadores ópticos trabajaron esforzadamente para intentar eliminar los rastros de aberraciones que quedaban en el sistema.

En 1940 se les ocurrió independientemente a dos ópticos, rediseñar la lente correctora: Dmitri Maksutoc en Rusia y Albert Bouwers en Holanda. Construyeron un menisco divergente con superficies esféricas que introdujera aberración esférica sin producir un efecto de enfoque apreciable.

Así, la aberración esférica que introduce cancela la aberración esférica del espejo primario. Este sistema óptico se conoce como **telescopio Maksutov-Cassegrain**.

Si se eligen el radio y el grosor apropiado, y se hace la lente levemente divergente, se lo puede hacer acromático. Lo difícil es producir el menisco con sus curvas muy profundas. No sólo se debe moldear el disco a una forma aproximada antes de pulirlo, sino que además en las operaciones de pulido y acabado se corre gran peligro de romperlo.

Comparación entre Refractores y Reflectores:

Las diferencias de temperatura suelen afectar más a los reflectores que a los refractores.

Esto se detecta cuando la imagen es borrosa o cuando se ven varias imágenes superpuestas que oscilan.

El efecto puede reducirse bastante construyendo el espejo primario de vidrio Pyrex, en lugar de vidrio común.

El Pyrex tiene un coeficiente de expansión de sólo 1/3 del que tiene el vidrio común. Los efectos térmicos pueden eliminarse casi totalmente usando cuarzo fundido, pero esto encarece enormemente al instrumento, y no se pueden obtener discos de este material en tamaños grandes.

Una lente también se deforma con los cambios de temperatura, pero las distorsiones que se introducen de este modo en la superficie frontal son compensadas en gran parte por distorsiones similares en la superficie posterior. Por lo tanto los refractores son mucho menos sensibles a los cambios de temperatura que los reflectores.

Los reflectores presentan algo de obstrucción debido a la presencia del espejo secundario que bloquea parte de la entrada de luz hacia el espejo primario. Esto reduce el contraste que se necesitaría obtener para imágenes planetarias o de la Luna.

Resumiendo, un buen telescopio reflector no tendrá aberración cromática, pero sí tendrá aberración esférica y algo de coma. Será recomendable para obtener imágenes de objetos muy débiles como galaxias y nebulosas.

Un buen telescopio refractor, si bien exhibirá aberración cromática y algo de aberración esférica, no presentará obstrucciones y será menos afectado a los cambios térmicos que los reflectores. Puede considerarse ideal para la Luna, los grandes planetas y las estrellas dobles.

Catadióptricos versus clásicos:

La gran ventaja de los catadióptricos Cassegrain (Schmidt o Maksutov) es la gran versatilidad y la corrección en la aberración esférica.

Un Schmidt-Cassegrain tiene un tubo que mide y pesa la mitad que un Newtoniano de igual diámetro.

El Maksutov-Cassegrain mejora las imágenes de las estrellas en todo el campo de visión, a diferencia del Schmidt, que muestra vestigios de coma en los bordes.

Aunque los catadióptricos y los newtonianos exhiben distintos niveles de obstrucciones (cosa que no ocurre con los refractores), resulta que cada tipo de telescopio tiene sus ventajas y desventajas.

El telescopio perfecto:

El mejor telescopio por el sistema óptico es el **telescopio**

apocromático refractor, que y presenta 2, 3 o 4 lentes, de las cuales una de ellas es de un material muy costoso, como el **fluoruro de magnesio**. Esto elimina prácticamente la aberración cromática.

También producen una baja dispersión de las imágenes formadas cuando la luz de las estrellas atraviesa las lentes.

El único inconveniente es que este tipo de telescopios cuestan como mínimo cuatro veces más que un buen catadióptrico. Pero a la hora de colectar gran cantidad de luz, lo mejor es un buen reflector (Cassegrain o Newtoniano).

Los telescopios Ritchev-Chrétien:

Como ya se ha visto, el telescopio es un instrumento óptico que recoge luz de objetos lejanos, la concentra y amplifica tratando de no comprometer demasiado la calidad de la imagen obtenida.

En todo desarrollo de un sistema óptico, es fundamental tener en cuenta las aberraciones o defectos que introduce el sistema sobre un haz de rayos provenientes de un objeto.

Las aberraciones involucradas en un sistema óptico se pueden sintetizar en 5 tipos: aberración de esfericidad, coma, astigmatismo, curvatura de campo y distorsión.

Las 3 primeras agrandan y deforman la imagen en sí; la curvatura de campo puede necesitar por ejemplo de placas curvas; y la distorsión no perjudica la calidad de la imagen, pero hace que las escalas no se mantengan constantes sobre una placa.

La configuración óptica del tipo Cassegrain, con un espejo primario parabólico y un espejo secundario hiperbólico, minimiza estas aberraciones, aunque sobre el campo de visión los problemas son serios.

Entre 1910 y 1920, Schwarzchild, Ritchey y Chrétien desarrollaron un sistema libre de aberración esférica y coma, denominado **aplanético.**

Los telescopios del tipo **Ritchey-Chrétien** tienen un espejo primario hiperbólico, con un secundario más hiperbólico todavía (comparado con el secundario de un Cassegrain). Son perfectos sistemas aplanéticos.

Así, el telescopio CASLEO, con un espejo de 2,15 m de diámetro, fue el segundo gran telescopio aplanético construido en el mundo. El primero fue el de Kitt-Peak, de Estados

Unidos, con un espejo de 2,13 m de diámetro.

Se suelen incluir placas correctoras en el interior de este tipo de telescopios (como el CASLEO), las cuales, apropiadamente calculadas y colocadas antes del plano focal Cassegrain, corrigen el fuerte residuo aberracional astigmático a su casi mínima expresión, para poder así aprovechar entonces todo el campo útil del telescopio.

Estas dos placas correctoras transforman al telescopio en un sistema ya no aplanético sino **anastigmático.**

En general son telescopios muy caros ya que no es sencillo construir, controlar y medir razones focales tan cortas y cónicas de revolución tan complicadas.

Otro punto importante de este tipo de telescopios es su foco primario. Hoy en día, la utilización de este foco en grandes telescopios de cortas distancias focales es sumamente importante. Pero los telescopios Ritchey-Chrétien no admiten la observación directa en foco primario debido al inconveniente ya planteado de las fuertes aberraciones que provoca una cónica hiperbólica de este tipo. Ante esto, los grandes telescopios utilizan correctores afocales de los tipos Gascoine, Wynne o Meinel.

El problema del Telescopio Espacial Hubble:

El 24 de abril de 1990, el Transbordador Discovery puso en órbita al Telescopio Espacial Hubble. Pero cuando se realizaron las primeras imágenes, los astrónomos descubrieron un grave problema en el diseño del espejo primario. El diagnóstico; aberración esférica. La consecuencia: imágenes distorsionadas y borrosas, como fuera de foco.

Analizando la apariencia de las imágenes estelares, los ingenieros determinaron que la falla se hallaba en el espejo primario, el cual tenía una curvatura errónea. En los bordes del espejo había una diferencia de 2 micrones en el achatamiento del espejo. Esto provocaba y que la luz proveniente de reflejarse en los bordes del espejo hiciera foco 38 mm más atrás que los rayos luminosos reflejados en zonas más al medio del espejo.

Sólo el 15 % de la luz de una estrella se enfoca en el área central del espejo de un telescopio reflector.

La solución fue diseñar el COSTAR (Corrective Optics Space Telescope Axial Replacement), es decir, Óptica Correctiva Axial de Reemplazo para el Telescopio Espacial, una especie de anteojo formado por dos espejos e insertado en la zona del plano focal.

El primer espejo de este novedoso corrector es una pieza pequeña cóncava que intercepta los defectuosos rayos que vienen del espejo primario y del secundario. Hace las veces de relay o retardo, y los desvía fuera del eje, a otro espejo que actúa como corrector, haciendo que todos los rayos luminosos converjan en un mismo plano focal.

El 2 de diciembre de 1993 despegó el Transbordador Endeavour para reparar el Hubble, en una misión de 12 días.

Todo salió bien, y el Telescopio Espacial Hubble pudo ver la buena luz casi tres años después de haber sido puesto en órbita.

Si hubiera astronautas sobre la Luna: ¿podríamos verlos?:

Una expresión utilizada para hablar de la resolución de un telescopio es el llamado Límite de Dawes, el cual explica cuál es el menor ángulo que se puede resolver (en segundos de arco), igual a 116/D, donde D es el diámetro del telescopio medido en milímetros. Si pudiera observarse la Luna a través del Telescopio Espacial Hubble, cuyo espejo primario mide 2.400 mm de diámetro (94,5 pulgadas), podrían discernirse detalles de la superficie tan pequeños como de 0,05" de arco.

Cuando la Luna está en el perigeo (a 356.000 km de la Tierra), 0,05" de arco corresponden a cerca de 85 m. No sólo es insuficiente para detectar un astronauta, sino que tampoco alcanza para ver la base del Módulo Lunar, el objeto más grande dejado sobre la Luna, cuyo diámetro no llega a los 10 m.

Un telescopio que pudiera resolver alrededor de 2 rn en la superficie de la Luna cuando ésta se sitúa en el perigeo, tendría un poder de separación de 0,001" de arco. Dicho telescopio debería tener un diámetro superior a los 100 m (4.000 pulgadas). Y encima debería estar en el espacio, libre de la interferencia atmosférica.

Grandes Observatorios del mundo:

Refractores:

- Yerkes: Telescopio de 1,016 m de diámetro, es el mayor refractor del mundo. Fue construido en 1897. Es un telescopio con doblete visual y montura alemana ecuatorial. Tiene relaciones focales f/19,04 y f/3. Está ubicado en la Bahía de Williams, Wisconsin, en la latitud de 42° 34' N y pertenece a la Universidad de Chicago, a 334 m de altura.

- Refractor de 36": Es el segundo más grande del mundo. Fue construido en 1888, y su lente principal, de 0,895 m de diámetro, fue reparada en 1987. Es otro doblete visual con relación focal f/19,7. Está situado en Monte Hamilton, California, y pertenece al Observatorio Lick, a 1.290 m de altura, en la latitud 37° 20' N.

Reflectores:

- VLT: Conocido como Very Large Telescope o Telescopio Muy Grande, pertenece a la E.S.O (Observatorio Europeo Sureño). Son cuatro telescopios con espejos de 8,2 -j m de diámetro c/u, ubicados en la latitud 24° 38' S, a 2.635 m de altura en el Cerro § Paranal, Chile. Los nombres de los telescopios son Antu, Kueyen, Melipal y Yepun. Fueron construidos entre 1998 y 2001. Cada telescopio pesa 400 toneladas, y son reflectores del tipo Ritchey-Chrétien, con relaciones focales f/13,5 y f/15. Están sostenidos por rígidas monturas altacimutales. Los cuatro telescopios juntos tienen « una apertura efectiva de 16,4 m. La idea de construir cuatro ¡guales responde a una '§• importante rama de la astronomía conocida como interferometría, la que permitirá que operen como un gran sistema óptico para mediados de 2005.
- Keck I y II: Son dos telescopios de 9,82 m de diámetro c/u. Están ubicados en la cima del volcán Mauna Kea, en Hawaii, a 19° 49' N de latitud, y a una altura de 4.150 m. Pertenecen a la Universidad de California. Están separados por una distancia de 85 m para operar como un gran interferómetro de 14 m. La óptica de ambos equipos de 300 toneladas de peso c/u es del tipo Ritchey-Chrétien, con relaciones focales f/1,75, f/15 y f/25, esta última en el infrarrojo. Poseen montura altacimutal. Cada espejo primario está formado por 36 hexágonos de 1,8 m de diámetro, y asistidos por servomecanismos que corrigen los segmentos 2 veces por segundo. Fueron construidos en 1991 el primero y en 1996 el segundo, con fondos aportados en su mayoría por el multimillonario Keck.
- Bolshoi Teleskop: En Monte Pastukhov, Rusia, a 43° 39' N de latitud. Pertenece a la Academia Rusa de Ciencias. Es un telescopio del tipo Cassegrain, de 6 m de diámetro y razones foca-

les f/4 y f/30, con montura altacimutal. Está situado en plenos Montes Cáucaso, a 2.070 m de altura. Entre 1975 y 1991 fue el telescopio más grande del mundo. Tiene un peso completo de 740 toneladas. George Ellerv Hale: Este Cassegrain de 5,08 m de diámetro y 530 toneladas de peso fue entre 1948 y 1975 el mayor telescopio del mundo. Con este equipo se descubrieron los pulsares, cuásares y otros objetos de gran interés. Está situado en Monte Palomar, California, a 33° 21' N de latitud, y pertenece a la Universidad Caltech. Las relaciones focales son f/3,3, f/16 y f/30. Opera a una altura de 1.706 m, y está sostenido por una montura del tipo silla de montar, en forma de horquilla. Anqlo Australiano: En los Montes Siding Spring, Australia, a 31° 17' S de latitud y a 1.130 m de altura se halla este Ritchey-Chrétien de 3,9 m de diámetro construido en 1974. Pesa 258 toneladas y sus relaciones focales son f/3,3, f/8, f/15 y f/36. El tipo de montura es ecuatorial de anillo.

- Telescopio Espacial Hubble: Se halla en órbita terrestre desde 1990, y fue reparado en 1993.Está a 600 km de altura. Es un telescopio Ritchey-Chrétien de 2,4 m de diámetro operado por el Space Telescope Science Institute de Baltimore. Se mueve a lo largo de tres ejes estabilizados. Pesa 11,6 toneladas, y sus relaciones focales son f/12,9, f/30, f/48 y f/96.
- Hooker Telescope: Está situado en Monte Wilson, California. Entre 1917 y 1948 fue el más grande del mundo, y con él se realizaron muchos estudios en galaxias lejanas. Su espejo mide 2,5 m de diámetro, y pesa 90 toneladas. Es del tipo Cassegrain, con montura en horquilla. Está a 1.742 m de altura, en la latitud 34° 13' N.
- CASLEO: El telescopio del Complejo Astronómico El Leoncito es el más grande e importante de Argentina. Está ubicado en la provincia de San Juan, a 31° 48' S de latitud. Es un Ritchey-Chrétien de 2,15 m de diámetro con configuración aplanética. Sus relaciones focales son f/2,6, f/8,5 y f/29,7. Pesa 73 toneladas y está a 2.552 m de altura. Fue inaugurado en 1986.

CAPÍTULO XI

ACONTECIMIENTOS Y COMENTARIOS

"La naturaleza nunca
hace nada sin motivo"
Aristóteles

A) Sin igual espectáculo celeste

Extracto de un artículo periodístico del Astrónomo: Licenciado Mariano Ribas, profesor del Planetario de Bs. As. "Galileo Galilei".

"En el año 1006 se detectó una supernova, que no era cualquier supernova, sino la que brindó el mayor espectáculo celeste en toda la historia de la Astronomía, por su imponente luminosidad.

En una de los incunables hallados en la biblioteca del antiguo monasterio benedictino de SAINT GALLEN en Suiza, se puede leer:

'Apareció una nueva estrella de inusual tamaño, resplandeciente y que ofuscaba la vista causando alarma... se la vio brillar durante tres meses, en el sur, más allá de todas las constelaciones que se ven en el cielo.'

Este impresionante fenómeno ocurrió el 1º de mayo del año 1006 en nuestra galaxia, pudo ser observada desde todos los confines del mundo causando pánico, asombro y curiosidad, su aspecto era de una fuertísima llamarada que iluminaba prácticamente todo el cielo con un brillo semejante a la luna llena.

Los privilegiados espectadores que observaban el cielo en la madrugada de ese 1º de mayo pudieron ver como una pequeña estrella de la constelación de Escorpio comenzaba a expandirse llegando en pocas horas a ser más brillante que Venus continuando con la expansión y aumento de su brillo, para transformarse en el fenómeno más brillante de la historia. Se trataba de una estrella gigante que explotaba arrojando al espacio materia, luz y energía.

Tanto era su esplendor que podía ser vista de día, a simple vista y con total facilidad.

Fue visto, este fenómeno, en todas las civilizaciones del mundo conocido, tanto en Europa como en Asia, todos quedaron impactados ante semejante fogonazo de luz en el cielo; en la Corte Imperial China la definieron como una "estrella invitada", mientras que en Europa provocó pánico y fue confundida con un cometa amenazante: el francés Albertus de Metz la describió como un cometa de aspecto horrible que lanzaba llamas en todas direcciones. La mayoría de los observadores coincidían en que la supernova era una horrenda señal de los cielos que anunciaba catástrofes, guerras, hambrunas, epidemias, y quién sabe qué otra cantidad de desgracias.

Esta estrella invitada, según los chinos, siguió iluminando el Universo durante unos tres meses, mientras su brillo declinaba lentamente hasta dejar de verse a simple vista.

En la década de 1970, como consecuencia de una exhaustiva búsqueda celeste en los años anteriores, los astrónomos con el uso de un poderoso telescopio del sur de Chile pudieron detectar los restos de esa supernova, que eran apenas un cascarón de gases que se expandían lentamente y pese a todo aún existía como una fuente de radio y fue bautizada P.K.S. 1495-41.

Posteriormente a esa supernova hasta nuestros días sólo ha habido cuatro nuevos estallidos de supernovas, esto ocurrió en los años 1054, 1572, 1604 y en 1987 las cuatro fueron importantes y muy observables pero ninguna llegó a tener la magnitud de la del año 1006."

La del año 1987 ha sido por lógica la mejor estudiada, dado que en esa fecha se contaba con muchísimos más elementos técnicos que cuando se produjeron las anteriores supernovas.

B) Pulsar que escapa de la Vía Láctea

El presente comentario es producto de un resumen de un artículo publicado en el número del 1° de septiembre de 2005 de la revista *Astrophysical Journal Letters*.

"Ha sido detectado el objeto celeste clasificado como: B1508+55 el cual se trata de una estrella de neutrones que se desplaza dentro de la Vía Láctea a gran velocidad, del orden de los 1.000 km por segundo, la cual es suficiente como velocidad de escape para vencer la fuerza de gravedad galáctica y escapar de ella.

Fue descubierto por un grupo de astrónomos pertenecientes al National Radio Astronomy Observatory (NRAO), usando el radiotelescopio VLBA (Very Long Baseline Array); uno de estos astrónomos, Shami Chatterjee, dijo: "Sabíamos que las explosiones de supernovas pueden impulsar a la estrella de neutrones que resultan (de la explosión), pero la altísima velocidad de este objeto supera los límites de nuestra comprensión actual."

Esta estrella de neutrones o pulsar ha resultado ser el resto de una estrella masiva, de la constelación del Cisne, que hace 2,5 millones de años explotó como supernova. Su distancia a la Tierra es de 7.700 años luz y emite intensos haces de radioondas.

Este cuerpo celeste desde su explosión como supernova se ha desplazado una tercera parte de la bóveda celeste, tal como la observamos desde la Tierra."

C) Impresionante explosión en nuestra Vía Láctea

Extractado de Diario *Clarín*, 20/02/05.

"En el mes de diciembre del año 2004, en un lugar del espacio distante a 50.000 años luz de la Tierra, se produjo un espectáculo celeste de enorme magnitud que trajo trastornos a nuestra atmósfera.

Se trató de una terrible explosión con una grandiosa emisión de energía en una estrella neutrónica, representando la más grande de las explosiones que se haya podido detectar **más allá del Sistema Solar** hasta la fecha, la energía que se desplazó fue superior a la que pudiese emitir el Sol durante 150.000 años.

'Si esto hubiera ocurrido a 10 años luz de la Tierra, el daño a la atmósfera pudo haber sido muy grave y quizás causado la extinción en masa de todos los seres vivos' dijo en esa oportunidad el astrónomo Bryn Gaensler del Centro Astrofísico de Harvard. La onda expansiva hubiera destruido la capa de ozono produciendo fuertes cambios del clima y gran aumento de la radiación.

Fue el 27 de diciembre del 2004, fecha en que se registra en la Tierra el impacto de la onda expansiva, cuando el cielo tuvo el brillo de una luna llena.

Pese a su gran brillo, el mayor producido fuera del Sistema Solar no fue detectable a simple vista, por la distancia en que se produjo.

Según David Palmer del laboratorio de Los Alamos en Estados Unidos, 'fue una explosión 100 veces más poderosa que cualquier otro estallido estelar, observado hasta ahora'.

La explosión se produjo en la estrella designada SGP-1806-20 y rota sobre su eje a una velocidad de 7,5 vueltas por segundo y está rodeada de un campo magnético más poderoso que cualquier otro objeto conocido en el Universo.

Los científicos aún no han encontrado explicación del porqué de tan enorme explosión."

D) Al borde del Universo Visible

Según informes del Centro Goddard de la NASA, el satélite artificial Swift, que fuera especialmente diseñado para detectar débiles señales recibidas desde el mismo borde del Universo visible, captó una explosión estelar de hace 13.000 millones de años (casi desde el principio del Big Bang), estimándose que con su estudio se podrá llegar a conocer detalles de las primeras estrellas. Daniel Reichart, astrofísico de la Universidad de Chapel en Carolina del Norte fue quien logró medir la distancia del lugar de la explosión a la Tierra.

El astrónomo de la Universidad de Chicago, Donald Lamb explicó que fue una gran explosión de rayos gama, llamada Gamma Ray Bursts (GRB), uno de los hechos del cosmos que generó mayor cantidad de luz, la energía emitida fue superior a la de toda una gran galaxia.

Además del satélite Swift, captaron la imagen los telescopios de Chile y Hawaii.

Refiriéndonos al satélite Swift se puede decir que se diseñó, proyectó y construyó en colaboración de la "Agencia Espacial Italiana", de la "Investigaciones de partículas" del Reino Unido y Universidades de Estados Unidos.

Neil Gehrels, astrofísico del Centro Goddard, informó que el satélite Swift, fue diseñado especialmente para captar tenues luces (energía) que provengan de los puntos más alejados del Universo visible; dijo que "por primera vez podremos ver cómo se formaron las estrellas en los albores del tiempo".

E) La Paradoja de OLBERS

Se denomina paradoja a la incongruencia que se presenta cuando sobre un hecho se obtienen dos resultados opuestos o por lo menos distintos, habiendo seguido para su deducción dos caminos diferentes, ambos con razonamientos en apariencia, válidos.

En el año 1820 el astrónomo alemán Wilhelm Olbers, planteó esta famosa paradoja y de su apellido proviene el nombre.

Olbers observó que si el Universo es infinito, la esfera celeste debería estar siempre totalmente iluminada, cosa que no ocurre pues es evidente que de noche el firmamento es oscuro. Y por consiguiente, si el firmamento no está siempre iluminado el Universo no es infinito. Esto surge de considerar que un Universo infinito debe tener infinitas estrellas y si estas son infinitas todas las líneas de visión, desde la Tierra, deberían terminar en una estrella, y el firmamento debería ser permanentemente brillante.

Una idea de solución a la paradoja fue la propuesta, en 1743 –antes de haber sido conocida como paradoja– por el astrónomo suizo Loys de

Chéseaux, quien sugirió la idea, de un material existente en el espacio que haciendo de filtro retenía parte de la energía emitida por las estrellas, de manera que ésta disminuía rápidamente llegando sólo en parte a ser vista.

Esta idea fue mejorada en 1823 por Olbers y propuesta como solución a la paradoja planteada.

Pese a no contar con la totalidad de adeptos entre los astrofísicos, la paradoja de Olbers dejó de ser discutida por más de cien años.

Modernamente se ha razonado que no es posible la solución paradojal dada por Olbers, pues ese material supuestamente existente en el Universo que detendría parte de las radiaciones, no serviría como tal ya que con el transcurso del tiempo iría calentándose al filtrar esas radiaciones y por ende captar energía la cual terminaría siendo irradiada.

Es durante la década de 1960 cuando el astrónomo de Estados Unidos Edward Harrison propuso la solución actualmente aceptada para la paradoja de Olbers: no se ve todo iluminado el cielo de noche simplemente por que no nos llega la luz de las estrellas más lejanas; para demostrarlo se debe interpretar la unificación de dos efectos convergentes: (1) Durante el tiempo de existencia del Universo, la energía de las estrellas, que además no son infinitas, no han emitido aún suficiente energía como para haber llegado a la Tierra. (2) La energía de las estrellas más lejanas, a medida que aumenta su velocidad de alejamiento, va disminuyendo.

F) ¿Nuevo planeta Sedna?

La agencia NASA anuncio el 15 de marzo de 2004 la visualización del cuerpo más alejado dentro del **Sistema Solar**, fue clasificado y numerado como Sedna (2003VB12). Este hecho sucedió en el observatorio de Monte Palomar y fue dado a conocer, como es de rutina, en forma internacional una vez constatado por otros observatorios mundiales.

En el momento de haber sido visto por primera vez, se encontraba a 13 mil millones ($13x10^9$) de km, cercano a su posición de menor acercamiento al Sol (perihelio), lo cual facilitó la observación ya que se calcula que su afelio, mayor distancia, deberá ser de $130x10^9$ km, unas 10 veces más, lo que hubiera hecho casi imposible su encuentro.

Algunos datos, primarios y tentativos son:

Diámetro del orden de los 1.800 km, menor aun que Plutón.
Temperatura cercana a 240º bajo cero.
Su año, período alrededor del Sol: 10.000 años terrestres.
Coloración: fuertemente rojiza, pero menor que Marte
Posiblemente tenga un satélite.

El descubrimiento de Sedna despertó nuevamente la controversia sobre la definición de planeta ya que ésta estaba cuestionada desde hacía años, fundamentalmente en relación a Plutón, o sea si éste era o no un planeta, ya que algunos astrónomos pretendían clasificarlo como asteroide, como un objeto del cinturón de Kuiper.

Sedna, hasta ahora, ha sido clasificado como "planetoide" y no "décimo planeta". En fin, como tantas otras incógnitas del Universo, el tiempo y la inteligencia del hombre las aclararan.

G) Polvo lunar

Según un artículo publicado en *Ciencia NASA* el 19/04/06.

El comportamiento del polvo lunar es similar al de las pequeñas esferas de espuma de poli estireno, aunque mucho más adherente, que se prende a todas las superficies en su contacto, por el efecto de la atracción electroestática.

"La docena de astronautas de las distintas misiones Apolo tripuladas alunizadas en nuestro satélite entre 1969 y 1972 descubrieron que el polvo lunar era un reto adicional. No solamente era tan adhesivo que desgastaba parcialmente la cubierta exterior de los guantes de sus trajes espaciales, sino que también se quedaba pegado en todos lados. Cuanto más trataban de sacudírselo, más se impregnaba en la tela de los trajes espaciales."

La pertinaz adherencia del polvo era debida a las formas irregulares y muy filosas de cada grano de polvo del suelo lunar, que por lo demás era muy abundante; estas características se debían a que el polvo provenía de rocas cristalizadas en millones de años y posteriormente trituradas por la acción de meteoritos que en gran cantidad afectaron y que hoy, aunque en mucha menor cantidad, continúan afectando el suelo lunar. Es prácticamente polvo de cristal, con bordes muy angulosos, como abrojos microscópicos, estas condiciones mecánicas unidas a las cargas electroestáticas lo hacen inmanejable.

Además se debe agregar otro inconveniente, son los rayos ultravioletas del Sol que caen en la superficie de la luna que está totalmente desprotegida, estos rayos expulsan los electrones de las capas superiores del suelo lunar y dejan la superficie de cada partícula de polvo con una carga eléctrica positiva.

El científico jefe del Laboratorio de Física del Centro Espacial Kennedy de la NASA, Carlos Calle, se puso a investigar soluciones al problema del polvo lunar, sobre la base de experiencias anteriores del catedrático de la Universidad de Tokio, ingeniero eléctrico Senichi Masuda, quien en 1970 ideó una "cortina eléctrica" para permitir la limpieza de los filtros de polución y retención de partículas de nieblas cargadas eléctricamente.

Hasta ahora los ensayos de laboratorio realizados por Calle, aplicando mejoras y adaptaciones a la "cortina eléctrica" de S. Masuda han tenido éxito, falta poder ensayarlos con verdadero polvo lunar y en una gravedad más leve como es la de la Luna. Se es optimista del éxito en superficies planas o ligeramente curvas, como los paneles solares y los visores de los cascos de los astronautas, no así sobre "los pliegues en la tela de un traje espacial que es un reto más complicado".

"Hay mucho trabajo por hacer" afirma Calle, "pero un día mi dispositivo pondrá punto final a los problemas del polvo lunar".

H) Sismos Lunares

Según información del 15 de marzo de 2006, en *Ciencia NASA* cuando los nuevos astronautas regresen a la superficie de la Luna necesitarán alojamiento a prueba de temblores (movimientos sísmicos).

En los sismógrafos colocados en distintos puntos de nuestro satélite por los navegantes de los vuelos Apolos XII, XIV, XV y XVI, entre los años 1969 y 1972, que transmitieron información a la Tierra hasta el año 1977, fecha en que fueron desconectados, se ha podido detectar que existen por lo menos cuatro tipos diferentes de sismos lunares:

1) Trepidaciones profundas a unos 700 km por debajo de la superficie lunar.
2) Vibraciones provenientes de impactos de meteoritos.
3) Temblores termales causados por la expansión de la corteza glacial al ser calentada por el Sol de la mañana después de una noche lunar de congelación extrema de dos semanas de duración.
4) Sismos de poca profundidad, a solo 20 a 30 km por debajo de la superficie lunar.

Es de destacar que la Luna al ser muy seca y en su mayor parte muy rígida, tanto como una piedra basáltica o el hierro, ante movimientos que se produzcan en su corteza actúa como una campana prolongando la acción de los mismos por varios minutos (puede ser más de 10 minutos), lo cual produce mayores efectos que la propia intensidad. En la Tierra, más húmeda y elástica que la Luna, la duración de movimientos semejantes es solo de unos segundos, excepcionalmente pueden llegar a dos minutos.

Pese a toda lo avanzada en los estudios sísmicos lunares, aún falta bastante para poder encarar en forma firme el proyecto de la construcción de una base lunar antisísmica.

I) APOLO XI. El viaje a la Luna

Extractado de la conferencia, que sobre el tema dictó el licenciado y profesor Pablo A. Ingrassia (16/06/06).

"Hace casi 40 años la Humanidad era testigo de la hazaña más increíble de todo el siglo XX. En poco más de 10 años y aplicando la tecnología bélica de dos guerras mundiales, se había conquistado el cielo y el salto al espacio era ya un hecho. Por primera vez en la historia humana el hombre podía ver su propio planeta desde bien arriba y comprobar que la Tierra es redonda y admirar su curvatura desde 180 km de altura (primer vuelo en órbita). Pero el desafío era aún mayor: ¿Por qué no ver a nuestro planeta como un cuerpo flotando en la negrura del espacio, rodeado en un mar de la nada, como una burbuja de vida enmarcada por un abismo infinito?

La misión Apolo XI fue parte de un ambicioso programa. El mismo fue la consecuencia de otros programas espaciales que de a poco fueron recopilando datos, diseñando aeronaves y perfeccionando técnicas de acople y navegación en órbita, sin lo cual hubiera sido imposible llevar al hombre hasta nuestro satélite.

Fueron tres programas realizados entre 1961 y 1972: proyectos Mercury, Gemini y Apolo respectivamente.

Proyecto Mercury. Objetivos: investigar la capacidad del hombre para sobrevivir en el espacio y permitir el desarrollo de la tecnología necesaria. Para este proyecto se efectuaron siete vuelos entre mayo de 1961 y mayo de 1963.

Proyecto Gemini. Luego del éxito del primer vuelo tripulado de la cápsula Mercury, el entonces presidente Kennedy anunció el gran emprendimiento del viaje a la Luna para antes de que finalizara la **década** del 60 (era mayo de 1961).

El viaje a la Luna debía llevarse a cabo en diferentes etapas: se lanzaría a los astronautas a una órbita lunar en un vehículo que llevaría una segunda nave más pequeña por separado. Esta segunda nave descendería en la Luna y al final de la misión se uniría nuevamente con la nave principal que permanecería en órbita lunar durante todo el tiempo que la cápsula más pequeña, con dos astronautas en su interior, estuviera en la superficie lunar, para luego juntos iniciar el viaje de regreso.

El proyecto de la NASA se concentraría en perfeccionar maniobras como unir dos naves espaciales en órbita, actividades extravehiculares con reentradas y descensos controlados con gran precisión.

Se realizaron doce vuelos para cumplir con este proyecto, entre abril de 1964 y noviembre de 1966.

Proyecto Apolo. Finalmente todo estuvo listo para el gran proyecto: llevar astronautas a la superficie lunar.

Ahora la tripulación debería ser de tres miembros: dos descenderían sobre la Luna y el tercero permanecería en órbita lunar esperando el regreso; la misión era muy peligrosa para dejar las naves operando en forma automática sin el monitoreo de un piloto extremadamente entrenado.

El primer vuelo de este proyecto fue en enero de 1967, al que le siguieron nueve vuelos más, varios de ellos no tripulados, hasta julio de 1969 en que Neil Armstrong, Edwin Aldrin y Michael Collins logran el primer descenso humano en la Luna.

Hasta que fuera dado por finalizado el plan Apolo se sucedieron seis nuevos vuelos en naves tripuladas hasta la Apolo XVII en el mes de diciembre de 1972."

La conferencia continuó con una muy interesante y completa descripción de las instalaciones para el ensamblado de los equipos y del cohete impulsor, posteriormente una muy amplia secuencia minuto a minuto indicando el transcurso del vuelo del Apolo XI, para finalizar con la enumeración de las ventajas para la Astronomía y para la

Humanidad que tuvo este vuelo con desembarco de astronautas en nuestro satélite.

J) La Estrella SIRIO

Esta nota fue extractada de un audiovisual dado por el Profesor Pablo A. Ingrassia, en el Observatorio Astronómico del Instituto Superior del Profesorado "Dr. J. B. Gonzalez", en abril de 2006.

"Sirio, la más brillante de todo el cielo, es una estrella de tipo espectral A-1 y se halla en la secuencia principal. Es 23 veces más luminosa que el Sol y 1,8 veces más grande. Tiene 2,35 masas solares. Su temperatura superficial es de 10.000 ºK y en el núcleo llega a 20 millones de grados.

Su velocidad radial es de 7,2 km/seg., se halla a 8,6 años luz de distancia del Sistema Solar y es la quinta estrella más próxima al Sol.

Hace 5.000 años, en el apogeo de la civilización egipcia, Sirio asomaba, hacia finales de junio, por el horizonte Este, justo antes de las inundaciones del río Nilo; en la actualidad, Sirio aparece en octubre y el cambio es debido al movimiento de prececión del eje terrestre. Los egipcios utilizaban este acontecimiento para predecir las cosechas en las Tierras fertilizadas por el Nilo y llamaron a Sirio "el espíritu del río". El nombre Sirio derivaría de "Seirios" que significa "centellante" o "abrasador". Pero el término arábigo "Al Shi-ra" parecería coincidir más con su actual denominación, parecería significar "El dios sol".

Para los habitantes del hemisferio sur, Sirio culmina a la medianoche del año nuevo.

Esta estrella Sirio tiene una compañera de magnitud 8,65 llamada Sirio B que completa una revolución alrededor de Sirio A cada 49,98 años, en 1994 se produjo el mayor acercamiento de ambas.

Los expertos calculan la edad del sistema binario Sirio entre 225 y 250 millones de años, tiempo suficiente como para que haya podido dar una vuelta completa al centro galáctico.

El sistema binario ha cambiado, en tan breve tiempo estelar, en forma radical, en estudios recientes (2005) se ha calculado que Sirio B comenzó su vida como estrella azul de 5 masas solares, mucho más lejos que en la actualidad, debiendo haber brillado mucho más que Venus en aquel entonces, 125 millones de años atrás, Sirio B se volvió una gigante roja y a continuación en una enana blanca, perdiendo cerca del 80% de su masa.

El actual acercamiento de Sirio a nosotros ha sido lo suficiente como para poder observarla brillar con una magnitud aparente 4. Sirio ha venido siendo la estrella más brillante del cielo terrestre desde los últimos 90.000 años (anteriormente la más brillante era Canópulos) y seguirá manteniendo ese puesto por otros 210.000 años, cuando Sirio deje de ser la estrella más brillante del cielo nocturno, su lugar será ocupado por Vega y todo debido al desplazamiento de las estrellas por el espacio a medida que la Vía Láctea gira."

K) Último comentario

Estamos llegando al final de *ASTRONOMÍA para ser ENTENDIDA*, hemos partido del Universo, pasamos por las generalidades más destacables de los objetos que en él se han encontrado hasta ahora, se ha visto, en forma rigurosa pero sencilla las teorías y/o métodos usados para el estudio de ellos, estoy en condiciones de asegurar que todos los datos que figuran en este libro responden a las más recientes informaciones sobre cada tópico tratado y aceptados por la mayor parte de los científicos.

Creo que en los diferentes temas he logrado dar una información entendible para aquellos no muy iniciados, lo que era el principal motivo para escribir este libro. Sin embargo, faltarían varios ítems para tratar, principalmente sobre los instrumentos astronómicos, telescopios, espectrógrafos, radios telescopios etc, las sondas y naves espaciales, los vuelos interplanetarios pasados, presentes y futuros, la base planetaria, temas que no fueron abordados con amplitud en forma conciente, pensando que deberían ser elementos de otro libro.

También he omitido expresamente la descripción de nuevas teorías en estado de grandes polémicas para su aceptación y en otras por estar en etapa de desarrollo, lejos de un final confirmado, teorías que ahora parecerían de un Julio Verne contemporáneo, pero que con el transcurrir del tiempo –¿tiempo?– sí, tiempo, tiempo humano, no evos, posiblemente sólo algunas decenas o cientos de años y algunos con muchas probabilidades de empezar a concretarse dentro de nuestra generación, puede ser que se complete o sustituya la teoría del Big Bang y así podría enumerar varias "teorías nacientes" que, como ya dije, dentro de un tiempo generacional podrán ser realidades o descartadas en forma definitiva, de las cuales daré algunos enunciados:

1) **Atajos para atravesar el espacio**: podrían surgir de los agujeros negros, pues se supone que son objetos espaciales con dos bocas –entrada y salida– conectadas a dos lugares de nuestro Universo, unidas por un "túnel" que permitirá circulación en ambas direcciones, serían los

agujeros de gusanos.

2) **Big Crunch:** si el Universo actual fuera cerrado (materia oscura) se produciría el colapso final del mismo, pues la atracción sería total y se llegaría a las condiciones iniciales del Big Bang, que posteriormente podría dar lugar al nacimiento de un nuevo Universo con características iguales o distintas al nuestro (posibilidad casi descartada a partir del descubrimiento, hace menos de 15 años, de la expansión acelerada del Universo).

3) **Teoría de la materia oscura:** en realidad sería una materia invisible (que podría ser detectada) y en una de las teorías se sostiene que constituye el 99% del total de la materia del Universo actual y que de ser así debería ser un Universo cerrado. Esta materia oscura se presentaría como agujeros negros o como partículas exóticas.

4) **Puente Einstein-Rosen:** "garganta" de un agujero negro en un Universo que se encuentra con otro agujero negro en otro Universo, sería el equivalente a un puente entre dos Universos, o entre dos puntos de un mismo Universo.

5) **Singularidad (teoría):** el centro de un agujero negro, ya sea en forma de punto o de anillo de densidad infinita que ocupa espacio cero.

6) **Teorías de viajes a través del tiempo.**

7) **Teoría de las cuerdas.**

8) **Teoría de la existencia de varios Universos.**

Los promotores de todas estas teorías y muchas otras, tal vez aún más espectaculares, son los Julio Verne del siglo XXI ¡cuántas teorías de Verne se han confirmado! ¿Por qué no se podría repetir?

Entre los temas ya tratados en este libro existen aún muchos interrogantes y teorías que si bien están casi confirmadas o demostradas, les faltan desarrollos y/o complementación, si a eso le agregamos el portentoso avance de la cosmología, más aún si incorporamos las incipientes teorías cósmicas nos deberíamos estar dando cuenta del arduo y fatigoso trabajo que están realizando y que deberán seguir realizando los astrónomos, científicos y matemáticos.

¿Siempre quedará sin respuesta esta pregunta?... **¿Y antes qué?**

L) Viaje por Mercurio. (resumen de artículo de *"Investigación y Ciencia"* de Mayo de 2011)

Si bien Mercurio es un planeta cercano a la Tierra, también lo es del Sol y esta cercanía ha hecho muy dificultoso programar un viaje de circunvalación no tripulado (tripulado sería mucho más dificultoso), viaje que se pudo concretar recién el 18 de marzo de 2011, después de casi tres décadas de preparación, con total éxito, con la nave espacial MESSENGER.

Al contrario que en los viajes a los grandes planetas (Júpiter, Saturno, etc.) en los que el efecto gravitatorio sobre la sonda va disminuyendo, dado el aumento de la distancia al Sol, en este viaje a Mercurio la influencia gravitatoria del Sol sobre la nave, es al revés y se debe obligar a ésta a ir frenando el acercamiento a fin de poder llegar a la orbita planetaria con la misma velocidad de rotación que el planeta y producir el acoplamiento orbital; de pasarse sería atraída por la gravedad del Astro.

A fin de producir ese imprescindible efecto de frenado para hacer coincidir la velocidad orbital del vehículo espacial con la de rotación de Mercurio, se necesitó hacer viajar la sonda por casi siete años pues se debió hacerla girar a través de los planetas, a fin de hacerle ir perdiendo inercia, primero una vuelta a la Tierra, luego dos alrededor de Venus y por fin tres giros alrededor del mismo Mercurio. O sea se le hizo hacer el siguiente recorrido: Lanzamiento 3 de agosto de 2004, años 2005 y 2007 sobrevoló Tierra y Venus, de 2008 y 2009 sobrevoló Mercurio y el 18 de marzo de 2011 entró en órbita mercuriana.

Uno de los mayores éxitos de este lanzamiento fue haber tenido pleno exactitud en un viaje tan prolongado, en una excursión hacia el campo gravitatorio solar, además permitió la confirmación y aun la ampliación de información de la existencia de un campo magnético dipolar (como el de un imán), que fuera detectado anteriormente por la nave Mariner, este campo dipolar tiene la particularidad de cambiar de polaridad cada 5 minutos, haciendo- entre otros problemas- totalmente inútil el uso de la brújula o artefactos similares.

También, este viaje permitió detectar que Mercurio posee una atmósfera muy tenue, tanto es así que los átomos se mueven en ella sin colisionar entre ellos.

Las regiones polares contienen materiales altamente refractantes que se cree podría ser hielo y esto sería factible pese a la gran proximidad al Sol del planeta, ya que las zonas polares permanecen permanentemente en total sombra, por lo cual se podrían encontrar lo suficientemente frías como para capturar el vapor de agua que dejarían en su superficie los cometas y/o meteoritos cargados de agua.

Este viaje de la nave Messenger tuvo éxito, orbitó Mercurio sin dificultades, entregó numerosa información, pero también desconcertó sobremanera a los estudiosos de los planetas, pues de los datos obtenidos surgía información que no permite entender cómo un planeta con un radio tan sólo de una vez y media el de la Luna, tiene un campo magnético global igual al de la Tierra.

LL) Encélado- sexta luna de Saturno. (Resumen de artículo de "Investigación y Ciencia" **marzo 2009**

El sexto mayor satélite del planeta Saturno presenta irregularidades en su superficie y grandes surtidores gaseosos que indicarían la existencia de agua debajo de su corteza, lo cual hace muy interesante su estudio, para el posterior análisis de existencia de algún tipo de vida.

En los últimos años se han intensificado, por parte de los científicos planetarios los profundos estudios de los satélites de los planetas de nuestro sistema solar, con la idea de hallar agua en estado líquido con el fin de determinar lugares, donde pueda haber posibilidad de existencia de alguna vida.

En el año 1997 fue lanzada la nave Cassini, la cual llegó a orbitar Saturno en el 2004, oportunidad en que pudo lanzar una sonda hacia el satélite Titán (la mayor luna de Saturno) la cual pasando cerca del satélite ENCELADO, pudo observarlo muy de cerca, obteniendo importantísima información.

Ya con anterioridad, treinta años atrás, demostrando el interés de los planetólogos, tuvo su inicio la investigación de Encelado, con el vuelo de la nave espacial Voyager II que atravesó el sistema planetario de Saturno, se acercó a menos de 90.000 Km. de Encélado, pudiendo detectar una superficie blanca y brillante; parecía cubierta de nieve fresca pero unas fotografías de muy poca calidad, la falta de tecnología y la distancia eran las causantes de este equívoco.

Pese a ello, si bien hubo cierta desorientación entre los técnicos, se pudo observar que esa superficie blanca y lisa estaba desprovista de cráteres, lo cual daba fuertes indicios de abundante actividad geológica que únicamente podría provenir del interior del satélite, pues su pequeño diámetro de tan sólo 500 Km., no parece producir calor por sí mismo.

Pese a la mala calidad fotográfica, los pocos datos obtenidos despertaron el interés de los estudiosos quienes persistieron, con más entusiasmo, preparando nuevos avistajes de Encélado.

Se debe pensar que de confirmarse los estudios se estaría en presencia de un minúsculo satélite, casi perdido en el inmenso espacio sideral, que contendrá energía, material orgánico y agua líquida, que son los tres requisitos básicos de la forma de vida que conocemos.

Hemos dicho que el primera visita del Voyager II se había constatado que la superficie de la luna de Saturno Encélado parecía ser lisa y brillante, pero en el último vuelo de Cassini, fotografiando con muy buenos equipos de altísima resolución, se pudo asegurar que esas "llanuras brillantes" no eran lisas sino que presentaban numerosas fracturas, unas curvas y otras rectas, haciendo obvio poder asegurar que este satélite sufrió en el pasado numerosa actividad geológica.

Del análisis direccional de las fracturas se puede deducir que las regiones con cráteres se encuentran en el eje: Encélado/Saturno, lo cual sugiere que su formación se debe fundamentalmente a la influencia indirecta de la gravedad del planeta.

De estas fracturas se debe destacar "Las Rayas de Tigre", que son importantes hendiduras con actividad geológica calientes que cruzan el suelo del polo sur; estas fracturas están cubiertas de granos de hielo que absorben la radiación infrarroja, por lo cual presentan una fuerte coloración azul.

En los lugares más calientes de esas rayas del tigre, se desprenden diminutas y heladas partículas que suben rápidamente al espacio y forman penachos gigantes, fácilmente visibles en la zona del polo sur de este satélite. La mayoría de esas partículas heladas caen de nuevo a las fracturas tapando los orificios/cráteres de donde salieron, formándose otros escapes, así parecería que los penachos "caminaran" por Las Rayas del TIGRE, el resto de las partículas voladoras de esos penachos siguen caminos hasta Saturno pasando a formar parte del anillo "E" del planeta.

La presencia de numerosos penachos (surtidores de agua) y las altas temperaturas detectadas sugieren la presencia de agua subterránea, lo que permite suponer que Encélado presenta un núcleo rocoso rodeado de una importante cantidad de agua helada, se intuye que en su polo sur existe una profunda depresión de 500 ms. de profundidad formando el equivalente a un océano subterráneo.

Como conclusión más importante se puede decir que la sexta mayor Luna de Saturno, Encélado, cuenta con los tres elementos mínimos necesarios para la creación de algún tipo de vida, como son: agua líquida, elementos químicos y energía; en este caso la energía del Sol sería remplazada por el calor interno del satélite, calor con certeza existente en su interior, aunque no se ha podido razonar cómo un cuerpo de tan pequeño diámetro 500 Km.- posee tan alta energía, en vez de ser, ya, una roca inerte.

Evidentemente, en estos momentos, los estudiosos buscadores de vestigios de algún tipo de vida en los satélites del sistema planetario solar, están en plena tarea, ya han confirmado los datos obtenidos por la sonda Cassini y siguen con total dedicación la investigación.

Un detalle interesante: Al igual que la Luna, Encélado muestra a su planeta siempre la misma cara.

M) LA HISTORIA DE LA SUPERNOVA 1987-A:

La historia de esta estrella se remonta a la década del 70 cuando el astrónomo polaco Nicolás Sanduleak la catalogó en una rica región del cielo, en la Constelación del Dorado, exactamente en una zona llamada 30 Doradus, perteneciente a la Gran Nube de Magallanes, una galaxia satélite de la Vía Láctea distante unos 170.000 años luz.

Hace aproximadamente 11 millones de años nacía una estrella llamada Sanduleak -69° 202. Esta estrella era una verdadera Supergigante Azul, unas 20 veces más masiva que nuestro Sol y 80.000 veces más luminosa, presentando una temperatura superficial superior a los 25.000 °K, es decir, 4 veces más caliente que el Sol.

Como todas las estrellas, Sanduleak -69° 202 comenzó su vida convirtiendo el hidrógeno de su núcleo en helio, atravesando la Secuencia Principal del diagrama HR de manera tranquila aunque muy rápido, característica ésta de todas las estrellas de gran masa que consumen el combustible mediante violentos procesos de fusión nuclear. Es por eso que luego de 10 millones de años el núcleo que ardía a 40 millones de grados Kelvin y mantenía una densidad de 6 gr/cm^3 agotó sus reservas de gas.

Sobrevino un primer colapso mediante el cual el núcleo se comprimió un poco y al calentarse hasta los casi 200 millones de grados Kelvin hizo que el helio inerte se encendiera para comenzar una nueva etapa de fusión, ahora con 190 millones de grados y una densidad de 1.100 gr/cm^3, transformando el helio en carbono. Duranteun millón de años la estrella tuvo una segunda etapa de existencia en la cual experimentó un crecimiento desmedido que la llevó a multiplicar varias veces su diámetro hasta convertirse en Gigante Roja, fusionando helio en carbono.

Hasta esta etapa llegará el Sol, pero como esta estrella es mucho más masiva, continuó con procesos cada vez más energéticos intentando sobrevivir al colapso.

Al cabo de ese millón de años, el núcleo se calentó lo suficiente como para encender el carbono inerte, en una suerte de mezcla de sodio, neón y magnesio.

Para ello tuvo que alcanzar los 740 millones de grados Kelvin y una densidad igual a que por ejemplo, un cubo de 1 cm de lado que contuviera materia nuclear, pesaría en la Tierra tanto como 240 kg. Por espacio de 12.000 años la estrella estuvo fusionando el carbono en estos tres nuevos elementos. Pero los violentos procesos de fusión llevaron al núcleo hasta los 1.600 millones de grados Kelvin y la densidad a 7,4 millones de gr/cm^3, por lo que cuesta imaginar al cubo del mismo tamaño pero con un núcleo ahora de sodio, neón y magnesio, pesar en la Tierra 7.400 toneladas.

Con semejantes valores de densidad y temperatura, el sodio, el neón y el magnesio se encienden en oxígeno y más magnesio, ardiendo a 2.100 millones de grados Kelvin y con una densidad de 16 millones de gr/cm^3, pero durando tan sólo 4 años.

Es evidente que al producirse elementos cada vez más pesados, se invierten grandes cantidades de energía, transformada en un incremento notable de temperatura y densidad del núcleo, pero acortando drásticamente el tiempo en que la estrella fusiona estos nuevos elementos, aunque yéndose del núcleo, la estrella sigue fusionando los elementos anteriores en capas, como una gigantesca cebolla cósmica, por lo tanto la fusión de los otros elementos mencionados no se detuvo sino que se fueron incorporando nuevos elementos de fusión hacia el interior del núcleo. O sea que la última capa de fusión hacia el exterior sigue siendo la de hidrógeno transformándose en helio, a temperaturas y densidades ya mencionadas anteriormente.

La estrella se acerca a su fin, y con un núcleo calentándose hasta los 3.400 millones de grados Kelvin y la densidad orillando los 50 millones de gr/cm^3 (1 cm^3 de materia nuclear pesando algo así como 50.000 toneladas en la Tierra), la estrella fusiona el oxígeno en otra mezcla de silicio y azufre., pero en un tiempo no mayor a 1 semana. Ya la cosa se complica demasiado, porque la estrella no puede seguir invirtiendo tanta energía en los procesos de fusión, y si bien no lleva tantos años de existencia comparada con otras estrellas como el Sol, el agotamiento es notable.

Pero acá la cosa se detiene abruptamente ya que el nuevo elemento al que dará origen la fusión es ahora el hierro. El hierro es el elemento número 26 de la tabla periódica, un metal muy bien conocido.

Sucede que el hierro está en la parte más baja de la curva de energía de enlace, esto significa que para fusionarlo se necesita entregarle energía, y no se produce energía como resultado de su fusión, tal como venía ocurriendo con los elementos anteriores. Tanto el hidrógeno, helio, carbono, etc., al fusionarse liberaban energía en cada proceso de fusión, pero ahora el hierro pide energía para encenderse, sin liberar nada a cambio. Dicho de otra manera, el hierro reacciona endotérmicamente y no exotérmicamente.

Pero la estrella esto no lo sabe, y al momento de querer encender el hierro para seguir con la fusión, ya con 100.000 millones de grados Kelvin en el núcleo y una densidad igual a la densidad nuclear, es decir, 270 billones de gr/cm^3, en 1/10 de segundo el núcleo colapsa, y toma toda la energía de la estrella, incluyendo la gravitatoria. Todo se viene abajo, la estrella se derrumba sobre sí misma.

Imaginemos una gran estrella, de tamaño colosal precipitándose toda al mismo tiempo como un globo que se desinfla casi instantáneamente, haciendo que todas las capas caigan sobre un núcleo tan caliente y denso que es imposible de describir ya.

Pero la densidad nuclear de más del 40% del núcleo impide que todo se venga abajo, como hacia una singularidad, y rebota.

El núcleo está tan caliente que necesita liberar calor para seguir encogiéndose, y es por eso que libera grandes cantidades de neutrinos que estaban siendo expulsados en los distintos procesos de fusión desde sus comienzos, pero ahora son tantos en el núcleo que es la única manera de que la estrella se libere de semejante temperatura.

Mientras esto sucede en fracciones de centésimas de segundo, el resto de la atmósfera estelar sigue precipitándose hacia el centro, y hasta a los neutrinos les cuesta un trabajo enorme salir del núcleo por la gran cantidad de materia que cae hacia el interior.

Los neutrinos que son partículas prácticamente sin masa, muy esquivas que atraviesan la Tierra y a todos nosotros como si no hubiera nada en su camino, están siendo frenadas por la gran cantidad de materia que se precipita sobre ellos, pero consiguen finalmente escapar en hordas que viajan a grandes velocidades por el espacio preanunciando la muerte inminente de Sanduleak -69° 202.

Ésta fue la primera señal visible de que realmente algo raro estaba pasando con la estrella, y esta señal fue recibida por los detectores de neutrinos que existen, en Estados Unidos y Japón.

Tan sólo 6 o 7 de ellos fueron interceptados, algo inusual, pero suficientes para rastrear de qué parte del cielo provenían en aquella noche del lunes 23 de febrero de 1987.

El mismo estallido de neutrinos antes de salir del núcleo potenció la explosión de la estrella al retardar un poco la onda de rebote y amplificarla, pero al final luego de su salida la estrella explota en un Big Bang en miniatura, barriendo con todas las capas de su atmósfera que seguían cayendo hacia el interior, y produciendo la fusión nuclear de todos los restantes elementos de la tabla periódica, desde el 27 al 92.

Sí, en ese breve lapso se crearon todos los elementos que conocemos en la naturaleza y que hicieron posible la existencia de planetas y de la vida misma.

La estrella muere en una titánica explosión de energía, tan brillante que llega a tener una luminosidad mayor a la de todas las estrellas de una galaxia juntas, nace una Supernova.

Y fue al rato de la detección de neutrinos que la estrella comenzó a hacerse visible a simple vista para los habitantes del hemisferio sur aquí en la Tierra.

Se la llamó Supernova 1978-A porque fue la primera detectada aquel año.

El pico máximo de brillo se alcanzó en mayo de ese año, llegando a brillar tanto como una de las Tres Marías, para una estrella invisible al ojo humano, pero ya para fines de ese mes la luminosidad decayó drásticamente.

Hoy en día se la puede observar con enormes telescopios, en magnitud 17 aproximadamente, pero dio lugar a una estrella de neutrones o pulsar que gira a razón de 2.000 veces por segundo.

Fue la primera Supernova observada desde que la invención del telescopio, y contar su historia es una muestra breve de cómo las estrellas de gran masa son en realidad verdaderas fábricas de elementos.

Las estrellas no sólo nos dan luz y calor, sino que son las arquitectas de todo lo conocido, sin ellas tendríamos un Universo de solamente hidrógeno, helio y algo de litio, nada más.

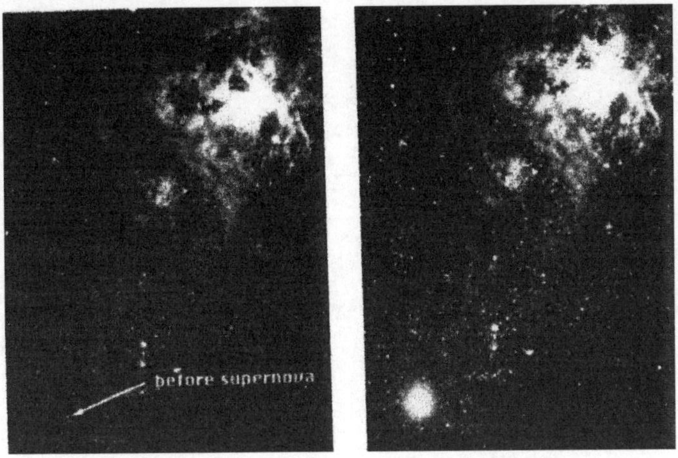

Antes y después, con la Nebulosa de la Tarántula

La Supernova 1897-A en la actualidad

En colaboración con el profesor Pablo A. Ingrassia del Instituto Superior J.V. Gónzalez

CAPÍTULO XII

GLOSARIO COMPLEMENTARIO

"En el majestuoso conjunto de la creación, nada hay que me conmueva tan hondamente, que acaricie mi espíritu y dé vuelo desusado a mi fantasía, como la luz apacible y desmayada de la luna."

GUSTAVO ADOLFO BÉCQUER

Con la incorporación de este GLOSARIO se pretende dar las definiciones de términos comunes, muy usados en Astronomía que, anteriormente, en el texto, no hallan sido mencionados o fueron mencionados sin explicación.

A

ABSORCIÓN:

Es el proceso mediante el cual la radiación deja de atravesar algún medio, la energía que pierde la radiación es absorbida por el medio. Equivale a decir que la luz transfiere energía a la materia. El gas de una nebulosa absorbe la luz estelar que la atraviesa, calentándose y aumentando su temperatura.

Este efecto se visualiza en el espectro de esa luz estelar, mediante líneas oscuras denominadas líneas de absorción, que corresponden a los diferentes materiales que fueron absorbiendo, por lo cual es posible determinar la composición de dicha nebulosa.

ABSORCIÓN INTERESTELAR:

Es el fenómeno por el cual una estrella aparece menos luminosa, debido a su distancia en el espacio interestelar, perturbada por la presencia de agua, gases y polvos en ese espacio.

ACELERACIÓN:
Es un cambio de velocidad en un cuerpo en el tiempo. Si se produce un aumento en la velocidad del cuerpo la aceleración es positiva, si disminuye es negativa.

ACELERACIÓN DE LA GRAVEDAD:
Es la fuerza de atracción gravitacional que hace que un objeto, dejado libre a una distancia relativa de la superficie de un cuerpo, actúe en caída libre con un aumento constante de su velocidad de caída (en un ejemplo ideal, sin ninguna resistencia exterior) y en dirección al centro gravitatorio del cuerpo.

En la superficie de la Tierra y en general de cualquier cuerpo celeste, el valor de esta aceleración es una constante propia del cuerpo que varía de uno a otro debido a su masa. Además se debe tener en cuenta que tampoco es una constante absoluta del cuerpo celeste, ya que depende de la esfericidad del mismo y de la posible variación de la fuerza centrífuga.

En la Tierra y para el ecuador la aceleración de la gravedad es de 9,7799 metros por segundo, en cambio en los polos es de 9,83 metros por segundo.

ACRECIÓN:
Es el agregado de masas a un cuerpo. Fenómeno este habitual en la formación de las estrellas, que se autoagregan masas cercanas, sueltas o desgarradas de cuerpos con menor atracción.

ACTIVIDAD SOLAR:
Fenómeno solar caracterizado por la presencia de manchas solares, protuberancias, fulguraciones y emisiones importantes de rayos X.

AEROLITO:
Literalmente: piedra aérea.

Es un cuerpo celeste de naturaleza pétrea que penetra en la atmósfera y puede llegar hasta la superficie terrestre.

AFELIO:
Es el punto más distante de la órbita de un planeta, orbitando al Sol.

ALBEDO:

Es la relación entre la intensidad de la luz reflejada y la luz incidente por parte de un cuerpo que carezca de luz propia. El cuerpo que refleje toda la luz incidente tiene albelo igual a 1; quien no refleja nada, un cuerpo negro, tendría un albedo igual a 0.

El planeta con más albedo es Venus con 0,65, le siguen Júpiter con 0,52, Neptuno con 0,41 y la Tierra con 0,37.

AGUJERO NEGRO:

Objetos con un campo gravitatorio tan intenso que su velocidad de escape supera la velocidad de la luz. Por ello, ningún objeto macroscópico que entra en el agujero negro puede escapar de él. En términos de la relatividad general (Einstein), se dice que el espacio que rodea a un agujero negro alcanza una curvatura infinita, convirtiéndose en una singularidad.

AGLUTINAR:

En Astronomía se define aglutinar como la unión de varios cuerpos pequeños para formar uno más grande.

ÅNGSTRÖM:

Unidad de medida equivalente a la diez millonésima partes del metro. También se puede nombrar como 1 milímetro $x10^{-7}$. Es usado principalmente en problemas de luz.

ANTIMATERIA:

Es lo opuesto a la materia, es una materia cuyas partículas elementales tienen cargas eléctricas opuestas a las partículas de la materia, como ser, en la materia son protones (cargas positivas) y electrones (negativas), en cambio en la antimateria los protones son negativos y los electrones positivos. Tanto los protones como los electrones son partículas constitutivas del átomo. Se ha producido antimateria experimental, pero se la halla poco en la naturaleza.

Al encontrarse la materia y la antimateria se anulan, estos razonamientos, por ahora, son muy teóricos y de difícil entendimiento.

ANTRÓPICO, Principio:

Doctrina según la cual el valor de ciertas constantes fundamentales de la naturaleza puede explicarse demostrando que, si fuese diferente, el Universo no podría contener vida y por lo tanto no habría nadie capaz de preocuparse de que esas constantes sean como son. Si la intensidad de la fuerza nuclear fuerte fuera un poco diferente, por ejemplo, las estrellas no podrían brillar y la vida tal como la conocemos sería imposible.

APOGEO:

Es el punto de una órbita más alejado de la Tierra. Se aplica igual para nuestra Luna, naves espaciales o sondas, siempre que orbiten a la Tierra.

ÁPSIDES:

Son los puntos extremos de la órbita de un cuerpo celeste, en su movimiento alrededor de otro.

ASTEROIDES:

Objetos sólidos de poca masa que giran alrededor del Sol y brillan con luz reflejada. La mayoría pertenecen a la zona del "cinturón de asteroides". Aunque son millones, su masa total es apenas una pequeña fracción de la masa terrestre.

ATMÓSFERA:

Es la envoltura gaseosa que rodea a un planeta o cualquier cuerpo celeste. Se produce porque los gases, por su pequeña densidad, tienen menos fuerza de escape que la atracción gravitatoria del cuerpo que rodean.

ÁTOMO:

Es la partícula más pequeña de un elemento que conserva las características químicas del propio elemento.

Están compuestos por un núcleo que contiene los protones (-) y los neutrones (neutros); girando alrededor del núcleo están los electrones (+). Éstas no son las partículas elementales más pequeñas, existen varias partículas, interiores del núcleo, de menor tamaño, llamadas partículas elementales, cada una con su nombre y características propias; dada su complejidad no entraremos en ese desglose.

AURORA POLAR:

Espectacular fenómeno de la alta atmósfera provocado por el impacto de partículas cargadas eléctricamente, provenientes del Sol y arrastradas por el viento solar, contra las capas superiores de la ionosfera a unos 100 km de altura.

AUSENCIA DE PESO:

Es una condición física que se determina cuando un sistema se mueve en caída libre, sin resistencia alguna.

***

B

BARICENTRO:

También llamado Centro de Gravedad de un cuerpo o sistema de cuerpos, es el punto donde se aplica la resultante de las fuerzas gravitatorias que actúan sobre dicho cuerpo o sistema.

BINARIO:

Astro o estrella que forma parte de un sistema doble, ambos cuerpos se hallan unidos por sus mutuas fuerzas gravitatorias.

BRILLO ANTISOLAR:

Débil luminosidad, halo apenas visible, en dirección opuesta a la del Sol, sobre el horizonte terrestre.

BIG BANG, Teoría del:

Modelo de historia cósmica en el que el Universo comienza con un estado de muy alta densidad y temperatura, que disminuye a medida que se expande el Universo. Más que una teoría es una escuela de teorías que establecen como nació el Universo.

***

C

CAMPO:

Dominio o entorno en el cual la acción real o potencial de una fuerza puede ser descripta matemáticamente en cada punto de su espacio.

CAMPO MAGNÉTICO:

Es el campo de fuerzas que afecta a los imanes, atrayendo una parte del imán y repeliendo la otra. Existen estrellas con importante campo magnético, como ser el Sol, también lo poseen la Tierra, Júpiter, Saturno y Urano (pequeño y aún no muy estudiado). Las manchas solares son producto de la variaciones de sus campos magnéticos.

CEFEIDA, ESTRELLA:

Es una estrella variable cuya periodicidad –esto es el tiempo en que su brillo tarde en variar– está directamente relacionada con su magnitud absoluta. Esta correlación entre el brillo y el período hacen muy útiles a las Cefeidas para medir distancias intergalácticas.

CENTELLEO:

A causa de las turbulencias atmosféricas, la luz emitida por los cuerpos cósmicos se observa en la Tierra con luminosidad variable. Este fenómeno se denomina centelleo. Los vuelos interespaciales, las sondas cósmicas y los satélites de observación, al hacer sus observaciones fuera de la atmósfera, han eliminado esta dificultad.

CENTRO DE GRAVEDAD:

Ver *Baricentro.*

CENTRÍFUGA:

Es la fuerza que se manifiesta en los movimientos rotativos, de un cuerpo en relación a otro al cual está unido gravitacionalmente y empuja al primero en forma tangencial a su órbita alrededor del segundo de los cuerpos. La magnitud de esta fuerza es proporcional a la velocidad de rotación del cuerpo.

CICLO DEL CARBONO:

Es una cadena de reacciones nucleares, que hace funcionar al carbono como catalizador y produce la transformación de la materia.

P/ej., la materia de cuatro átomos de hidrógeno se transforma en un átomo de helio con liberación de gran energía. El ciclo del carbono es importante en las reacciones atómicas que se producen en las estrellas, sobre todo en las más masivas que el Sol, donde se transforma la materia y se libera gran energía.

CICLO SOLAR:

Las manchas y perturbaciones y otros fenómenos solares varían en forma permanente, tanto en su tamaño como en su intensidad, pero las continuas observaciones, llevadas estadísticamente, han permitido determinar que las mismas se reiteran, aproximadamente, cada once años terrestres, ese período de once años es el llamado Ciclo Solar.

CINTURÓN DE VAN ALLEN:

Así se denominan algunas regiones que rodean la Tierra, donde se han detectado partículas de alta energía, provenientes del viento solar, retenidas por el Campo Magnético Terrestre.

COMETAS:

Miembros secundarios del Sistema Solar, que se cree que son montones de suciedad y hielo que son residuos de la formación de ese Sistema. Se cree que hay millones de cometas en la Nube de Oort, una región esférica con un radio de 30 a 100 mil Unidades Astronómicas, con centro en el Sol. Los cometas que nos llegan desde la Nube de Oort son calentados por el Sol y por esto desarrollan una cola muy brillante que los hace visible en los cielos de la Tierra.

CONJUNCIÓN:

Es el término que se le da a la posición relativa de alineación entre dos o más cuerpos celestes. O sea, cuando dos o más cuerpos celestes se encuentran en una misma línea respecto al observador.

CONSTANTE DE HUBBLE:

Es un número que representa la velocidad actual de expansión del Universo.

Está estimada en 100 km por segundo por cada megapársec de distancia, lo que demuestra que la velocidad de alejamiento galáctico aumenta con la distancia. La Constante de Hubble establece una relación entre la distancia que existe entre la Tierra y una galaxia, y la velocidad con que ésta se aleja.

CONSTELACIONES:

Son grupos de estrellas que no tienen necesariamente uniones físicas entre sí, ni están en un mismo plano, pero son estudiadas en su conjunto para facilitar se ubicación en el espacio.

CONVECCIÓN:

La diferencia de temperatura entre distintos lugares de una masa fluida, ya sea gaseosa o líquida, desplaza las partículas más calientes a las zonas más frías, este movimiento de partículas se llama convección. Ej.: acción de los vientos, corrientes marinas, formación de nubes, desplazamientos de masa de materias entre algunas capas del Sol, etc.

COORDENADAS CELESTES:

Son las coordenadas utilizadas para determinar la posición relativa de un astro, supuestamente ubicado en el punto en el cual la visual, desde el observador al astro, intercepta una esfera ideal, llamada esfera celeste. La ciencia que determina sobre este particular se denomina Trigonometría y en particular: Trigonometría Esférica.

Un observador, desde la Tierra, dispone de dos ejes fundamentales para definir con ellos dos sistemas distintos de coordenadas. Uno de esos ejes es la vertical del lugar, en él se basa el sistema de coordenadas horizontales. Y el otro, es el llamado "eje del mundo", es el eje que pasa por los polos terrestres y da fundamento al sistema de coordenadas horarias.

El sistema de coordenadas horizontales determina la ubicación de un astro para un horario determinado.

CRÁTERES:

Depresiones embutiformes que caracterizan la salida del conducto volcánico. Se originar como consecuencia de las explosiones del volcán y en particular en la acción expansiva de los gases. Son los cráteres volcánicos.

Existen también los cráteres de impacto, marcas ligeramente circulares en el plano y ovoides en lo vertical producidas sobre una superficie sólida, provocadas por el impacto de un meteorito. En el Sistema Solar se presentan con mayor o menor intensidad en todos los planetas rocosos y muchas veces, también, en sus satélites. El ejemplo más cercano son los cráteres de nuestra Luna.

CREPÚSCULO:

Período de tiempo que precede inmediatamente a la salida o puesta del Sol. Se ha establecido que Crepúsculo es el intervalo durante el cual el Sol se encuentra entre 0º y –18º de altura.

CUADRÁNTIDAS:

Enjambre metereológico, su punto radiante está entre las constelaciones de Hércules y Boyero. Es activo durante los días 1º al 5 de enero, con su máximo en la noche del 3º al 4º día. Se manifiesta como una lluvia de meteoritos anuales, muy visibles desde la Tierra.

CUADRATURA:

Posición que ocupa un planeta respecto a la Tierra, cuando el ángulo que forma el Sol- Tierra-planeta es de 90º (sólo para los planetas Exteriores a la Tierra respecto al Sol).

CULMINACIÓN:

Se define así la máxima altura que alcanza un cuerpo celeste. Un ejemplo es el Sol al mediodía.

CÚMULOS ESTELARES:

Son conjuntos de millones de estrellas "cercanas" entre sí, que están unidas por fuerzas gravitacionales.

***

D

DECLINACIÓN:

La declinación de un astro es la distancia angular del mismo al ecuador, medido a lo largo del círculo horario que pasa por dicho astro. Es positiva para el hemisferio norte y negativa para el sur.

DENSIDAD:

Es la cantidad de materia (masa) contenida en una unidad de volumen, o sea es la cantidad de masa que hay en un volumen determinado.

La densidad del agua es de un gramo por centímetro cúbico. La densidad promedio de la Tierra es de 5,5 gramos por centímetro cúbico. La densidad del medio interestelar es de una partícula por centímetro cúbico.

DENSIDAD CRÍTICA:

En Astronomía la densidad crítica se refiere a la densidad promedio que debería tener el Universo para poder alcanzar un radio infinito en un tiempo también infinito.

DIFUSIÓN:

Es el fenómeno físico que permite la desviación de la luz o de otra forma de radiación.

Por ejemplo, cuando penetra un rayo de luz en una habitación no iluminada, pero con partículas de polvo en suspensión, o humo de cigarrillo, el rayo de luz se hace difuso y se desvía en todas las direcciones, ese efecto se llama difusión.

DISTANCIA ANGULAR:

Es una distancia aparente entre dos cuerpos celestes en el cielo y se mide en grados.

DOPPLER (efecto):

La variación aparente de longitud de onda, ya sea sonora o visual, emitida por un cuerpo en movimiento se denomina Efecto Doppler.

Un ejemplo clásico es el siguiente: estando el observador en un andén de la estación de tren, va acercarse una locomotora haciendo sonar su bocina, luego la ve pasar por su frente y luego alejarse y habrá observado que el sonido se va haciendo más agudo cuanto más se está acercando y más grave cuando se aleja. Este fenómeno en el cambio del sonido se lo llama Efecto Doppler, en homenaje a su descubridor, el físico austríaco Christian Doppler, en el año 1843.

Entre muchas otras aplicaciones, se lo utiliza para medir las velocidades de aproximación y alejamiento de las estrellas u otro objetos celestes respecto de la Tierra.

DRACÓNIDAS:

Es una lluvia de meteoritos –también llamadas Giacibínidas por producirse en concordancia con la presencia del cometa Giacobini-Zinner–, conocidas desde su primer estallido observable en 1926, en dirección de la constelación del Dragón cercana a Libra. Son lluvias particularmente lentas, observables algunas veces a simple vista en noche oscura del 5 al 10 de octubre, siendo la principal noche los días 8. En los años 1933, 1946 y 1995 se han observado excepcionalmente las mayores frecuencias de caídas horarias (14.000, 12.000 y 700 respectivamente), siendo su promedio normal de 10 a 20 visuales por hora.

DRENAJE:

Se denomina drenaje a cualquier medio por el cual el agua contenida en una zona fluye a través de cursos fluviales o por infiltración al terreno.

***

E

ECLIPSE:

Es un fenómeno celeste que consiste en que el disco del Sol desaparece de la vista desde la Tierra total o parcialmente, debido a que la Luna se interpone entre el Sol y la Tierra (Eclipse de Sol). Si lo cubre totalmente es un Eclipse de Sol Total y si solo cubre una parte es un Eclipse de Sol Parcial.

Lo mismo pasa con la Luna. Cuando la Tierra se interpone entre la Luna y el Sol, recibe el nombre de Eclipse de Luna.

ECLÍPTICA:

Plano que contiene la órbita de la Tierra alrededor del Sol. Esta inclinado con respecto al plano ecuatorial terrestre en 23° 27′.

ECUADOR:

En un cuerpo esférico, como la gran mayoría de los cuerpos celestes, se llama ecuador a la línea "circular" que equidista de ambos polos. En el caso de la Tierra, el ecuador divide la esfera en dos hemisferios, el Norte y el Sur.

ECUADOR CELESTE:

Es la línea de intercepción del plano ecuatorial terrestre con la esfera celeste.

EJE DE ROTACIÓN:

Dado un cuerpo que rote sobre sí mismo, se llama Eje de Rotación a la recta que pasa por sus dos polos y alrededor de la cual giran todos los puntos de dicho cuerpo.

ELECTRÓN:

Es una de las partículas que componen el átomo y es de carga negativa.

ELIPSE:

Es una línea curva cerrada, que responde a una ecuación continua, que se origina por la intersección de una superficie cónica por un plano oblicuo a la generatriz.

Las líneas cónicas son tres: elipse, parábola e hipérbola, se forman variando la inclinación del plano que corta al cono. La única línea cónica cerrada es la elipse, siendo la circunferencia la excepción de ésta.

ELONGACIÓN:

Es el ángulo que forman dos visuales dirigidas respectivamente al Sol y al cuerpo cuya elongación se desea determinar, visuales con punto de origen en la superficie de la Tierra.

ENERGÍA:

Es una de los principales elementos de la Física y por ende de la Astronomía:

Conceptualmente se puede definir como: "La capacidad de un sistema de producir trabajo".

De por sí la materia posee energía como resultado de sus movimientos, conocida como "Energía Cinética" o de su posición en relación con las fuerzas que actúan sobre él, llamada "Energía Potencial".

La medida de la energía consumida, en un sistema ideal, es igual que al trabajo realizado.

Existen varias formas de energía: mecánica (poleas, motores a combustión...), cinética (movimientos de rotación, de translación...), potencial (plano inclinado, caída libre...), eléctrica (generadores, dínamos...) ,magnética (imanes, campos magnéticos,...), eólica (vientos), química (reacciones químicas), atómica (reacción entre átomos), nuclear (destrucción del núcleo atómico). Todas las formas de energía pueden ser transformadas en otra, mediante procedimientos especiales. En la transformación de cualquier energía se produce una "pérdida" de ésta, que no llega a transformarse totalmente en la energía derivada, pero esa "pérdida" es aparente, no real, pues se transforma en algún otro tipo de energía pero nunca se pierde. Como ejemplo se puede tomar un motor a explosión (automóvil-energía mecánica) que obtiene la energía de la explosión del combustible (nafta, gas oil, G.N.C.-energía química), esa energía mecánica produce la rotación de las ruedas y hace avanzar al vehículo en un movimiento de translación (energía cinética), pero como hay en la reacción química pérdida por calor (disipado en el radiador), también se produce fricción entre los engranajes y rozamiento de las ruedas con la carretera, que hacen transformar energía, entre los engranajes por generación de calor, disipado también por el radiador, mediante la circulación del aceite, y en las ruedas por desgaste de los neumáticos, más el calor disipado al aire.

En definitiva se debe de tener:

Energía química (combustible) = Energía cinética (translación) + Energía calórica (reacción química, engranajes y neumáticos), se aprovecha la proporción de la cinética, pero, si no se recupera, se transmite al aire en energía calórica, que es la supuestamente "pérdida", pero no es así, ya que esta calienta la atmósfera y cambia las condiciones de ésta (agujero de ozono) y así regresa al Universo, desde donde vino.

Se puede resumir: "En un proceso de transformación de energía, las sumas de todas las energías resultantes es exactamente igual a la energía inicial". Este enunciado fue efectuado en el siglo XIX y dada su gran importancia fue aceptado como: **"Principio de la Conservación de la Energía"**. Cuando el proceso de transformación de Energía, se produce en reacciones en las cuales las velocidades de las partículas son cercanas a la velocidad de la luz (v.g. reacciones nucleares), la materia puede transformarse en energía y la energía en materia. Después del conocimiento de la Teoría de la Relatividad de Albert Einstein, en los años 1905 y 1912, se expandió el concepto y se comenzó a aplicar el principio de conversión de la energía en materia y recíprocamente, en los estudios astronómicos.

EQUINOCCIOS:

Son los puntos en que la órbita solar intercepta al ecuador celeste.

ESFERA CELESTE:

Es una esfera imaginaria donde se proyectan todos los cuerpos celestes observables a simple vista (con o sin telescopio).

ÉPOCA DE RECONVENCIÓN:

Se refiere a un estado del Universo, a los 300.000 años posteriores al Big Bang, que es cuando el estado gaseoso del Universo pasa de estar ionizado a su estado neutro pudiendo, de esta manera, formar nubes gaseosas las cuales lentamente se reúnen, formando las estrellas y continuando con la cadena del Universo.

ESPECTRO:

Es toda la gama de radiaciones electromagnéticas que varían desde las ondas de radio hasta los rayos gamas, pasando por la zona visible al ojo humano, que se forma por los colores: rojo, anaranjado, amarillo, verde, azul, añil y violeta.

Si se hace pasar un rayo de luz blanca por las caras de un prisma, se produce la descomposición de esa luz en su espectro, lógicamente sólo será visible al ojo humano el sector de ondas visibles, pero el resto existirán y se podría hacer sentir su efecto, por medios de dispositivos adecuados.

El ejemplo más cercano de la luz visible lo tenemos en el "arco iris", que se forma después de una lluvia cuando sale el Sol.

Se trata de la descomposición de la luz en su espectro al pasar los rayos solares a través del "prisma" que se ha formado por las gotas de lluvia en suspensión.

EXPANSIÓN DEL UNIVERSO:

Aumento constante, en el tiempo, de las distancias que separan las galaxias lejanas unas de otras: la expansión no se produce dentro de las galaxias individuales o los cúmulos de galaxias, que están unidos por la gravitación, pero sí se manifiesta a nivel de los supercúmulos.

***

F

FACULA:

Región brillante, visible sobre la fotosfera solar, es bien observable en los bordes del Astro.

FASES EN LOS CUERPOS DEL SISTEMA SOLAR:

Son los diversos aspectos presentados por la Luna y los planetas al variar sus condiciones de iluminación solar, según sus posiciones respecto al Sol.

En la Luna se tienen cuatro fases, con todos los estados intermedios. Luna nueva o novilunio, la Luna no es visible. Cuarto creciente, se ve como una "C". Luna llena o plenilunio, se ve la totalidad del disco lunar. Cuarto decreciente, se ve como una "D".

Los planetas interiores presentan fases como la Luna. En los exteriores, sólo Marte tiene fases.

FISIÓN:

Explosión del núcleo de un átomo pesado que se escinde en dos o más fragmentos. Tiene lugar cuando el átomo es bombardeado por medio de electrones lentos. La fisión libera una cantidad muy elevada de energía.

FOTÓN:

Cantidad elemental de energía electromagnética, considerada en su aspecto corpuscular.

Según Planck (1900) y Einstein (1905) la energía del campo electromagnético no varía con continuidad, sino como múltiplos de una cantidad elemental o “cuantos”. A los “cuantos” de energía electromagnética se le da el nombre de Fotones.

FRECUENCIA:

Es el número de veces que un fenómeno periódico se repite por unidad de tiempo.

La frecuencia se indica en Hertz por segundo (H/seg.) o ciclos por segundo (C/seg.).

FUERZA:

Causa capaz de alterar el estado de reposo o de movimiento rectilíneo uniforme de un cuerpo o producir deformaciones en él. Es una magnitud de carácter vectorial, pues para definir una fuerza se necesita conocer su magnitud, su recta de acción y su punto de aplicación. Este punto puede ser el infinito, en ese caso el cuerpo sufre la aplicación de un “momento”.

FULGURACIÓN:

Efecto producido por una descarga eléctrica, de origen atmosférico, cuando alcanza un cuerpo humano.

FUGA, Velocidad de:

Ver *Velocidad de escape.*

FUSIÓN NUCLEAR:

Proceso de combinación de dos núcleos atómicos ligeros, para formar un núcleo pesado.

***

G

GEMÍNIDAS:

Enjambre anual de meteoritos, que presenta la máxima intensidad los días 14 de diciembre, parecerían provenir de la constelación de Géminis.

GEOCÉNTRICAS, Coordenadas:
Sistema de coordenadas que tiene como su origen el centro de la Tierra. Si el origen de las coordenadas fuese el centro del Sol, serían Heliocéntricas.

GIACOBÍNIDAS:
Ver *Dracónidas.*

GRAVÍSFERA:
Zona del espacio alrededor de los astros, en la cual se manifiesta y domina la atracción gravitatoria del astro.

GRUPOS DE GALAXIAS:
Aglomeración de Galaxias, cuyo número puede superar el millón.

Nuestra Galaxia, la Vía Láctea, integra el grupo de ellas denominado "Grupo Local", grupo formado por pocas galaxias al que pertenecen también Andrómeda y las dos Nubes de Magallanes. Estas tres Galaxias son las únicas visibles a simple vista.

***

H

HALO:
Anillo o arco luminoso irisado, generalmente concéntrico con el Sol, la Luna u otros cuerpos celestes cercanos con luz propia o reflejada muy intensa.

Se clasifican en "Halos Propiamente Dichos" y en "Coronas". Los primeros son debido a fenómenos de reflexión y refracción en cristales de hielo. Las Coronas se producen por fenómenos de difracción en pequeñísimas gotas de agua.

HALO GALÁCTICO:
Se denomina así a la región de forma esferoidal aplanada que encierra a una galaxia y especialmente a la nuestra, la Vía Láctea, que presenta una muy leve luminosidad producto de la unión de centenares,

aun de millones, de estrellas unidas por fuerzas gravitatorias, también llamados cúmulos globulares.

HORIZONTE APARENTE:

Es un horizonte imaginario, determinado por el plano tangente al lugar del observador interfiriendo a la Esfera Celeste.

HUSO HORARIO:

Dado que se ha definido que mediodía (12 hs.) es cuando el Sol está enfrentando directamente al semi meridiano del lugar y por consiguiente en los lugares que enfrentan al otro semimeridiano es media noche (0 horas) y habiendo un número prácticamente infinito de meridianos, tendríamos un número también prácticamente infinito de indicadores del tiempo, lo cual resulta imposible desde el punto de vista práctico, para solucionar este gran inconveniente, en 1884 se llegó a un acuerdo mundial, que divide la Tierra en 24 Husos Horario (1 día = 24 horas = una rotación sobre su eje), correspondiéndole a cada huso una banda de 15 grados y cada huso queda determinado por dos meridianos, correspondiendo el meridiano 0º al que pasa por la ciudad de Greenwich en Inglaterra.

HELÍACO:

Se refiere al fenómeno astronómico que hace ver, al anochecer o al amanecer las estrellas "lejanas" antes que las "cercanas", debido a la luminosidad solar sobre el horizonte.

Se conoce que los egipcios hacían mediciones sistemáticas de la salida Helíaca de la Estrella Sirio, la estrella más brillante entre las observables desde el Valle del Nilo.

HELIO:

Gas noble, elemento químico de símbolo: He., número atómico 2 y peso atómico 4. Fue descubierto por N. Luckyer en 1869 al analizar el espectro solar, de ahí proviene su nombre. Y lo logró aislar W. Ramsan en 1895.

HEMISFERIO:

Cortando la Esfera Celeste por su plano ecuatorial, se obtienen dos hemisferios, de los cuales se llama Hemisferio Austral al que contiene al Polo Sur, y Boreal al que tiene el Polo Norte.

La misma definición corresponde para los planetas y en general para todo Cuerpo Celeste de rotación.

***

I

I.A.U.:

International Astronomic Union. Es una organización fundada en 1919, que reúne a los principales astrónomos de todo el mundo. Organiza una asamblea plenaria cada tres años, con sede alternativamente en distintos países de todas partes el mundo, reuniendo a todos los astrónomos que deseen concurrir.

ÍNDICE DE COLOR:

Se denomina así a la medida del color de una estrella, determinándose su temperatura superficial por comparación con otras de estrellas conocidas. La escala ha sido ajustada de tal manera que una estrella blanca y brillante como SIRIO tiene como índice 0.

INCLINACIÓN DE ÓRBITA DE UN CUERPO CELESTE:

Es el ángulo que forma el plano que contiene la órbita del cuerpo en estudio con el plano de la órbita terrestre. Cuando ambos planos coinciden el ángulo es de 0º, pudiendo variar de 0º a 180º.

INERCIA:

Cualidad de la masa tal que toda partícula masiva tiende a permanecer en reposo con respecto a un marco de referencia determinado o a permanecer en movimiento si ya lo está, a menos que actúe sobre ella una fuerza.

INMERSIÓN:

Primera fase del paso de la Luna o de los planetas ante el disco solar, en el momento que el disco oscuro inicia su contacto con el Sol. Se dice también de las estrellas fijas, cuando desaparecen tras el disco lunar.

IÓN:

Átomo o grupo de átomos que ha perdido o ganado uno o más electrones (negativos) y por lo tanto posee una o más cargas elementales positivas o negativas. Si pierde un electrón se forma un Ión con carga positiva, llamado catión y si lo ganara sería un Ión de carga negativa, llamado anión.

IONIZACIÓN:

Es el proceso por el cual se forman los Iones, se producen por el choque entre átomos entre sí o entre átomos y partículas. La posibilidad de choque entre átomos aumenta en forma proporcional al aumento de la temperatura del cuerpo.

IONOSFERA:

Es una o varias capas de aire ionizado en la atmósfera terrestre y se extiende entre los 80 y 600 km desde la superficie.

De la ionosfera se pueden obtener aplicaciones prácticas, como la refracción de las ondas de radio emitidas desde la Tierra que aprovechan el rebote al chocar con la ionosfera y permiten la comunicación intercontinental. Hoy en día se ha reemplazado por los satélites artificiales.

Por otro lado interfiere en la observación telescópica, deformando en parte los datos obtenidos. Por eso es que se ha colocado en órbita terrestre y a más de 800 km, para estar fuera de la ionosfera, una sonda espacial con un telescopio como el Hubble, que hasta ahora ha sido de muy importante utilidad, con el cual se han logrado observaciones y fotos de espectacular realismo y definición, todo lo cual se debe a la calidad de los equipos y a haberse podido evitar la influencia negativa de la ionosfera.

***

J

JOULE (Julio):

Es una unidad de energía.

Es igual a la cantidad de energía necesaria para trasladar una fuerza de un Newton a una distancia de un metro, considerado en el vacío.

JUPITERIANOS:

Planetas gigantes que tienen una superficie gaseosa. Los planetas jupiterianos conocidos del sistema solar son: Júpiter, Saturno, Urano y Neptuno.

***

K

KUIPER, Cinturón de:

Zona del Sistema Solar, externo a la órbitas de Neptuno, en forma de cinturón solar, que contiene unos mil millones de pequeños objetos, como asteroides y cometas.

KANT, Hipótesis Nebular de:

Una de las primeras hipótesis sobre el origen del Sistema Solar.

Supone la presencia de una nube de materia de componentes diversos que habría generado movimientos y condensaciones, a través de los cuales se explicaría el origen de los planetas. Esta hipótesis se abandonó por completo y fue reemplazada por la de Laplace.

***

L

LAPLACE, Hipótesis Nebular de:

Una de las primeras teorías sobre la formación del Sistema Solar, fue dada por Laplace en el año 1796.

Se basa en el supuesto de la existencia de una nube giratoria primitiva, que se habría enfriado, por consiguiente se contrajo y al contraerse aumentó la velocidad de rotación, este aumento de velocidad produjo un lógico aumento de fuerza centrífuga en el plano ecuatorial, el cual habría hecho separar a los estratos externos de la nebulosa giratoria. La materia escindida de la nebulosa habría quedado dividida en anillos concéntricos sucesivos, que posteriormente se irían condensando hasta formar los planetas.

LEÓNIDAS:

Enjambre meteórico observable en el período del 11 al 20 de noviembre, con período de 33 años. El punto radiante de este enjambre está en la constelación de León, con su máximo el día 15. La última lluvia famosa fue en el año 1966.

LEY:

Teoría de tal amplitud y aplicación invariable que su violación se considera imposible.

LIBRACIÓN LUNAR:

Oscilación aparente de la Luna. Este fenómeno permite observar más de la mitad de la superficie lunar.

Hay tres tipos de Libración: En Longitud, en Latitud y Paraláctica.

LIMBO:

Se denomina Limbo al borde de un cuerpo celeste observado desde la Tierra.

LUMINISCENCIA:

Es la capacidad de algunas sustancias de emitir ondas de radiación electromagnéticas, ante la presencia de ciertas formas de energía, debido a las reacciones químicas de la sustancia bajo un agente excitante.

En la Tierra se puede observar como un leve resplandor nocturno que predomina sobre el horizonte.

LUMINOSIDAD:

Es la medida de la radiación emitida por un cuerpo celeste. Hay dos tipos: Aparente y Absoluta.

La Aparente es la que está en función de la distancia, no es la real, sino la relativa y en cambio la Absoluta, sí es la real y surge de comparación con otro cuerpo al cual se le conoce la distancia y su luminosidad Absoluta.

LUZ:

Es la porción de la radiación electromagnética visible al ojo humano.

A veces es usada en expresiones como: luz ultravioleta y luz infrarroja.

LUZ, Presión de la:

Una onda luminosa que incide sobre un cuerpo ejerce sobre éste una presión, entregándole una cierta cantidad de movimiento.

Éste es un fenómeno muy notable en las colas de los cometas, en las cuales la presión de los rayos solares hace que sus colas estén siempre en oposición a la dirección al Sol, o sea que la presión de la Luz vence a la fuerza gravitatoria del astro. En base a este efecto se trató de aportar energía a una sonda interplanetaria por medio de la "Vela Solar", que se verá más adelante.

***

M

MAGALLANES, Nubes de:

Dos nebulosas extragalácticas, satélites de nuestra galaxia –la Vía Láctea– que se observan a simple vista en el cielo meridional, la Nube Mayor en la constelación de la Dorada y la Menor en la Del Tucán. Están relativamente "cerca de la Tierra", o por lo menos lo suficiente como para poder efectuar observaciones muy importantes, que han permitido hacer enormes avances en la Astronomía.

MAGMA:

En el interior de la corteza terrestre y en el interior de algunos planetas, debido a la alta temperatura interna, existe roca fundida, en estado de líquido y/o plasma, llamada magma, la cual penetra entre las placas tectónicas, grietas o rajaduras de rocas vecinas, fundiéndolas y cambiando la estructura de la zona, o perforando las capas superiores de la corteza planetaria y saliendo expulsada al exterior, en zonas volcánicas.

Los magmas se caracterizan por la presencia significativa de cantidad de gases. Condiciones físicas-químicas variables determinan diferentes estados de equilibrio entre gases y masa fundida.

MAGNETISMO ESTELAR:

El magnetismo terrestre era conocido desde la antigüedad, pero hasta fines del siglo XIX no se habían conseguido pruebas de otros campos magnéticos cósmicos.

Es recién en 1945-49 cuando se comienza a tener informaciones verificables de la existencia de magnetismo estelar o cósmico.

Ya su existencia se conoce, pero su origen e influencia está en campos avanzados de estudios, con varias teorías diferentes.

MAGNITUD:

Brillo de una estrella o planeta, expresado en una escala en la que los números menores indican mayor brillo. La magnitud aparente indica el brillo de los objetos tal como se ven desde la Tierra, independientemente de su distancia.

La magnitud absoluta es definida como la magnitud aparente que tendría una estrella si se la viese desde una distancia de 10 pársecs o sea a 32,6 años luz. Cada escalón en la magnitud equivale a 2,5 veces en el brillo: las estrellas más brillantes del cielo tienen una magnitud aparente igual a 1; las más oscuras 6. Las magnitudes de objetos más brillantes se expresan en valores negativos, por ejemplo la magnitud aparente del Sol es –26.

MASA:

Medida de la cantidad de materia de un objeto. La masa inercial indica la resistencia del objeto a los cambios en su estado de movimiento. La masa gravitatoria indica su respuesta a la fuerza de la gravedad. En la teoría general de la relatividad la masa gravitatoria y la inercial se manifiestan como aspectos diferentes de la misma magnitud.

MATERIA INTERESTELAR:

Conjunto de elementos, gas y polvo, que ocupan el espacio entre las estrellas.

Este espacio no está vacío, sino ocupado por átomos con escasísima densidad, en su mayor parte de hidrógeno, siguiendo en importancia los de calcio, sodio, potasio, a los cuales se unen, con densidades aún menores, polvos constituidos por cristales de hielo de aproximadamente una micra de diámetro.

La densidad y distancia de las nubes de materia interestelar se ha podido deducir por la observación de algunas estrellas cuyas distancias y energía se conocen, debido a la diferencia entre esas conocidas, que son teóricas, y las observables, que son las prácticas, pues la diferencia entre ambas es justamente la energía absorbida por la nube de materia interestelar, pudiendo entonces deducirse la densidad y la distancia.

MATERIA OSCURA:

Existe gran cantidad de materia en el Universo que ejerce importantísima influencia gravitacional, pero que no emite ni absorbe luz, esta es la llamada materia oscura.

Aún hoy no se sabe qué es o de qué está compuesta. Existen varias teorías al respecto, en espera de confirmación práctica.

MECÁNICA CELESTE:

Conjunto de investigaciones y estudios sobre el movimiento de los cuerpos celestes, sometidos a interacciones en virtud de la gravedad universal.

METAGALAXIA:

Conjunto de galaxias exteriores a la nuestra. A veces se refiere al Universo entero.

METEORO:

Fenómeno luminoso que se produce cuando un meteorito al atravesar la atmósfera, a velocidad cósmica (12 a 75 km por segundo) entra en incandescencia por rozamiento con los gases atmosféricos.

METEORITOS:

Cuerpos sólidos, en general pequeños, del Sistema Solar, que se mueven con órbitas elípticas alrededor del Sol y que con frecuencia caen sobre la Tierra.

Continuamente caen sobre la Tierra gran número de meteoritos, la mayoría de los cuales se desintegran al entrar en la atmósfera convirtiéndose en polvo meteórico.

Los meteoritos son fragmentos de uno o varios cuerpos de nuestro

Sistema Solar, que por razones, aún hoy desconocidas, se desintegraron. Su zona de origen, probablemente sea la región de los asteroides situada entre las órbitas de Marte y Júpiter.

MOLÉCULAS INTERESTELARES:

En 1930, los astrónomos descubrieron que en las nubes de gas y polvo interestelar no sólo había átomos de elementos simples, sino que existían moléculas simples, y recién en 1960, nuevos estudios permitieron la localización de moléculas interestelares complejas, tanto orgánicas como inorgánicas: agua, amoníaco, formaldehídos, alcoholes, etc.

Posiblemente los granos de polvo interestelar de sólo unas décimas de micra han sido lo que permitió a los átomos unirse para formar cadenas de moléculas.

Si se tiene moléculas complejas, temperatura y presión adecuada, la cadena de la vida está muy cerca o por lo menos estuvo muy cerca. Se está buscando con frenesí, pero aún no ha sido encontrada.

MOVIMIENTO PROPIO:

Movimiento de una estrella fija en un plano perpendicular a la dirección de la visual. Para las estrellas cercanas, este movimiento está producido por la rotación diferencial de la galaxia y se mide comparando fotografías con un muy gran intervalo de tiempo, dado que ese movimiento es muy pequeño, de pocas centésimas de segundo de arco por año.

***

N

NADIR:

Punto de intersección de la vertical del lugar de observación con la bóveda celeste, en el hemisferio opuesto, o sea con la parte situada bajo el horizonte.

NEBULOSA:

Nubes de materia, principalmente hidrógeno, distribuidas por todo el plano galáctico; se hacen visibles cuando son alcanzadas por la luz de las estrellas cercanas o por las contenidas en su interior. La citada materia se suele distinguir como una mancha oscura que no permite ver las estrellas que están tras ella, son las llamadas nebulosas oscuras, las cuales abundan en todo el plano de una galaxia y son ellas la cuna para la creación de nuevas estrellas.

NEUTRINO:

Es una partícula elemental, pertenece a la familia del electrón, en condiciones normales se encuentra formando parte de los átomos. Carece de carga eléctrica. Su masa es prácticamente nula, es unas diez mil veces menor que la del electrón.

Se producen en gran cantidad en los procesos termonucleares en el interior de las estrellas. Son partículas que atraviesan, sin ningún tipo de interferencias, cualquier materia.

NEUTRÓN:

Es, también, una partícula elemental sin carga eléctrica y un componente fundamental de los núcleos de los átomos.

Tiene una masa muy poco superior a la del protón.

Algunas estrellas están compuestas únicamente por compactos cúmulos de neutrones.

NODO:

Cada uno de los extremos del diámetro de la esfera celeste, según el cual se cortan los planos de dos órbitas dadas.

NOVA:

Estrella fija, de poco brillo, que debido a una explosión aumenta bruscamente y de modo muy notable su luminosidad.

Durante la explosión la luminosidad de la estrella puede aumentar varios miles de veces.

NOVILUNIO:

Fase del ciclo lunar en el cual el Sol, la Tierra y la Luna tienen igual ascensión recta.

No teniendo en cuenta la inclinación de la órbita lunar, el novilunio corresponde a la alineación Tierra-Luna-Sol.

NUTACIÓN:
Es una ligera oscilación del eje terrestre causada por la influencia gravitacional de la Luna.

La oscilación es de unos 9 segundos de grados, referidos a la posición media.

La nutación se superpone a otro movimiento que afecta al eje terrestre, llamado precesión.

***

O

OCULTACIÓN:

Aparente superposición de dos astros producida cuando el astro ocultado, el cuerpo ocultante y el observador están alineados.

El fenómeno de ocultación sirve para determinar las dimensiones angulares de las estrellas ocultadas.

Fue este hecho el que usó Roemer para lograr medir la velocidad de la luz.

OMEGA:

Índice de la densidad de la materia del Universo, definida como la razón entre la actual densidad y la "densidad crítica" requerida para "cerrar" el Universo y con el tiempo detener su expansión. Si omega es igual a 1, el Universo es "abierto" y seguirá expandiéndose eternamente.

OPOSICIÓN:

Situación de un planeta cuando su ascensión recta supera en 180º a la del Sol.

Prescindiendo de la inclinación de la órbita del planeta sobre la eclíptica, la oposición corresponde a la alineación planeta-Tierra- Sol.

La posición de oposición sólo es posible para los planetas exteriores.

ÓRBITA:

Trayectoria seguida por un cuerpo celeste, en torno a un centro de atracción.

El cuerpo que recorre la órbita se encuentra en condiciones de equilibrio dinámico, en él están en equilibrio las fuerzas de atracción, que tienden a hacerlo caer sobre el cuerpo atractivo, con la fuerza centrífuga, desarrollada por la velocidad en que recorre su órbita, que es la que tiende a alejarlo de aquel centro de atracción.

ORIÓN, Nebulosa de:

Nebulosa gaseosa que brilla en el cielo meridional, hacia el Sur de las tres estrellas que forman la constelación de Orión. Está constituida por una nube de gas, cuya superficie aparente es cuatro veces mayor que la del disco lunar y emite luz a causa de la excitación de algunas estrellas de elevada temperatura contenidas en su interior.

Se han observado en ella elevadas densidades electrónicas variables, de 300 electrones por cm^3 en su superficie y de 30.000 electrones por cm^3 en su interior. Su temperatura global es próxima a los 10.000 º C.

OORT, nubes de:

Región de la mayoría de los cometas del Sistema Solar.

***

P

PARÁBOLA:

En Astronomía es una órbita típica de un objeto que no está vinculado a ningún centro de gravedad y que viaja a una velocidad llamada de fuga (o de escape) y que es igual o mayor que la necesaria para "escaparse" del campo gravitacional.

PARALAJE:

Es un fenómeno que consiste en el desplazamiento aparente de una estrella cercana sobre un fondo de estrellas lejanas, a medida que la Tierra se desplaza por su órbita alrededor del Sol.

PÁRSEC:

Unidad de medida de las distancias interestelares. Equivale a 3,6 (al) o a $3{,}09x10^{13}$ km.

Es la distancia desde donde se vería el semieje de la órbita terrestre bajo un ángulo de un segundo sexagesimal.

PERIGEO:

Punto de la órbita de un planeta, cuando éste se encuentra a la menor distancia de la Tierra.

PERIHELIO:

En la órbita de un planeta, punto más cercano al Sol.

PERÍODO:

Mínimo intervalo de tiempo invertido por un fenómeno periódico para volver a pasar por las mismas posiciones o tener los mismos valores.

PERÍODO DE REVOLUCIÓN:

También llamado período Orbital. Tiempo que tarda un cuerpo que gira alrededor de un eje o de otro cuerpo al que está ligado por leyes permanentes (p. ej. las gravitatorias) en recorrer una vuelta completa en torno a su centro de atracción, o sea de describir una revolución o una órbita.

PERTURBACIÓN:

En general es cualquier hecho que tenga lugar durante la observación de un fenómeno y modifique sus características.

Como un ejemplo se tendría que la influencia gravitatoria del Sol sobre la Tierra se ve afectada por la perturbación que produce, también sobre esta, la influencia superpuesta de la Luna y los planetas.

PESO:

Es la fuerza resultante de la actuación de la gravedad de una masa por la acción de otra.

El Peso de un mismo objeto es mayor cuando el cuerpo que lo atrae es más macizo. Ej.: pesamos más en Júpiter que en la Tierra; pero pensamos menos en la Luna.

PLASMA:

Es un gas en condiciones físicas especiales, cuyos átomos han sido rotos en sus respectivos núcleos, constituyéndose en iones positivos e iones negativos.

El plasma es un buen conductor de la electricidad y resulta sensible a los campos magnéticos. El viento solar es un ejemplo.

POBLACIONES ESTELARES:

Las poblaciones estelares, que es como decir las estrellas, pueden clasificarse, según sus edades, en dos categorías.

La categoría I es la formada por estrellas jóvenes y la categoría II está formada por estrellas viejas.

Como ser en las galaxias espirales podemos ver un halo circular rojizo justamente por la abundancia de estrellas rojas, viejas. En cambio, en sus brazos espirales, son estrellas azules, jóvenes.

POLAR, estrella:

Estrella que está en la dirección del cielo hacia la cual apunta el Polo Norte de la Tierra.

POLOS:

Cada uno de los puntos de intersección, en un cuerpo de rotación, entre su superficie y su eje de rotación.

Se tiene polos terrestres, polos magnéticos, polos planetarios, polos solares, polos galácticos.

POLOS GALÁCTICOS:

Cada uno de los dos puntos de la esfera celeste equidistante del ecuador galáctico.

Se obtiene como intersección con la esfera celeste de una recta que pasa por el observador terrestre y es perpendicular al plano que contiene el centro de la galaxia y los brazos espirales.

POLVO CÓSMICO:

Está formado por partículas sólidas de hielo, piedras y cadenas de silicio.

PRECESIÓN:

Se dice de un movimiento que presenta el eje de rotación de los astros, debido a la influencia de los campos gravitatorios que influyen sobre él. Se trata de un movimiento de cabeceo, como si fuera la oscilación del eje de un trompo que forma un cono con la vertical, cuando va perdiendo velocidad de giro.

El eje terrestre gira describiendo un cono de una amplitud de 23°, en un período de 25.000 años. En ese movimiento el eje de rotación de la Tierra arrastra consigo al plano ecuatorial.

PRESIÓN:

Relación entre la intensidad de una fuerza y el área de la superficie sobre la cual actúa.

PRESIÓN DE RADIACIÓN:

Presión ejercida por los fotones emergidos de un manantial luminoso al chocar con un obstáculo. Desde un punto de vista macroscópico, las dimensiones y masas de los obstáculos son tales, que el choque de un fotón no produce efecto apreciable. Pero si esta interacción tiene lugar en lugares del orden de micrones estos obstáculos pueden llegar a ser movidos por la presión de la radiación.

PRINCIPIO DE EXCLUSIÓN DE PAULI:

"Dos electrones (o protones o neutrinos) no pueden compartir un mismo recinto (en el átomo) si tienen igual energía."

PROTOESTRELLA:

Es una futura estrella en su etapa inicial de formación, comprendida entre el momento en que una nube de gas y polvo comienza el colapso hacia un centro gravitatorio común, y aquel en que, por aumento de la temperatura, en el interior de la masa de materia en contracción se desencadenan los procesos termonucleares, con liberación de gran cantidad de energía.

PROTÓN:

Partícula subatómica que forma parte del núcleo del átomo, tiene carga positiva que es 1.840 veces mayor que la del electrón, que por convención, es igual a uno.

En un átomo estable el números de protones es igual que el de electrones.

PULSAR:

Es una estrella que emite radiaciones a intervalos breves y regulares, como si se tratara de un radio faro. Se admite que son estrellas de neutrones con muy rápida rotación sobre su eje.

***

Q

QUANTUM:

Es la menor cantidad de energía que puede ser transmitida en cualquier longitud de onda.

QUARK:

Es una de las partículas constituyentes de las elementales del átomo.

QUASAR (en variante Cuasar):

Se trata de cuerpos celestes con apariencia estelar, aparecen en el telescopio como muy débiles estrellas, sin embargo, al ser observados con el radiotelescopio muestran una radiación energética tan intensa que supera a la emitida por el total de una galaxia. Su corrimiento al rojo indica que se hallan a miles de millones de años luz. Se piensa que son los núcleos de jóvenes galaxias.

***

R

RADIACIÓN:

Emisión y propagación de energía a través del espacio.

Existen dos tipos fundamentales de radiación: la electromecánica y la corpuscular.

RADIOASTRONOMÍA:

Rama de la Astronomía que utiliza para sus estudios los recursos de la radio y el radar.

RADIO:

Elemento químico que se encuentra en la naturaleza bajo el número atómico 88, en forma de un mineral blanco/plateado. Es muy radiactivo y está presente en un 0.3 gramos por tonelada de uranio. Tiene uso en la investigación científica y en la astrofísica en particular.

RADIO FOCO:

Punto del cielo en donde se produce una emisión de ondas electromagnéticas, que pueden ser captadas con equipos de radio astronómicos en la Tierra.

RADIOGALAXIAS:

Son grandes sistemas estelares, que se revelan como fuentes de potentes ondas de radio, que superan en millones de veces las ondas emitidas por la galaxia Vía Láctea.

RADIOTELESCOPIO:

Aparato para la investigación astronómica, destinado a la captación del flujo de energía que, procedente del espacio, llega a la Tierra en forma de ondas electromagnéticas pertenecientes a la banda de las radioondas. Permite detectar la energía de radio emitida por nebulosas, galaxias, pulsares, etc.

RAYAS ESPECTRALES:

Son las rayas que se observan, por medio de un espectroscopio, cuando la luz de un objeto celeste es dispersada en las diferentes longitudes de onda.

Cada raya es representativa de un elemento químico, que está presente en el astro y tiene una longitud de onda muy bien definida.

RAYOS CÓSMICOS:

Son partículas subatómicas procedentes del espacio exterior, que debido a su gran velocidad tienen una enorme energía.

RAYOS "X":

Los Rayos "X" son ondas electromagnéticas que tienen una longitud sumamente corta, comprendida entre 0.1 y 300 Åmströng, lo cual es permite atravesar diferentes cuerpos sin ser interferidas.

REACCIÓN NUCLEAR:

Se denomina reacción nuclear a la cadena de procesos por los cuales se combinan o se fragmentan los núcleos de los átomos con liberación o absorción de energía y de partículas con la siguiente formación de un nuevo elemento. La unión de los átomos se llama "**Fusión**" y la rotura "**Fisión**".

RELATIVIDAD:

Es el nombre de una teoría física sobre la estructura del espacio, formulada por Albert Einstein en los primeros años del siglo XX. En el año 1905, en su primera parte: Teoría de la relatividad, su principal enunciado es que la velocidad de la Luz es una constante (300.000 km por segundo) que es independiente del sistema de coordenadas a las que se refiera, esta velocidad es un límite imposible de alcanzar por ningún tipo de cuerpo material y al estar acercándose ese límite se manifiesta un efecto llamado "dilatación del tiempo". Este primer enunciado fue completado en 1912 con la Ley de la Relatividad Universal.

RETRÓGRADO (movimiento):

Es un movimiento de los cuerpos celestes, que se manifiesta por ser una rotación en el sentido de las agujas del reloj, ya sea a lo largo de su órbita o de su eje de rotación.

El sentido de giro de los planetas es directo o sea en el sentido contrario a las agujas del reloj, salvo Venus que gira en sentido retrógrado. Hay otros cuerpos que también lo hace en forma retrógrada, como ser el Cometa Halley.

RELUMBRÓN:

Se denomina Relumbrón al aumento imprevisto de la luminosidad de la cromosfera solar, que se encuentra en la proximidad de las "manchas". El tiempo de duración de este fenómeno puede variar entre pocos minutos y algunas horas, produce una radiación del tipo ultravioleta. Estas radiaciones, conjuntamente con partículas, al llegar a la atmósfera de la Tierra, son las causantes de las aureolas polares, además de interferencias radiales.

ROTACIÓN;

Uno de los movimientos que efectúan los astros al girar alrededor de los ejes que pasan por los centros de gravedad o baricentros de sus masas. P/ej. el período de rotación de la Luna coincide con el de su revolución alrededor de la Tierra y por eso la Luna nos presenta siempre su misma cara visible.

***

S

SECUENCIA PRINCIPAL:
Es la representación teórica de una curva que se usa para estudiar la evolución de las estrellas y se traza en un diagrama cartesiano llamado de Hertzsprung-Russell.

SINGULARIDAD:
Vista desde la teoría de la relatividad, una singularidad es un punto totalmente teórico, cuyo volumen es cero e infinita su densidad.

SOLSTICIOS:
Cada uno de los instantes en que el Sol alcanza los dos puntos de la eclíptica más alejados del ecuador terrestre.

Se producen el 22 de junio, el solsticio de invierno, en el hemisferio austral y el 22 de diciembre el solsticio de verano, también en el hemisferio austral. En el hemisferio boreal se invierten las fechas o sea, 22 de junio solsticio de verano y 22 de diciembre solsticio de invierno.

SUPERUNIFICADA, teoría:
Teoría hipotética que, presumiblemente, mostraría cómo las cuatro fuerzas fundamentales de la naturaleza actuaron como una sola fuerza en los más remotos comienzos del Universo.

Se cree que las principales teorías, sobre este tema, son la supersimetría y la teoría de las Cuerdas.

***

T

TEMPERATURA:
Índice de nivel térmico en el cual se encuentra una determinada cantidad de calor.

La temperatura, en el sistema práctico, se mide en grados centígrados (ºC).

El grado centígrado se define como la centésima parte del intervalo de temperatura que existe entre la temperatura del hielo fundente y la temperatura del agua en ebullición, ambas a una presión constante de 760 milímetros de mercurio.

TELESCOPIO:

Aparato para reunir y amplificar luz u otra energía. Los telescopios refractores reúnen la luz mediante una lente y los telescopios reflectores lo hacen mediante un espejo. Los radiotelescopios reúnen energía de radio, usando por lo general una antena de disco metálica. También existen telescopios que reúnen rayos X, rayos gama y otras formas de energía.

TIEMPO:

El tiempo es una de las dimensiones fundamentales en todos los sistemas de unidades de medida.

Desde el punto de vista de la metrología teórica y práctica, la definición y la determinación de la unidad de tiempo es fundamental para el estudio fenomenológico de la naturaleza.

Históricamente, la unidad de tiempo ha partido de la observación de fenómenos periódicos relacionados con el movimiento de la Tierra. Hasta el año 1956, la unidad de tiempo en el sistema internacional fue el segundo y se definía como la fracción 1/86.400 avas partes del día solar medio. El punto más vulnerable de esta definición reside en la hipótesis de la uniformidad de la escala del tiempo solar medio, es decir, la uniformidad de los movimientos de revolución y rotación de la Tierra.

Hoy en día se sigue usando esta definición para el orden macro de la tarea a realizar. En caso de grandes exactitudes en tareas micro se usa la oscilación de ciertos átomos, teoría de no fácil explicación, en los llamados relojes atómicos.

TORRE SOLAR:

Es una estructura usada para la observación telescópica del Sol, a fin de poder lograr una gran distancia focal, que es necesaria para poder visualizar la totalidad del disco solar, esa gran distancia se obtiene elevando la altura para poder sostener en su extremo superior a un conjunto de espejos, que permiten dirigir la vista de la imagen del Sol en forma vertical a la base de la torre, donde es captada por las lentes de un telescopio fijo, que por ser fijo no necesita ser orientado y permite, gracias a la distancia recorrida por la imagen (espejos-telescopio) observar cómodamente la imagen total del disco solar.

TRÓPICOS:

Cada uno de los dos paralelos terrestres que tiene el Sol en su Cenit, el 22 de junio y el 22 de diciembre: en el primero se sitúa el trópico de Cáncer, a una latitud de 27° 27 minutos norte y en el segundo el Trópico de Capricornio a una latitud de 23° 27 minutos Sur.

TROPOSFERA:

Parte inferior de la atmósfera (hasta 12 km de altitud), en la que se desarrolla la propagación electromagnética directa entre estaciones situadas en puntos de la Tierra.

Se caracteriza por la mayor densidad de la atmósfera y por un gradiente de temperatura negativo (disminución de abajo a arriba) notablemente regular, de manera que las trayectorias electromagnéticas resultan ligeramente curvadas hacia la superficie terrestre.

***

U

UNIDAD ASTRONÓMICA (UA):

Es una unidad de medida, usada preferentemente dentro del Sistema Solar.

Se obtuvo como la distancia media de la Tierra al Sol, y es de 149.597.910 km, que en números prácticos es de 150 millones de kilómetros.

Observando en forma práctica y en secuencia ordenada las distancias de cada uno de los planetas al sol, leídas en UA, se puede llegar a tener una imagen práctica de sus distancias relativas.

UNIVERSO ESTACIONARIO, Teoría del:

Los astrónomos británicos: H. Bondi, T. Gold y F. Hoyle no aceptaban la teoría del Big Bang, fundamentalmente desde el punto de vista filosófico, por no concebir que el Universo tuviera un repentino nacimiento.

Y fue en el año 1948 que hicieron presentación de su teoría del Universo Estacionario.

Esta teoría parte de la afirmación de que el Universo pareciera ser siempre el mismo, plantea que la densidad del Universo es siempre la misma pues la pérdida de ésta, por la expansión del Universo, se ve compensada por una creación continua de materia, es una teoría que obliga a aceptar la suposición de creación continua de materia.

En general, no tuvo aceptación, entre los astrónomos de esa época, perdiendo su fuerza inicial a medida que se detectaban hechos que servían para la confirmación la teoría del Big Bang.

***

V

VACÍO:

En sentido estricto, vacío es un espacio totalmente exento de materia.

En sentido más amplio, en la técnica y la física, es un estado de rarefacción más o menos acentuada del gas contenido en un recipiente.

Ni en la práctica ni en laboratorio se logró aún el vacío absoluto. Tampoco en el espacio del Universo se ha podido hallar vacío total.

VELA SOLAR:

Es un proyecto que no funcionó, de lograr remontar instrumentos de medición al espacio, mediante una enorme y liviana tela, como un barrilete, usando una vez fuera de la atmósfera, para la continuidad del "viaje", la energía que le aportaría el viento solar.

VELOCIDAD:

Desde el punto de vista físico, la velocidad es una magnitud vectorial, que tiene módulo, dirección y sentido. Se expresa en unidades de distancia dividido por unidades de tiempo, las más generalizadas son: kilómetros por hora (automóvil), kilómetros por segundo (velocidad de la luz), metros por segundo, etc. O sea que es la magnitud que indica la distancia que recorre un cuerpo y en que tiempo lo hace indicando también su dirección y sentido.

VELOCIDAD DE ESCAPE:

Es la velocidad que debe alcanzar cualquier partícula, objeto o cuerpo para lograr vencer la atracción gravitatoria de un cuerpo, solamente con su impulso inicial, o sea, sin necesidad de tener que incorporar energía adicional.

La velocidad de escape de la Tierra es de 11,2 kilómetros por segundo (40.000 km/hora).

Cada planeta, luna o cuerpo celeste tiene diferente velocidad de escape, pues ésta es dependiente de la masa del cuerpo.

***

W-X-Y

X- Rayos:

Ver *RAYOS X.*

***

Z

ZÉNIT:

Punto del firmamento determinado por la intersección de la vertical del lugar con la esfera celeste.

ZODÍACO:

Se ha llamado desde la antigüedad Zodíaco a una franja de la esfera celeste, sobre la cual, en forma aparente, se ven moverse los planetas, la Luna y el Sol; este sector celeste se ha dividido imaginariamente en 12 gajos, de 30 grados de arco cada uno.

Comenzando en el equinoccio de primavera y siguiendo por la eclíptica hacia el Este cada uno de esos gajos o sectores llevan por nombre el de la constelación que ocupaba ese lugar, en la época que fueron nominados, que fue en el siglo segundo antes de Cristo.

Los signos zodiacales, van cambiando de posición sobre la esfera celeste, en forma periódica, pero muy, muy lentamente, dando una vuelta de retroceso en 26.000 años, que equivale a recorrer en 70 años solamente un grado.

Los nombres de las constelaciones determinadas, en el siglo II a.C., por los pioneros de la Astronomía son:

ARIES, TAURO, GÉMINIS, CÁNCER, LEO, VIRGO, LIBRA, ESCORPIO, SAGITARIO, CAPRICORNIO, ACUARIO, PISCIS.

FIN DEL GLOSARIO.

"Un alineamiento polar perfecto
implica que le darás un golpe,
en la oscuridad, a la pata del trípode."
Ley de Murphy

BIBLIOGRAFÍA

"La Tierra es nuestro hogar, nuestra madre. Nuestra forma de vida nació y evolucionó aquí y es aquí donde desarrollamos nuestra pasión por explorar el Cosmos ...y es aquí donde estamos elaborando nuestro destino, con cierto dolor y sin garantías."

CARL SAGAN

A continuación se da una nómina de libros, publicaciones y páginas de Internet que sirvieron de apoyo técnico en la preparación de este libro:

ASIMOV, Isaac: *El Universo* (*)
Alianza, Madrid,1981.
ASIMOV, Isaac: *Soles en explosión*
Sudamericana Planeta, Barcelona, 1985.
ASIMOV, Isaac y Janet: *Fronteras II*
B.S.A., Barcelona, 1993.
CIESA TEMÁTICA: Universo/Cosmos
Temática, Barcelona, 1984.
DULTZIN, Déborah. : *Cuásares en los confines del Universo*
F.C.E., Méjico D.F., 1988.
EDICIONES ORBES: Astronomía-Video
Editorial Orbes S.A.-Barcelona-1999.
ENCICLOPEDIA BRITÁNICA: Hombres-Ciencias y Tecnología (*)
Londres, 1983.
FEINSTEIN, A y TiIGNANNELLI, Horacio.: *Una visita al Universo conocido*
Colihue, Buenos Aires, 1994.
GANGUI, Alejandro.: *El Big Bang*
Eudeba, Buenos Aires, 2005.
MOLEDO, Leonardo: *De las tortugas a las estrellas* (*)
A- Z EDITORA, San Pablo, 1994.
ROIJ, Miguel.: *Viaje a través del Universo*
Time/Life. Books, Barcelona, 1995.
PHILLIPS, C. y S. PRIWER: *Todo sobre Einstein* (*)

(*The Everything Einstein Book*) Man non Troppo, Barcelona, 2003.
SAGAN, Carl: *Cosmos*
Planeta, Barcelona, 1989.
SARDELLA, O.: *Del Big Bang a nuestros días* (*)
Ediciones El Amanecer Dorado, Buenos Aires, 1993.
UNSOLD, A. : *El Nuevo Cosmos*
Edit. Siglo XXI, Méjico, 1997.
WEINBERG, S.: *Los tres primeros minutos del Universo*
Salvat, Madrid,1977.

PÁGINAS WEB:

www.astronomiaonline.com
www.planetario.gov.ar
www.cielosur.com
www.asaramas.com.ar
www.astromia.com
www.planetmad.es
www.axxon.com.ar
www.surastronomico.com
www.astroseti.org
www.alcielosite.com.ar
www.ifir.edu.ar
www.avisora.com
www.ciencia.nasa.gov
www.universetoday.com
www.feinstein.com.ar
www.spaceweather.com
www.galeon.com
www.astronomy.com
www.fcaglp.unpl.edu.ar
www.science.nasa.gov

Las tablas con valores numéricos, gráficos y datos en general de este libro, como es lógico suponer, no son producto de una investigación científica propia del autor, sino que son elementos recopilados de bibliografía especializada sobre los temas y de noticias periodísticas muy respetables.

Toda la información de este libro es de dominio público, pero se desea dejar aclarado que toda ella ha sido constatada y se ajusta a la información y/o teorías más aceptadas por el mundo científico de la actualidad.

En los casos en que se hayan transcripto algunos párrafos completos, éstos están entrecomillados y con mención de la fuente. Las fotos, en su gran mayoría, se han obtenido de páginas de Internet, principalmente de "science.nasa.gov" y de "astronomia.com".

De la bibliografía indicada con (*) se han extraído algunos gráficos y tablas de valores.

"Solo conozco dos cosas infinitas,
el Universo y la estupidez humana;
de la primera no estoy tan seguro."
ALBERT EINSTEIN

ÍNDICE

"Antes de continuar con el tema: UNIVERSO, creo conveniente brindar al lector la oportunidad de admirar una serie de espectaculares fotos a todo color de los principales objetos celestes que éste contiene y lo integran, las que ha sido posible captar gracias al extraordinario desarrollo tecnológico de los últimos años. La mayoría de ellas han sido mediante el TELESCOPIO ESPACIAL HUBBLE, sobre el que creo sería muy importante, brindar una somera descripción.

El Telescopio Espacial HUBBLE

En órbita circular a 600 Km de la Tierra gira, desde el 24 de abril del año 1990, colocado por la NASA, un satélite mecánico que porta un ingenioso dispositivo de telescopio comandado desde la Tierra, con el único propósito de obtener fotos desde los objetos más cercanos hasta lo más profundo del Universo observable. Se trata del telescopio espacial Hubble, que es capaz de obtener resoluciones ópticas de 0,1 segundo de arco, es un conjunto de equipos con un peso total de 11.000 kilos, una especie de cilindro de unos 13 metros de largo con un diámetro de 4 metros.

Es un telescopio reflector, con dos espejos, siendo el mayor de 2,4 metros de diámetro; cuenta además con varios espectrómetros y tres cámaras: una para poder fotografiar zonas pequeñas, otra gran angular para obtener imágenes de planetas y una tercera de infrarrojos. Cuenta con cuatro pequeños motores giratorios y reversibles usados para orientar y estabilizar la visual, dirigiéndola al objeto o parte de éste que se requiera fotografiar. Complementa el equipamiento principal un importante grupo de refrigeración, ya que está expuesto en forma directa a los rayos solares o al intenso frío por la pequeña atmósfera que lo acompaña.

La ventaja de poder disponer la operatividad de un telescopio fuera o cercana al límite de la atmósfera permite que se libre al instrumento de la influencia negativa de las radiaciones electromagnéticas que actúan en la superficie terrestre; además se eliminan también los factores meteorológicos y la contaminación lumínica.

Los astrónomos, gracias al telescopio Hubble, han podido ver y estudiar el Universo con una luminosidad y detalles jamás antes lograda, se ha podido confirmar la existencia de los agujeros negros, resolver o descubrir nuevas galaxias y cúmulos en rincones del Universo profundo, choques de galaxias; en fin, se le han dado infinitos usos y aplicaciones.

DISCO DE ACRECIÓN

Se trata de un gráfico en tres dimensiones en computadora. Representa el material que va siendo absorbido por un centro de atracción gravitatoria, el cual gira alrededor del cuerpo absorbente, antes de ser incorporado. El diámetro puede variar entre una vez el del Sol y el de la Luna.

COLISIÓN ENTRE GALAXIAS

La galaxia de la izquierda, NGC 2207, hace colisión con la de la derecha, CI 2163, y por el efecto de las fuerzas tildares (mareas) se deforman los brazos de la segunda, y la primera a su vez expulsa estrellas y riega gases en largas serpentinas hacia su derecha, que están alcanzando una longitud del orden de los 100.000 años luz. En general, las estrellas no se chocan entre sí, pero el impacto de las grandes masas gaseosas produce el nacimiento de nuevas estrellas.

FLUJO DE MATERIA

La galaxia de la izquierda es la NGC 1409 y la de la derecha es la NGC 1410 y están separadas entre sí por 23.000 años luz de espacio sideral. La primera está absorbiendo materia de la segunda, lo cual se puede visualizar en las cintas amarronadas que se están enrollando en la primera. Ambas galaxias se encuentran a 300.000.000 de años luz de la Tierra.

TELESCOPIO HUBBLE

Es un telescopio con un espejo reflector de 2,4 mts. de diámetro, que gira satelitalmente a una distancia del orden de los 600 km alrededor de la superficie terrestre desde el año 1990 en que fue colocado en órbita. Desde entonces se lo debió reparar en tres oportunidades, siempre en el espacio. Tiene además una rutina de controles y mantenimiento, sin dejar su órbita, a la que se aborda desde la Tierra, con naves de mantenimiento.

CENTRO DE LA VÍA LÁCTEA

Se pueden observar, en el centro, grandes nubes de polvo cósmico, cúmulos estelares, grandes remolinos y un importante agujero negro. La gran mancha blanca del centro propiamente dicho está integrada por millones de estrellas y la línea horizontal es parte del plano galáctico.

TIERRA Y LUNA

Se trata de una composición entre dos tomas del Telescopio Hubble, una de la Tierra y otra de la Luna.

GALAXIA ANDRÓMEDA

Espiral, distancia a la Tierra, 2 millones de años luz. Integra el Grupo Local. Hacia la parte media derecha de la foto se pueden ver dos galaxias elípticas más pequeñas.

SATURNO CON SUS ANILLOS

Magnífica foto obtenida por la sonda Cassini, el 9 de noviembre de 2003. También se observa uno de sus satélites: el Mimas.

ANILLOS DE URANO

Vista parcial del planeta. Espléndida toma obtenida por la nave Voyager II. Los colores reales son gris neutro y negro carbón. En el ángulo inferior derecho se puede observar parte del planeta Urano.

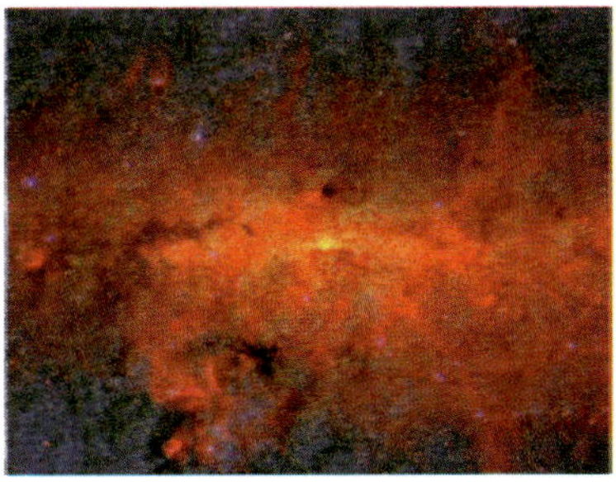

CENTRO GALAXIA VÍA LÁCTEA

Fotografía con rayos infrarrojos, que facilitó la visión a través del polvo galáctico.

CÚMULO GLOBULAR
OMEGA CENTAURO
NGC 5139

Distancia Tierra, 15.000 años luz. Contiene más de 100 millones de estrellas, se ubica en la constelación del Centauro.

ENANA BLANCA
NGC 2.440

En el centro se puede ver la estrella E-13, rodeada de fragmentos producto de la explosión.

CHOQUE DE DOS GALAXIAS

Distancia a la Tierra: 63 años luz. En la constelación del Cuervo Sur. Las dos zonas anaranjadas son los centros de las respectivas galaxias. Contienen gran cantidad de estrellas azules.

ERUPCIÓN SOLAR

En la foto se pueden observar grandes eyecciones de masa coronal; estas emisiones de materia candente alcanzan hasta 2 diámetros solares y aún más y son miles de millones de toneladas de gas arrojados a la atmósfera. El disco rojo central es un artificio en el telescopio solar colocado a fin de evitar el Sol directo.

ESPACIO PROFUNDO

El telescopio Hubble fue enfocado a lo más profundo del Universo y gracias al efecto producido por las lentes gravitacionales se obtuvieron imágenes de este hermoso fondo del Universo.

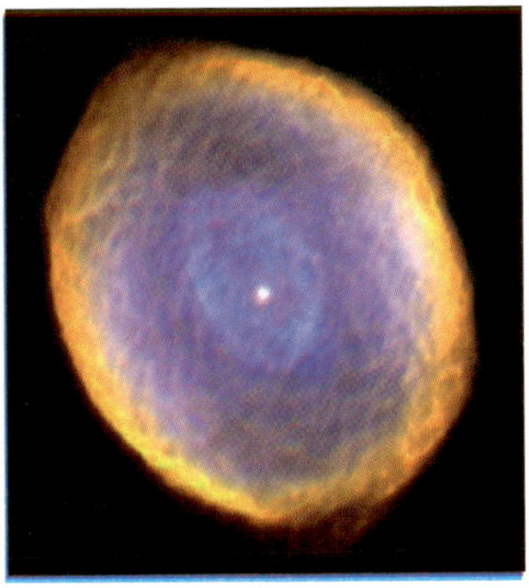

NEBULOSA
DEL ESPIRÓGRAFO

Distancia Tierra, 2.000 años luz. Diámetro 0.3 años luz. En el centro, la enana blanca IC 418.

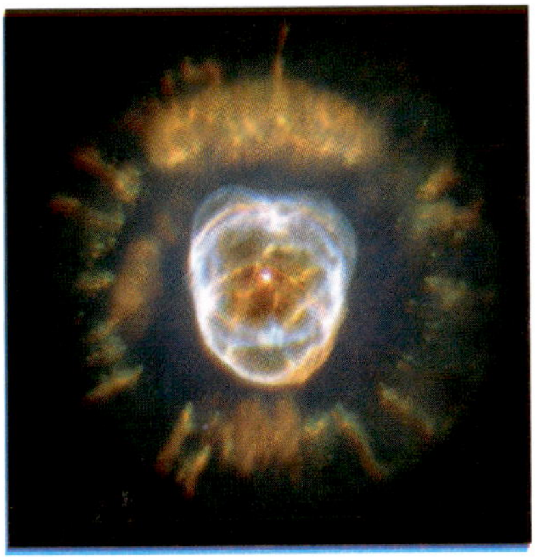

NEBULOSA ESQUIMAL
N 2392

Distancia a la Tierra, 5.000 años luz. En la constelación de Géminis.

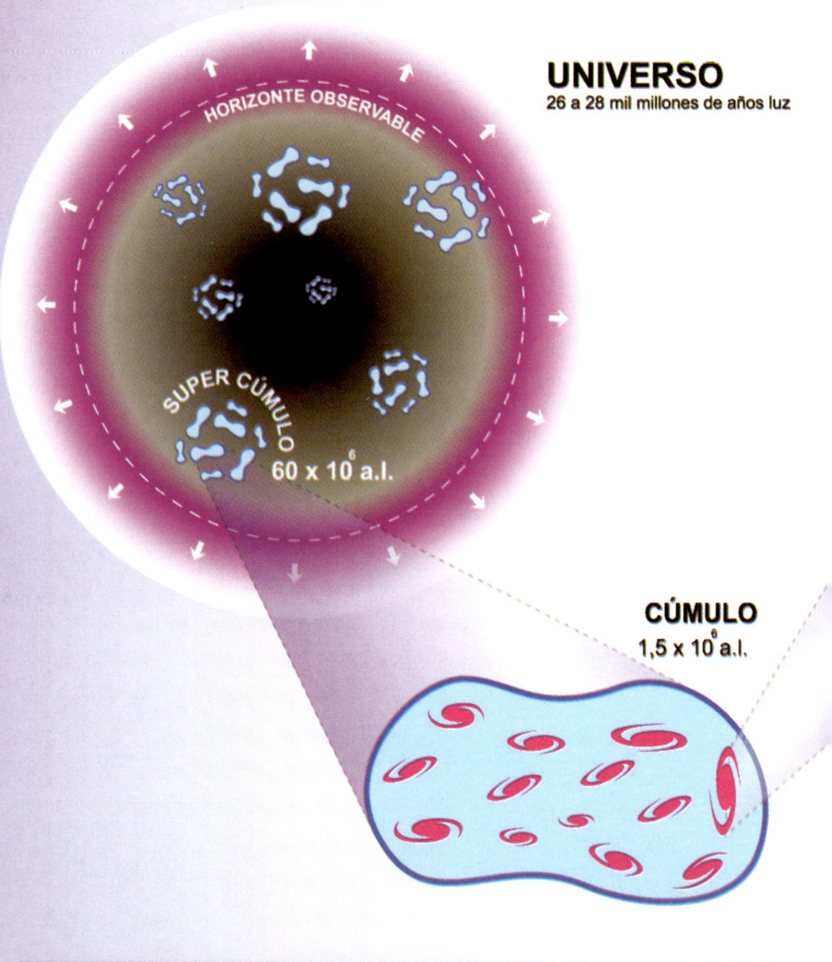

GRANDES ESTRUCTURAS CELESTES

Universo: es el conjunto de todas las materias, la energía, el tiempo y el espacio.

Supercúmulos: el conjunto celeste más grande, lo forman los cúmulos.

Cúmulos: conjunto de galaxias.

Galaxias: conjunto de millones de estrellas.

Sistema solar: una estrella (el Sol) en un brazo (Orión) de la galaxia Vía Láctea con sus planetas, satélites, meteoros, cometas, polvo interplanetario, etc.

Tierra: planeta del sistema solar, tercero por su distancia al sol.

Ilustración:
Candela Francomano

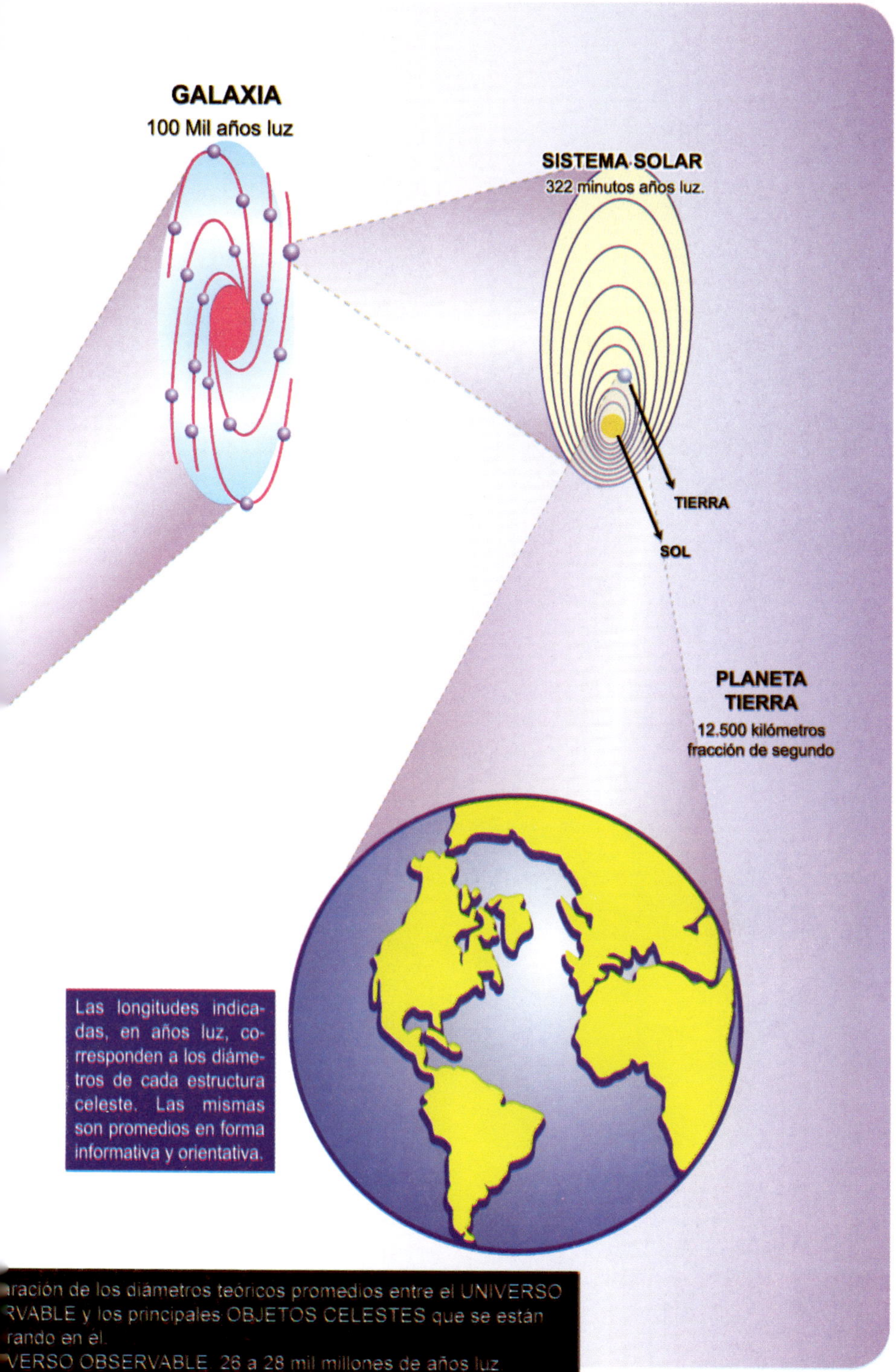

Las longitudes indicadas, en años luz, corresponden a los diámetros de cada estructura celeste. Las mismas son promedios en forma informativa y orientativa.

...ración de los diámetros teóricos promedios entre el UNIVERSO ...RVABLE y los principales OBJETOS CELESTES que se están ...rando en él.

...VERSO OBSERVABLE. 26 a 28 mil millones de años luz
...ERCÚMULOS. 60 millones de años luz.
...MULOS. 1,5 millones años luz.
...AXIAS. 100 mil años luz.
...TEMA SOLAR. 322 minutos de años luz.
...NETA TIERRA. Fracción de segundo de año luz.

EXPLORANDO LA LUNA

Astronauta acercándose a una formación rocosa y en el fondo una panorámica lunar.

FONDO DEL UNIVERSO

multitud de galaxias

La zona fotografiada equivale al 10% de la Luna llena. Ubicación: sur de constelación de Orión.

FORMADORA DE ESTRELLAS

Nebulosa NGC 604

Nube de gas de 1.300 años luz de diámetro. Distancia Tierra: 2,7 millones años luz. Contiene más de 200 estrellas azules.

FUSIÓN DE GALAXIAS

Se trata de un conjunto de 4 galaxias que se están fusionando. El conjunto de las 4 galaxias ocupan tan sólo un diámetro de 90.000 años luz.

GALAXIA CENTAURO "A"
NGC 5128

La llamarada de energía que se ve escapar hacia la izquierda tiene 30.000 años luz de longitud. Distancia a la Tierra: 11 millones años luz. Se ubica en la constelación del Centauro. Se supone que contiene un agujero negro con una masa 1 millón de veces la del Sol.

GALAXIA ESPIRAL Nº 3370

Distancia a la Tierra: 100 millones de años luz. Contiene varias estrellas Cefeidas. En el año 1994 explotó una de sus estrellas en Supernova tipo 1ª.

GALAXIA ENANA
IRREGULAR- 1569

Distancia a la Tierra: 7 millones de años luz. Los azules/celestes son cúmulos estelares.

COMETA

Foto del cometa Hale-Bopp (1997).

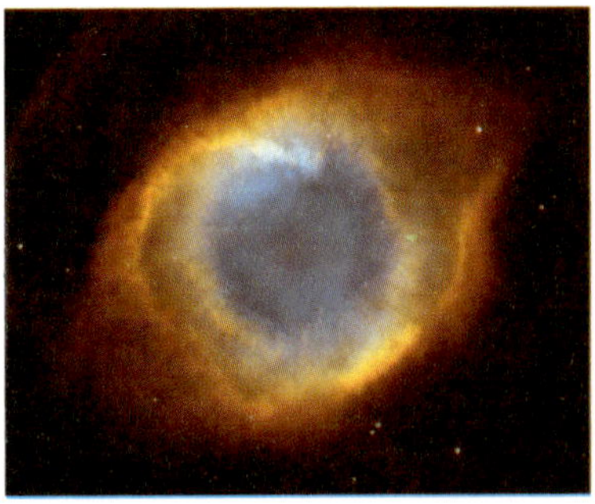

NEBULOSA DE LA HÉLICE

Distancia Tierra: 650 años luz. La estrella central es una enana blanca. Diámetro exterior promedio, 3 años luz. El anillo grueso rojo es de hidrógeno y de nitrógeno, el azul es oxígeno.

NEBULOSA DE LA HORMIGA

La estrella que ilumina la masa de gas y polvo está en el centro y es la M23. Los vientos de escape del material estelar tienen una velocidad de 1.000 km por segundo.

NEBULOSA DEL LÁPIZ

Distancia Tierra: 820 años luz. Es parte remanente de la supernova de la Vela. Parece ser parte del choque de esa supernova con una zona de gas denso.

LUNA LLENA

GRAN NUBE DE MAGALLANES

Galaxia enana irregular que pertenece al Grupo Local. El sector blanco, en la parte superior izquierda, es un sector formador de estrellas.

MANCHA DE JÚPITER

Se puede observar la gran mancha roja de Júpiter (amarillenta) que es un gigantesco ciclón de forma oval.

ANILLO DE NEBULOSAS

Varias nebulosas de emisión conectadas por filamentos brillantes. Se extiende por 1.000 años luz a lo largo de la nube de Magallanes. En el centro hay un hermoso Cúmulo Estelar con más de 50 estrellas azules.

AGUJERO NEGRO (dibujo)

Es un hipotético cuerpo celeste con un gran campo gravitatorio tan poderoso que ninguna radiación puede ser emitida y por el contrario absorbe toda la materia que se encuentre en su zona de atracción.

GALAXIA ESPIRAL NGC 300
Distancia Tierra: 7 millones años luz. Es posible verla en la constelación del Escultor, con un diámetro equivalente a la Luna llena.

GALAXIA ESPIRAL
NGC 891-vista de canto
Se ve la expulsión del polvo galáctico.

GALAXIA ENANA REGULAR
NGC 6822
Distancia Tierra: 1,5 millones años luz. Se la encuentra hacia la constelación de Sagitario. Forma parte del Grupo Local.

CÚMULO GLOBULAR-NGC 5139
Llamado Omega Centauro. Distancia Tierra: 15.000 años luz. Es el más masivo conocido de la Vía Láctea, contiene más de 10 millones de estrellas. Se lo encuentra hacia la constelación de Centauro.

PLANETA MERCURIO

Se observa la superficie de Mercurio.

NACIMIENTO DE GALAXIA

Diámetro, 900 años luz. Distancia Tierra: 69 millones años luz. Contiene, por lo menos, 100 millones de estrellas.

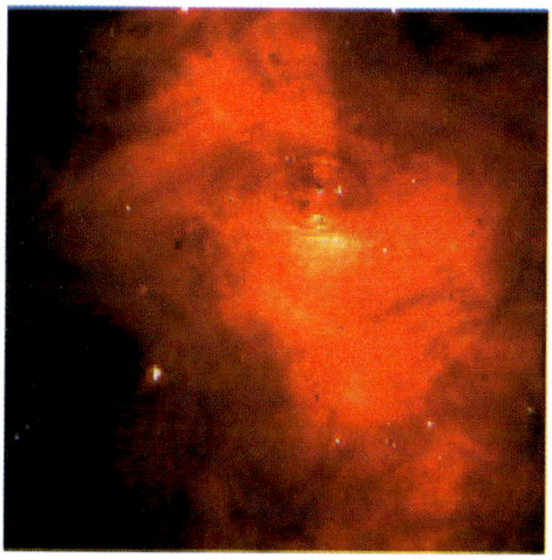

PULSAR DE NEBULOSA DEL CANGREJO

La estrella de neutrones se ve en la zona amarilla.

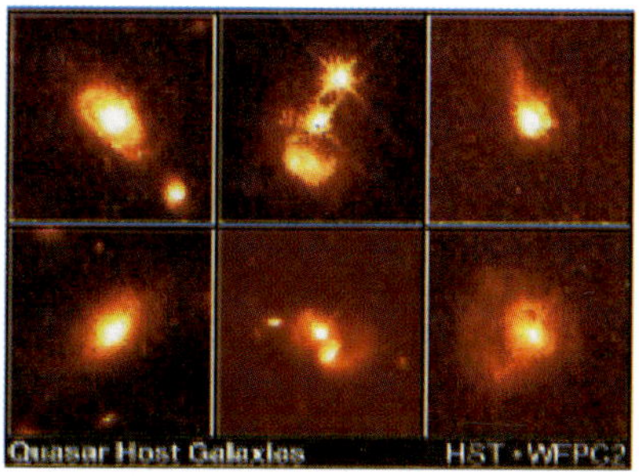

CUASARES

Fuentes de intensísimas radiaciones, supuestamente a enormes distancias del Sistema Solar, en 1994 se descubrió uno a una distancia de 12 evos (12 mil millones) de años luz, casi el tiempo desde el Big Bang. Resultó ser 1 millón de veces más brillante que la Vía Láctea.

Ver más fotos color entre páginas: 48-49

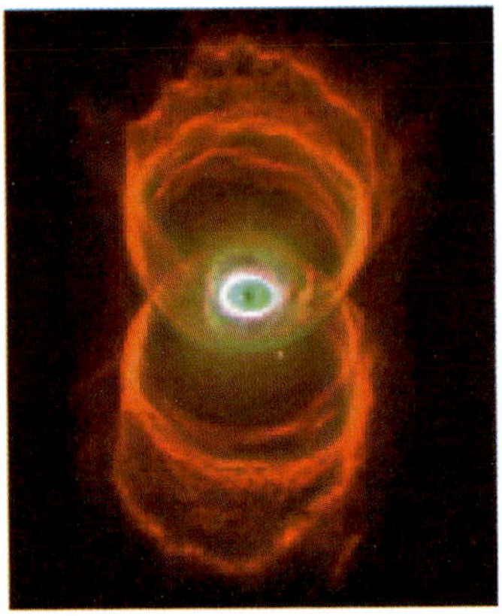

NEBULOSA ESPIRAL
Reloj de Arena
Distancia Tierra: 8.000 años luz. La estrella central se está muriendo y arroja sus capas al exterior.

GALAXIA DEL SOMBRERO
Distancia de la Tierra: 30 millones de años luz. En el cúmulo de Virgo NGC 4594. El gran brillo central es el producto de millones de estrellas.

SUPERNOVA 1987 A
Ubicada en la pequeña nube de Magallanes. Es un hecho poco común el encontrar una supernova, se estima que es un acontecimiento que puede concretarse cada 200 años por cada galaxia.

LA TIERRA VISTA
DESDE LA LUNA

TOROIDE DE
AGUJERO NEGRO

En la galaxia NGC 4388 a través de un Toroide muy denso de gas molecular y polvo. Las zonas celestes son los conos de acreción.

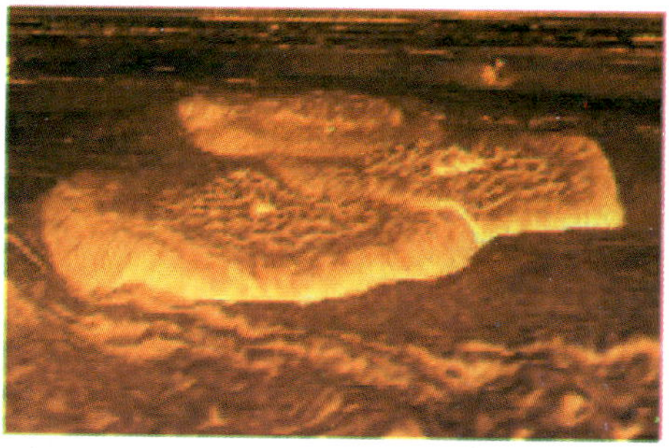

SUPERFICIE DE VENUS

Se ve, desde afuera, la densa atmósfera del planeta Venus en grandes y gruesas capas de nubes compuestas de ácido sulfúrico, que cubren toda la superficie del planeta en espesores de varios km. Estas capas de nubes producen un gran efecto invernadero, llegando a temperaturas de hasta 470 ºC, entre las mismas y la superficie planetaria.

Estrella BETELGEUSE

Es una estrella roja, a una distancia de 300 años luz de la tierra, con un diámetro aproximado de 500.000.000 km. Resulta ser una de las más grandes estrellas observables. Se compara el diámetro de la estrella con el diámetro de la órbita de la Tierra y el de la órbita de Júpiter.

COMPLEJO BINARIO

Se trata de una pareja estelar (2 estrellas) en la Galaxia Nubes de Magallanes. Los átomos de Helio son los azules, los de Oxigeno verdes y de Hidrógeno rojos.

Nebulosa CABEZA DE CABALLO:
Denominada B 33, está situada a 1.000 años luz de la tierra, en el extremo izquierdo del Cinturón de Orión, es una inmensa nube fría y obscura de gas.

Choque entre dos galaxias.
Se halla a 63.000.000 de años luz de la tierra, en la Constelación del Cuervo Sur y son las denominadas: NGC 4038 y 4039. Las luces anaranjadas son ambos centros galácticos, las azules son más de 1.000 estrellas nuevas, producto del encuentro galáctico y el cordón marrón que une ambas centros son filamentos de materia oscura que la más pequeña va absorbiendo de la mayor.

Creación—Dibujo de un AGUJERO NEGRO

Nebulosa CARINA

Se puede observar las nubes de gases fríos y muy calientes. Su principal estrella es ALPHA CARINA, que es la estrella de segundo brillo, después de SIRIO.

EL PEQUEÑO FANTASMA

Nebulosa Planetaria NGC 6369, distante 3.500 años luz de la Tierra.

NEBULOSA DEL CISNE - M 17

Zona de gran formación estelar.

Las zonas que parecerían ser las alas de una mariposa, son zonas de formación de estrellas nuevas que nacen de la nebulosa.

Formación de Estrellas:
NEBULOSA NGC 604. ubicada a 2.700.000 años luz de la tierra, en la galaxia M 33, tiene un diámetro de 1.300 años luz. Se estima que hace 300.000.000 de años que comenzaron a formarse estrellas jóvenes de las cuales se han detectado, hasta ahora 300 estrellas azules.

GALAXIA NGC 3370
Está a 100.000.000 de años luz de la tierra. En el año 1.994 se pudo observar el estallido de una de sus estrellas como Supernova Ia.

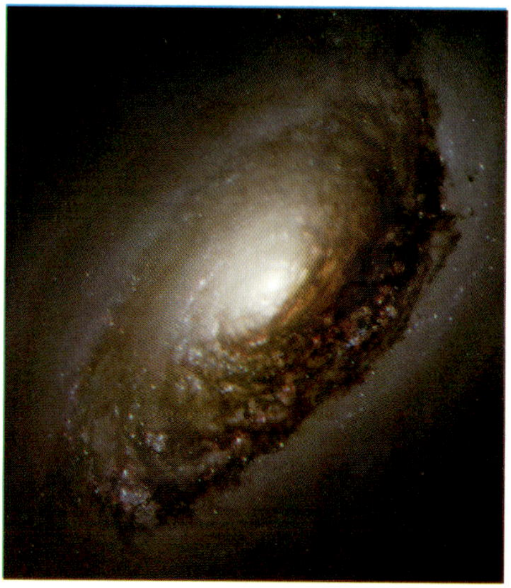

GALAXIA M64

La particularidad de esta foto es que ese trata de la imagen que se recibe después de una colisión de dos galaxias, hace 1.000.000.000 de años. La deducción del choque surge de observar que todas las estrellas giran en sentido positivo, pero en su interior el Polvo Galáctico que aún persiste lo hace en el sentido contrario, siendo el que pertenece a la galaxia absorbida.

Constelación HERNIZA- 3-1.475

Está en la constelación de Sagitario a 18.000 años luz de la tierra. Su estrella principal supera en más de 10.000 la luminosidad del Sol y pesa unas 4 veces menos que este. La velocidad de emisión de material, desde su interior, al exterior supera los 4.000.000 de Km. por hora.

Objeto de HOAG

Ubicada en la constelación de la Serpiente a 600.000.000 de años luz de la tierra.
Se podría interpretar como dos galaxias, una interior con estrellas rojas, más viejas y la otra un anillo exterior formada por estrellas azules, más jóvenes.
El diámetro de la exterior es de unos 100.000 años luz.

Nebulosa del HUEVO

El centro fue una gigante Roja –CRL-2688, que hace varios cientos de años comenzó a recorrer el camino final, con lenta eyección de su masa. Se la puede localizar en la Vía Láctea, en dirección a CYGNUS a unos 3.000 años luz de la Tierra.

ESTRELLA JOVEN EN ORION

Esta ubicada en uno de los brazos espiral de la Vía Láctea y dista 1.500 años luz de la Tierra,

La estrella visible, joven y aún en formación se denomina LL ORIONIS y justamente los grandes vientos que produce su estado chocan con los lentos gases que provienen de la nebulosa de Orión y forman ese efecto de hermoso arco, visible en la foto.

GALAXIA DE LAS ANTENAS

Nueva galaxia, aún en formación, producto del choque, hace unos 250.000.000 de años, de dos galaxias mayores.

Es el choque más cercano, unos 60.000.000 de años luz, hasta ahora detectado.

Los dos brazos hacia arriba de la foto son producto de los desordenados descartes de las estrellas impactantes que junto con gases y polvo galáctico forman la apariencia de dos brillantes antenas-de ahí su nombre.

Las enormes nubes de gas caliente, (reservorio de futura formación de enorme cantidad de estrellas), son depósitos de neón, magnesio y silicio.

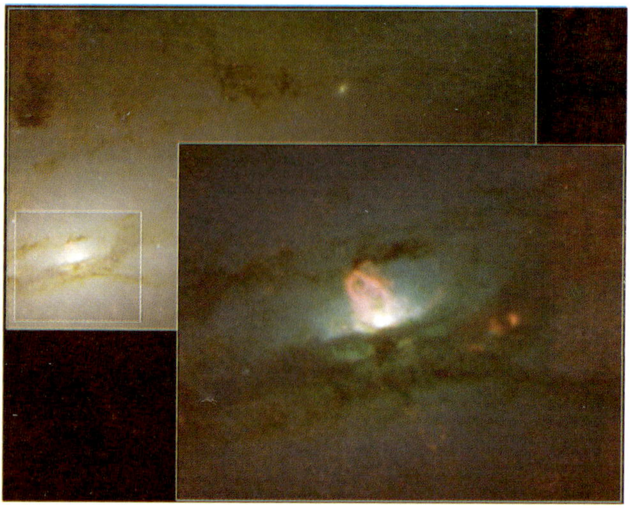

Galaxia NGC 4438

Se encuentra en el cúmulo de VIRGO a 500.000.000 años luz de la Tierra. La zona más brillante-su centro- se encuentra protegido, en la toma fotográfica, por un disco de anulación.
Se puede observar el escape de dos chorros de partículas las cuales al chocar con el gas que la rodea produce dos burbujas gaseosas, la mayor de ellas tiene un diámetro de 800 años luz.

GALAXIA NGC 1512

Espiral cerrada situada a 30.000.000 de años luz de la Tierra., en la constelación de HOROLOGIUM.
Su diámetro exterior es de unos 70.000 años luz y el del núcleo es de 2.500 años luz.

GALAXIA NGC 4603

*Se encuentra en el Cúmulo de Galaxias del CAN-
GRAJO, a unos 100.000.000 años.
luz de la Tierra.
Es una clásica Galaxia Espiral, en la cual se pueden
observar las estrellas azules (nuevas) en su borde y
más rojizas (viejas) hacia el núcleo.*

GALAXIA ULTRAVIOLETA

*Es una clásica galaxia espiral- circular, pese a ser vista en forma elíptica por efecto de perspectiva espacial.
Es interesante observar los dos brazos que nacen de su núcleo, el cual parecería estar formado principalmente por estrellas nuevas (azules) y llegan a integrarse con el anillo exterior, también de estrellas nuevas.
Esos brazos se proyectan sobre en fondo de estrellas antiguas.
Estas observaciones aún están siendo estudiadas, pues no conforman las explicaciones existentes.*

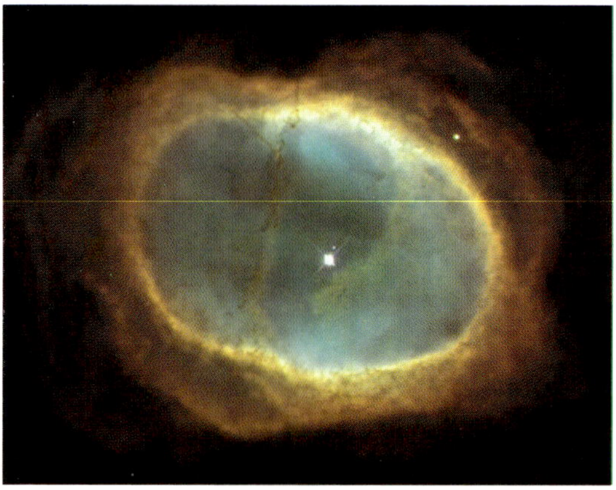

NEBULOSA PLANETARIA

También llamada " Anillo del Sur", dista de la Tierra 2.000 años luz y tiene un diámetro de medio año luz. Esta ubicada en la Constelación de Lira, tiene una masa de 14 veces la del Sol .

El anillo de gases, amarillo/ rosado se aleja de la estrella a razón de 15 Km. por segundo.

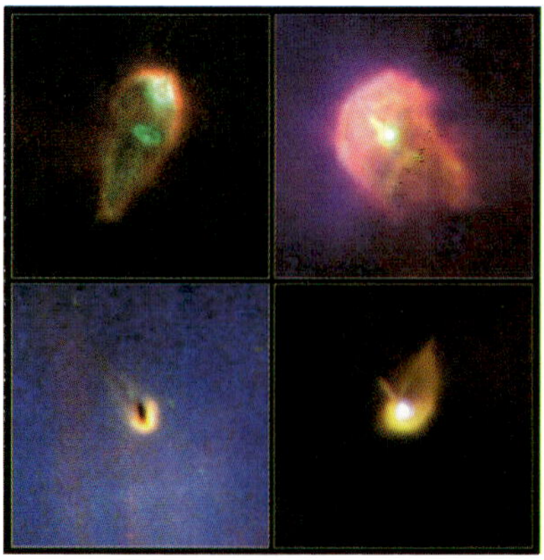

PROTOPLANETAS

Son escombros cósmicos, que pueden llegar a unos 1.000 a 2.000 Km. en su dimensión mayor, pero no tienen forma esférica, por que se van formando con sucesivas incorporaciones de material cósmico, son atraídos por una u otra estrella, no tienen rumbo fijo, rozan entre si y se van desintegrando, cuando llegan a tener una masa relativamente importante, más de 1.000 km. del lado mayor, es tanta la velocidad que le imprimen a los cuerpos que atrae, que estos al chocar con el protoplaneta son pulverizados y se incorporan al cuerpo principal.

No pueden llegar a formar planetas y alcanzan rápido sus máximas dimensiones, se puede decir que llegaran a un lado mayor de 2.000 Km. en unos 20.000 años.

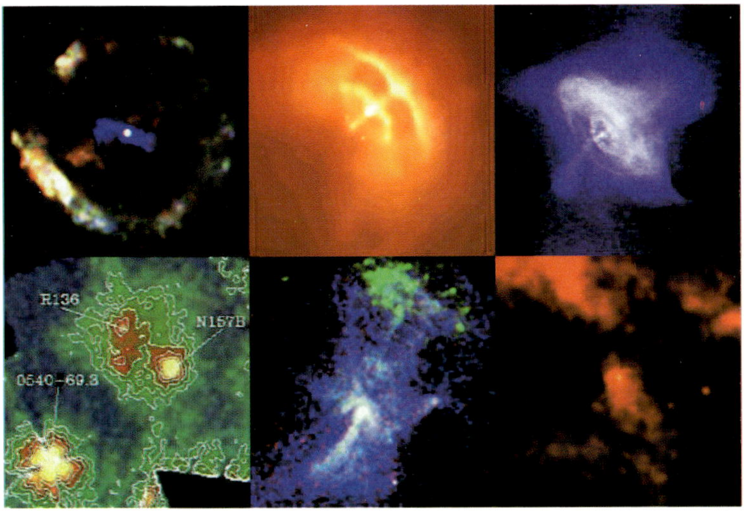

PULSARES

Son estrellas de neutrones que emiten energía a la vez que giran, irradiándola en direcciones opuestas, si estas radiaciones por casualidad encuentran a la Tierra dentro del campo por ellas barridos, se ven como faros cósmicos.

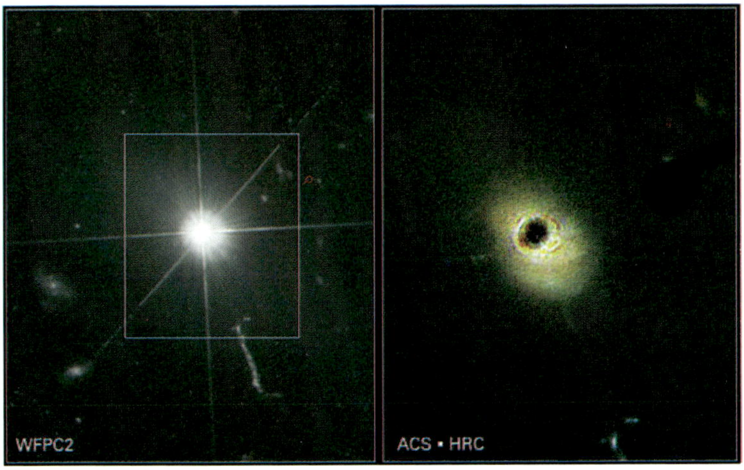

QUASARES

Derecha Quasar 3C.273, 3.000.000.000 años luz.
Izquierda Quasar WFPC2.
Se ha usado coronógrafo para el bloqueo de la inmensa radiación de su centro.

RESTO DE SUPERNOVA

Se encuentra a 160.000 años luz de la Tierra, en la Gran Nube de Magallanes, galaxia del Grupo Local. En su interior se detecta una estrella de neutrones, que gira cada 8 segundos, clasificada como N49, la cual es poseedora de un intensísimo campo magnético, billones de veces superior al de la Tierra.

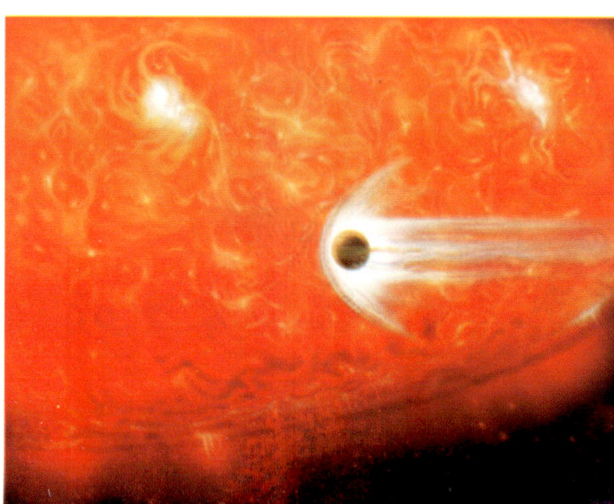

DIBUJO

Una Gigante Roja circundada por un planeta.

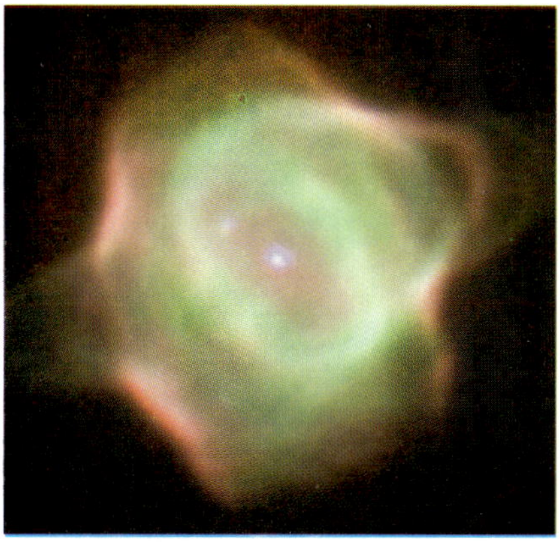

NEBULOSA STINGRAY

Esta nebulosa Planetaria se halla a 19.000 años luz de la Tierra, en la constelación de ARA, tiene un diámetro total superior al del todo nuestro sistema solar, de todas maneras es mucho menor que muchas otras nebulosas conocidas

En su centro se pueden observar perfectamente bien el par de estrellas que la integran, las cuales ya han perdido casi toda su capacidad de generar energía, y dejado y aún están dejando escapar gases, vientos y materia que se pueden apreciar en la colorida nube que las rodea en forma de anillos cromáticos.

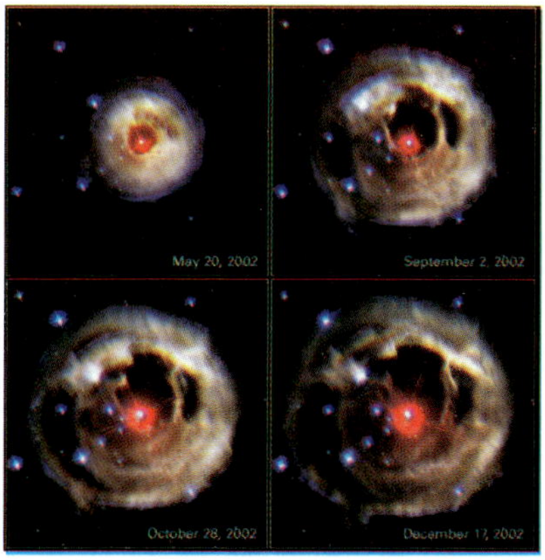

GIGANTE ROJA

Se trata de cuatro tomas espaciadas de una gigante roja 4838, llamada Monocerotis, ubicada en dirección a la Constelación del Unicornio, a 20.000 años luz de la Tierra.

En plena explosión llego a superar 500.000 veces la luminosidad del propio Sol.

El brillante material casi en polvo, que como nube esférica rodea la estrella, debe ser producto de alguna explosión menor previa, que haya tenido lugar hace unos miles de años.

La gran explosión final ocurrió en el 2002 y fue detectada desde la Tierra a simple vista.

Se trata de una experiencia particular, aún en estudio.

NEBULOSA DEL CISNE - M 17

Se encuentra en la constelación de Sagitario.
Distancia a la Tierra: 5.500 años luz.
El rojo/naranja son nubes de hidrógeno, la nube del fondo son gases altamente recalentados. El azul es oxígeno, el rojo azufre y el verde hidrógeno.

RESTOS DE SUPERNOVA M1

Luego de la explosión, una supernova irradia tanta energía como en toda su vida anterior junta, brillando más que todo el conjunto de estrellas de una galaxia, apagándose lentamente, dejando sus restos esparcidos como una nebulosa.